平法钢筋识图与算量

(依据 16G101 系列图集编写)

本书编委会　编

中国建筑工业出版社

图书在版编目（CIP）数据

平法钢筋识图与算量：依据16G101系列图集编写/《平法钢筋识图与算量：依据16G101系列图集编写》编委会主编. —北京：中国建筑工业出版社，2017.5
（16G101图集应用）
ISBN 978-7-112-20767-1

Ⅰ.①平… Ⅱ.①平… Ⅲ.①钢筋混凝土结构-建筑构图-识图②钢筋混凝土结构-结构计算 Ⅳ.①TU375

中国版本图书馆CIP数据核字（2017）第111008号

本书根据《混凝土结构施工图平面整体表示方法制图规则和构造详图（现浇混凝土框架、剪力墙、梁、板）》（16G101-1）、《混凝土结构施工图平面整体表示方法制图规则和构造详图（现浇混凝土板式楼梯）》（16G101-2）、《混凝土结构施工图平面整体表示方法制图规则和构造详图（独立基础、条形基础、筏形基础、桩基础）》（16G101-3）、《中国地震动参数区划图》（GB 18306—2015）、《混凝土结构设计规范（2015年版）》（GB 50010—2010）、《建筑抗震设计规范》（GB 50011—2010）、《建筑结构制图标准》（GB/T 50105—2010）、《高层建筑混凝土结构技术规程》（JGJ 3—2010）等标准编写，主要介绍了基础知识、平法结构钢筋施工图、基础构件、主体结构、板式楼梯等识图与算量方法。

本书内容丰富，通俗易懂，具有很强的实用性与可操作性。可供建筑工程设计人员、施工技术人员、工程造价人员以及相关专业师生学习参考。

责任编辑：张 磊 郭 栋
责任校对：焦 乐 王雪竹

平法钢筋识图与算量
（依据16G101系列图集编写）
本书编委会 编
*
中国建筑工业出版社出版、发行（北京海淀三里河路9号）
各地新华书店、建筑书店经销
霸州市顺浩图文科技发展有限公司制版
北京建筑工业印刷厂印刷
*
开本：787×1092毫米 1/16 印张：12¾ 字数：289千字
2017年10月第一版 2017年10月第一次印刷
定价：**35.00**元
ISBN 978-7-112-20767-1
（30361）

版权所有 翻印必究
如有印装质量问题，可寄本社退换
（邮政编码 100037）

本书编委会

主　编　杜贵成

参　编（按姓氏笔画排序）

王红微　刘秀民　刘艳君　吕克顺

孙石春　孙丽娜　危　聪　李冬云

李　瑞　何　影　张文权　张　彤

张　敏　张黎黎　高少霞　殷鸿彬

隋红军　董　慧

前　言

钢筋工程作为基础及主体结构的重要分项工程，在建筑施工的质量控制中占有举足轻重的地位。随着生产力的不断发展，建筑业已发生了深刻的变化，各种新规范、新规程、新标准不断出台，平法规则基本普及，传统的结构设计方法逐渐淘汰。钢筋涉及的知识理论不断丰富，识图、计算和操作难度也不断提高。钢筋工程越来越呈现出相对独立性、复杂性、实践性和专业性。我们对钢筋工程量计算精度要求和对钢筋专业化人才的要求也需要与时俱进，以适应生产力发展的要求和新形势的需要。基于此，我们组织编写了这本书。

本书根据《混凝土结构施工图平面整体表示方法制图规则和构造详图（现浇混凝土框架、剪力墙、梁、板)》(16G101-1)、《混凝土结构施工图平面整体表示方法制图规则和构造详图（现浇混凝土板式楼梯)》(16G101-2)、《混凝土结构施工图平面整体表示方法制图规则和构造详图（独立基础、条形基础、筏形基础、桩基础)》(16G101-3)、《中国地震动参数区划图》(GB 18306—2015)、《混凝土结构设计规范（2015 年版)》(GB 50010—2010)、《建筑抗震设计规范》(GB 50011—2010)、《建筑结构制图标准》(GB/T 50105—2010)、《高层建筑混凝土结构技术规程》(JGJ 3—2010) 等标准编写，全面介绍了平法钢筋识图与算量知识，并列举了大量的实例。主要介绍了基础知识、平法结构钢筋施工图、基础构件、主体结构、板式楼梯等识图与算量方法。本书内容丰富，通俗易懂，具有很强的实用性与可操作性。可供建筑工程设计人员、施工技术人员、工程造价人员以及相关专业师生学习参考。

由于编写时间仓促，编写经验、理论水平有限，难免有疏漏、不足之处，敬请读者批评指正。

目　录

1 基础知识

1.1 钢筋基础知识

钢筋按生产工艺分为：热轧钢筋、冷拉钢筋、冷拔钢丝、热处理钢筋、光面钢丝、螺旋肋钢丝、刻痕钢丝和钢绞线、冷轧扭钢筋、冷轧带肋钢筋。

钢筋按轧制外形分为：光圆钢筋、螺纹钢筋（螺旋纹、人字纹）。

钢筋按强度等级分为：HPB300 表示热轧光圆钢筋，符号为Φ；HRB335 表示热轧带肋钢筋，符号为Φ；HRB400 表示热轧带肋钢筋，符号为Φ；RRB400 表示热轧带肋钢筋，符号为Φ^{R}。

1. 热轧钢筋

热轧钢筋是低碳钢、普通低合金钢在高温状态下轧制而成。钢筋强度提高，其塑性降低。热轧钢筋分为热轧光圆钢筋和热轧带肋钢筋两种，如图 1-1 所示。

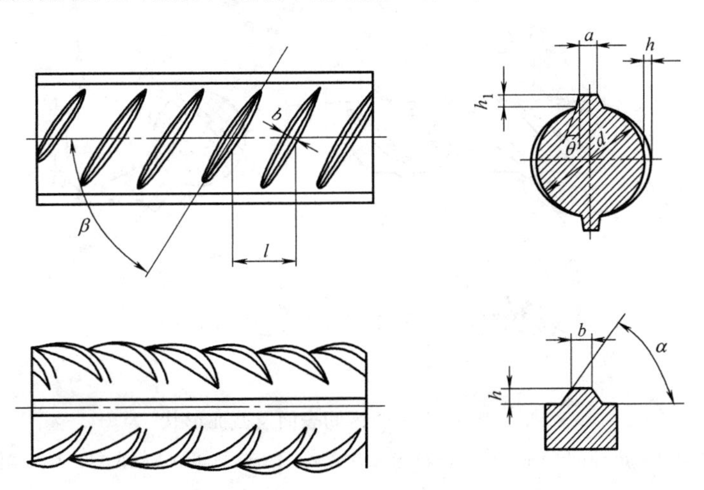

图 1-1　月牙肋钢筋表面及截面形状

d—钢筋直径；α—横肋斜角；h—横肋高度；β—横肋与轴线夹角；

h_1—纵肋高度；a—纵肋斜角；l—横肋间距；b—横肋顶宽

2. 冷轧钢筋

冷轧钢筋是热轧钢筋在常温下通过冷拉或冷拔等方法冷加工而成。钢筋经过冷拉和时效硬化后，能提高它的屈服强度，但它的塑性有所降低，已逐渐淘汰。

钢丝是用高碳镇静钢轧制成圆盘后经过多道冷拔，并进行应力消除、矫直、回火处理而成。

划痕钢丝是在光面钢丝的表面上进行机械刻痕处理，以增加与混凝土的粘结能力。

3. 余热处理钢筋

余热处理钢筋是经热轧后立即穿水，进行表面控制冷却，然后利用芯部余热自身完成回火等调质工艺处理所得的成品钢筋，热处理后钢筋强度得到较大提高而塑性降低并不大。

4. 冷轧带肋钢筋

冷轧带肋钢筋是热轧圆盘条经冷轧在其表面冷轧成三面或二面有肋的钢筋。冷轧带肋钢筋的牌号自 CRB 和钢筋的抗拉强度最小值构成。C、R、B 分别为冷轧（cold rolled）带肋（ribbed）、钢筋（bar）三个词的英文首位大写字母。冷轧带肋钢筋分为 CRB550、CRB650、CRB800、CRB970、0RW1170 五个牌号。CRB550 为普通钢筋混凝土用钢筋，其他牌号为预应力混凝土用钢筋。

CRB550 钢筋的公称直径范围为 4～12mm。CRB650 及以上牌号的公称直径为 4、5、6mm。

冷轧带肋钢筋的外形肋呈月牙形，横肋沿钢筋截面周圈上均匀分布，其中三面肋钢筋有一面肋的倾角必须与另两面反向，二面肋钢筋一面肋的倾角必须与另一面反向。横肋中心线和钢筋轴线夹角 β 为 40°～60°。肋两侧面和钢筋表面斜角 α 不得小于 45°，横肋与钢筋表面呈弧形相交。横肋间隙的总和应不大于公称周长的 20%（图 1-2）。

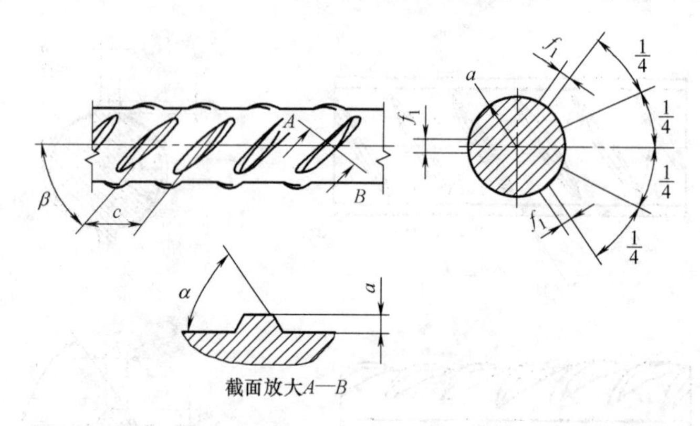

图 1-2 冷轧带肋钢筋表面及截面形状

α—横肋斜角；β—横肋与轴线夹角；a—横肋中点高；c—横肋间距，线夹角；f_1—横肋间隙

5. 冷轧扭钢筋

冷轧扭钢筋是用低碳钢钢筋（含碳量低于 0.25%）经冷轧扭工艺制成，其表面呈连续螺旋形（图 1-3）。这种钢筋具有较高的强度，而且有足够的塑性，与混凝土粘结性能优异，代替 HPB300 级钢筋可节约钢材约 30%。一般用于预制钢筋混凝土圆孔板、叠合板中的预制薄板以及现浇钢筋混凝土楼板等。

6. 冷拔螺旋钢筋

冷拔螺旋钢筋是热轧圆盘条经冷拔后在表面形成连续螺旋槽的钢筋。冷拔螺旋钢筋的

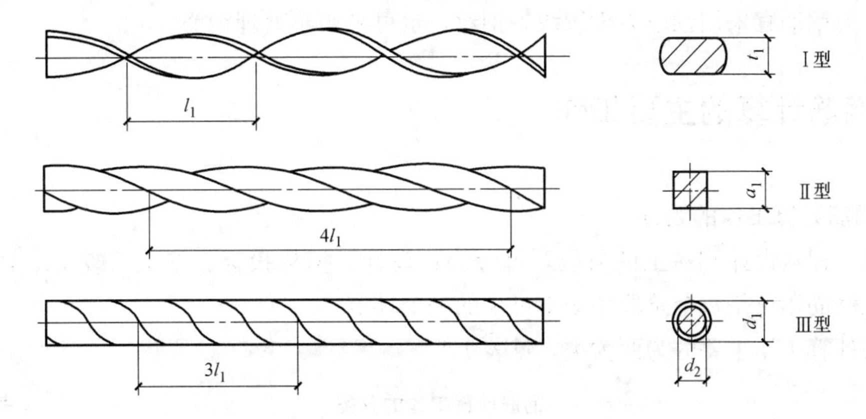

图 1-3　冷轧扭钢筋形状及截面控制尺寸

l_1—节距；t_1—轧扁厚度；a_1—正方形边长；d_1—外圆直径；d_2—内圆直径

外形见图 1-4。冷拔螺旋钢筋的生产可利用原有的冷拔设备，只需增加一个专用螺旋装置和陶瓷模具。该钢筋具有强度适中、握裹力强、塑性好、成本低等优点，可用于钢筋混凝土构件中的受力钢筋，以节约钢材；用于预应力空心板可提高延性，改善构件使用性能。

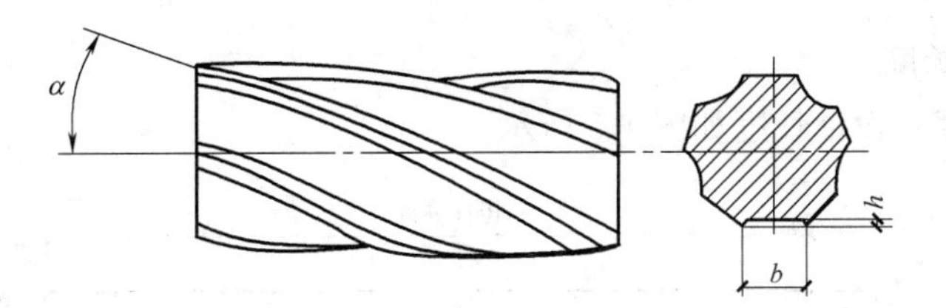

图 1-4　冷拔螺旋钢筋表面及截面形状

α—横肋与钢筋轴线夹角；b—横肋间隙；h—横肋中点高

7. 钢绞线

钢绞线是由沿一根中心钢丝成螺旋形绕在一起的公称直径相同的钢丝构成（图 1-5）。常用的有 1×3 和 1×7 标准型。

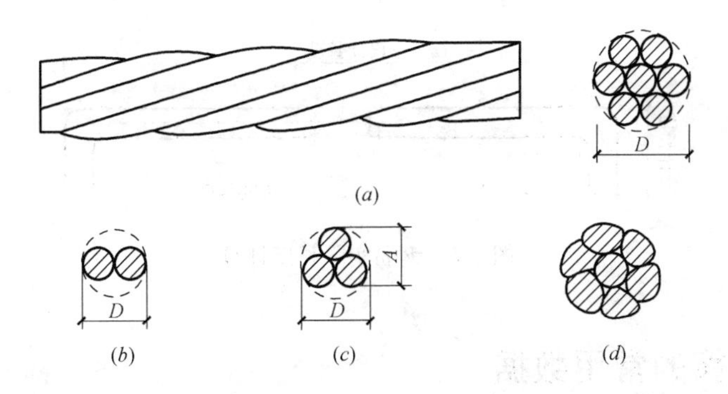

图 1-5　预应力钢绞线表面及截面形状

（a）1×7 钢绞线；（b）1×2 钢绞线；（c）1×3 钢绞线；（d）模拔钢绞线

D—钢绞线公称直径；A—1×3 钢绞线测量尺寸

预应力钢筋宜采用预应力钢绞线、钢丝，也可采用热处理钢筋。

1.2 钢筋计算的主要工作

1. 钢筋计算工作的划分

建筑工程从设计到竣工的阶段，可分为：设计、招标投标、施工、竣工结算四个阶段，确定钢筋用量是每个阶段中必不可少的一个环节。

钢筋计算工作主要分为两大类，见表 1-1。

钢筋计算工作的分类　　表 1-1

钢筋计算工作划分	计算依据和方法	目的	备　注
钢筋翻样	按照相关规范及设计图纸，以"实际长度"进行计算	指导实际施工	既符合相关规范和设计要求，还要满足方便施工、降低成本等施工需求
钢筋算量	按照相关规范及设计图纸，以及工程量清单和定额的要求，以"设计长度"进行计算	确定工程造价	以快速计算工程的钢筋总用量，用于确定工程造价

2. 钢筋计算长度

（1）设计长度：设计长度如图 1-6 所示。

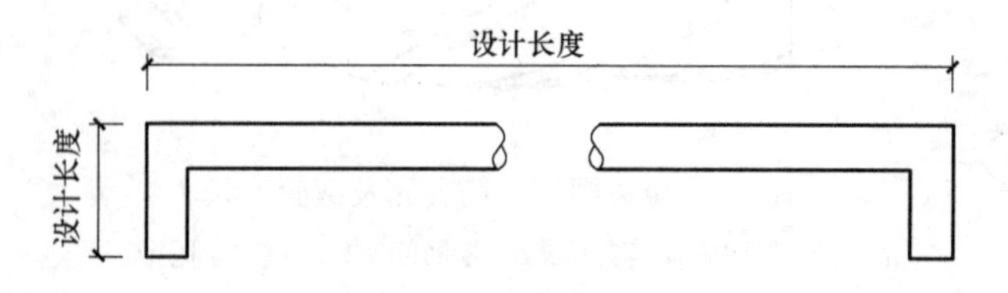

图 1-6　设计长度

（2）计算长度：本书中所涉及的长度，按实际长度计算，如图 1-7 所示，实际长度就要考虑钢筋加工变形。

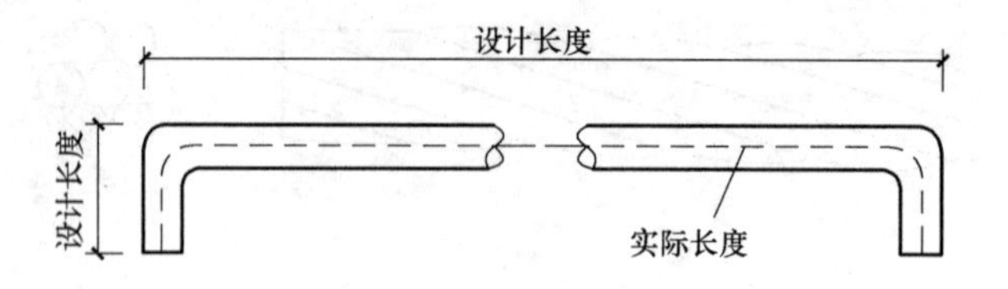

图 1-7　钢筋实际长度计算

1.3 钢筋计算的常用数据

1. 钢筋混凝土保护的最小层厚度

纵向受力钢筋的混凝土保护的最小层厚度，见表 1-2。

混凝土保护层的最小厚度（mm） **表 1-2**

环境类别	板、墙		梁、柱		基础梁（顶面和侧面）		独立基础、条形基础、筏形基础（顶面和侧面）	
	≤C25	≥C30	≤C25	≥C30	≤C25	≥C30	≤C25	≥C30
一	20	15	25	20	25	20	—	—
二 a	25	20	30	25	30	25	25	20
二 b	30	25	40	35	40	35	30	25
三 a	35	30	45	40	45	40	35	30
三 b	45	40	55	50	55	50	45	40

注：1. 表中混凝土保护层厚度指最外层钢筋外边缘至混凝土表面的距离，适用于设计使用年限为50年的混凝土结构。

2. 构件中受力钢筋的保护层厚度不应小于钢筋的公称直径 d。

3. 一类环境中，设计使用年限为100年的结构最外层钢筋的保护层厚度不应小于表中数值的1.4倍；二、三类环境中，设计使用年限为100年的结构应采取专门的有效措施。

4. 钢筋混凝土基础宜设置混凝土垫层，基础底部的钢筋的混凝土保护层厚度应从垫层顶面算起，且不应小于40mm；无垫层时，不应小于70mm。

5. 桩基承台及承台梁：承台底面钢筋的混凝土保护层厚度，当有混凝土垫层时，不应小于50mm，无垫层时不应小于70mm；此外，尚不应小于桩头嵌入承台内的长度。

2. 钢筋的公称直径、公称截面面积及理论重量

钢筋的公称直径、公称截面面积及理论重量，见表1-3。

钢筋的公称直径、公称截面面积及理论重量 **表 1-3**

公称直径/mm	不同根数钢筋的计算截面面积/mm²									单根钢筋理论重量/(kg/m)
	1	2	3	4	5	6	7	8	9	
6	28.3	57	85	113	142	170	198	226	255	0.222
8	50.3	101	151	201	252	302	352	402	453	0.395
10	78.5	157	236	314	393	471	550	628	707	0.617
12	113.1	226	339	452	565	678	791	904	1017	0.888
14	153.9	308	461	615	769	923	1077	1231	1385	1.21
16	201.1	402	603	804	1005	1206	1407	1608	1809	1.58
18	254.5	509	763	1017	1272	1527	1781	2036	2290	2.00(2.11)
20	314.2	628	942	1256	1570	1884	2199	2513	2827	2.47
22	380.1	760	1140	1520	1900	2281	2661	3041	3421	2.98
25	490.9	982	1473	1964	2454	2945	3436	3927	4418	3.85(4.10)
28	615.8	1232	1847	2463	3079	3695	4310	4926	5542	4.83
32	804.2	1609	2413	3217	4021	4826	5630	6434	7238	6.31(6.65)
36	1017.9	2036	3054	4072	5089	6107	7125	8143	9161	7.99
40	1256.6	2513	3770	5027	6283	7540	8796	10053	11310	9.87(10.34)
50	1963.5	3928	5892	7856	9820	11784	13748	15712	17676	15.42(16.28)

注：括号内为预应力螺纹钢筋的数值。

3. 受拉钢筋基本锚固长度 l_{ab}、l_{abE}

为了方便施工人员查用，G101 图集将混凝土结构中常用的钢筋和各级混凝土强度等级组合，将受拉钢筋锚固长度值计算得钢筋直径的整倍数形式，编制成表格，见表 1-4、表 1-5。

受拉钢筋基本锚固长度 l_{ab} **表 1-4**

钢筋种类	混凝土强度等级								
	C20	C25	C30	C35	C40	C45	C50	C55	≥C60
HPB300	39*d*	34*d*	30*d*	28*d*	25*d*	24*d*	23*d*	22*d*	21*d*
HRB335	38*d*	33*d*	29*d*	27*d*	25*d*	23*d*	22*d*	21*d*	21*d*
HRB400、HRBF400 RRB400	—	40*d*	35*d*	32*d*	29*d*	28*d*	27*d*	26*d*	25*d*
HRB500、HRBF500	—	48*d*	43*d*	39*d*	36*d*	34*d*	32*d*	31*d*	30*d*

抗震设计时受拉钢筋基本锚固长度 l_{abE} **表 1-5**

钢筋种类		混凝土强度等级								
		C20	C25	C30	C35	C40	C45	C50	C55	≥C60
HPB300	一、二级	45*d*	39*d*	35*d*	32*d*	29*d*	28*d*	26*d*	25*d*	24*d*
	三级	41*d*	36*d*	32*d*	29*d*	26*d*	25*d*	24*d*	23*d*	22*d*
HRB335	一、二级	44*d*	38*d*	33*d*	31*d*	29*d*	26*d*	25*d*	24*d*	24*d*
	三级	40*d*	35*d*	31*d*	28*d*	26*d*	24*d*	23*d*	22*d*	22*d*
HRB400 HRBF400	一、二级	—	46*d*	40*d*	37*d*	33*d*	32*d*	31*d*	30*d*	29*d*
	三级	—	42*d*	37*d*	34*d*	30*d*	29*d*	28*d*	27*d*	26*d*
HRB500 HRBF500	一、二级	—	55*d*	49*d*	45*d*	41*d*	39*d*	37*d*	36*d*	35*d*
	三级	—	50*d*	45*d*	41*d*	38*d*	36*d*	34*d*	33*d*	32*d*

注：1. 四级抗震时，$l_{abE}=l_{ab}$。
2. 当锚固钢筋的保护层厚度不大于 5*d* 时，锚固钢筋长度范围内应设置横向构造钢筋，其直径不应小于 *d*/4（*d* 为锚固钢筋的最大直径）；对梁、柱等构件间距不应大于 5*d*，对板、墙等构件间距不应大于 10*d*，且均不应大于 100mm（*d* 为锚固钢筋的最小直径）。

4. 钢筋弯曲伸长率

钢筋的加工弯曲直径取 $D=5d$ 时，求得各弯折角度的量度近似差值，见表 1-6。

钢筋弯折量度近似差值 **表 1-6**

弯曲角度	30°	45°	60°	90°	135°
伸长率	0.3*d*	0.5*d*	1.0*d*	2.0*d*	3.0*d*

1.4 16G101 系列平法图集与 11G101 系列平法图集的区别

16G101 系列平法图集与 11G101 系列图集的主要区别有：

1. 设计依据

（1）16G101 图集

①《中国地震动参数区划图》GB 18306—2015；

②《混凝土结构设计规范》（2015 年版）GB 50010—2010；

③《建筑抗震设计规范》及 2016 年局部修订 GB 50011—2010；

④《高层建筑混凝土结构技术规程》JGJ 3—2010；

⑤《建筑结构制图标准》GB/T 50105—2010。

（2）11G101 图集

①《 混凝土结构设计规范》GB 50010—2010；

②《建筑抗震设计规范》GB 50011—2010；

③《高层建筑混凝土结构技术规程》JGJ 3—2010；

④《建筑结构制图标准》GB/T 50105—2010。

2. 适用范围

16G101 图集与 11G101 图集适用范围的区别见表 1-7。

16G101 图集与 11G101 图集适用范围的区别 表 1-7

图集	16G101 图集	11G101 图集
适用范围	16G101-1 适用于抗震设防烈度为 6～9 度地区的现浇混凝土框架、剪力墙、框架-剪力墙和部分框支剪力墙等主体结构施工图的设计，以及各类结构中的现浇混凝土板（包括有梁楼盖和无梁楼盖）、地下室结构部分现浇混凝土墙体、柱、梁、板结构施工图的设计	11G101-1 适用于非抗震和抗震设防烈度为 6～9 度地区的现浇混凝土框架、剪力墙、框架-剪力墙和部分框支剪力墙等主体结构施工图的设计，以及各类结构中的现浇混凝土板（包括有梁楼盖和无梁楼盖）、地下室结构部分现浇混凝土墙体、柱、梁、板结构施工图的设计
	16G101-2 适用于抗震设防烈度为 6～9 度地区的现浇钢筋混凝土板式楼梯	11G101-2 适用于非抗震及抗震设防烈度为 6～9 度地区的现浇钢筋混凝土板式楼梯
	16G101-3 适用于各种结构类型的现浇混凝土独立基础、条形基础、筏形基础（分梁板式和平板式）及桩基础施工图设计	11G101-3 适用于各种结构类型下现浇混凝土独立基础、条形基础、筏形基础（分梁板式和平板式）、桩基承台施工图设计

3. 受拉钢筋锚固长度等一般构造

16G101 系列平法图集依据新规范确定了受拉钢筋的锚固长度 l_a、l_{aE} 以及纵向受拉钢筋搭接长度 l_l、l_{lE} 取值方式。较 11G101 系列平法图集取值方式、修正系数、最小锚固长度都发生了变化。

4. 构件标准构造详图

（1）柱变化的点

① 底层刚性地面上下各加密 500mm 变化。

② KZ 变截面位置纵向钢筋构造变化。

③ 增加了 KZ 边柱、角柱柱顶等截面伸出时纵向钢筋构造。

④ 取消了非抗震 KZ 纵向钢筋连接构造、非抗震 KZ 边柱和角柱柱顶纵向钢筋构造、非抗震 KZ 中柱柱顶纵向钢筋构造、非抗震 KZ 变截面位置纵向钢筋构造、非抗震 KZ 箍筋构造、非抗震 QZ、LZ 纵向钢筋构造。

（2）剪力墙变化的点

① 剪力墙水平分布钢筋变化；增加了翼墙（二）、（三）和端柱端部墙（二）；取消了水平变截面墙水平钢筋构造。

② 剪力墙竖向钢筋构造变化；增加了抗震缝处墙局部构造、施工缝处抗剪用钢筋连接构造。

③ 增加构造边缘暗柱（二）、（三）、构造边缘翼墙（二）、（三）、构造边缘转角墙（二）、剪力墙连梁 LLk 纵向钢筋、箍筋加密区构造。

④ 剪力墙连梁 LL 配筋构造变化；连梁、暗梁和边框梁侧面纵筋和拉筋构造中增加 LL（二）、（三）。

⑤ 剪力墙水平分布钢筋计入约束边缘构件体积配箍率的构造做法变化。

⑥ 剪力墙 BKL 或 AL 与 LL 重叠时配筋构造变化。

⑦ 连梁交叉斜筋配筋构造变化。

⑧ 连梁集中对角斜筋配筋构造变化。

⑨ 连梁对角暗撑配筋构造变化。

⑩ 地下室外墙 DWK 钢筋构造变化。

⑪ 剪力墙洞口补强构造变化。

（3）梁变化的点

① 取消了非抗震楼层框架梁 KL 纵向钢筋构造、非抗震屋面框架梁 WKL 纵向钢筋构造、非抗震框架梁 KL、WKL 箍筋构造、非框架梁 L 中间支座纵向钢筋构造节点②。

② 屋面框架梁 WKL 纵向钢筋构造变化。

③ 框架水平、竖向加腋构造变化。

④ KL、WKL 中间支座纵向钢筋构造变化。

⑤ 非框架梁配筋构造变化。

⑥ 不伸入支座的梁下部纵向钢筋断点位置变化。

⑦ 附加箍筋范围、附加吊筋构造变化。

⑧ 增加了端支座非框架梁下部纵筋弯锚构造、受扭非框架梁纵筋构造、框架扁梁中柱节点、框架扁梁边柱节点、框架扁梁箍筋构造、框支梁 KZL 上部墙体开洞部位加强做法、托柱转换梁 TZL 托柱位置箍筋加密构造。

⑨ 原图集“框支柱 KZZ”变成“转换柱 ZHZ”。

（4）板变化的点

① 板在端部支座的锚固构造变化。

② 悬挑板钢筋构造变化。

③ 板带端支座纵向钢筋构造变化。

④ 局部升降板构造变化。

⑤ 悬挑板阳角放射筋构造变化。

⑥ 悬挑板阴角构造变化。

⑦ 柱帽构造变化，增加了柱顶柱帽柱纵向钢筋构造。

2 平法结构钢筋施工图

2.1 传统制图表达方法

我国传统的结构标准化，通常将单个基础、单根柱、单榀屋架、单根梁、单块楼板、单跑楼梯等从结构中“分离出来”，编制成标准图，取代结构工程师的部分设计。结构设计者只需要根据层高、跨度、荷载、材料强度等级等简单要素，在标准设计图集中进行选择，即可将现成的标准设计补充到结构设计之中。设计者选用标准化的构件设计，通常既不需要进行受力分析，也不需要进行强度计算和刚度验算，标准设计取代了结构设计师的许多劳动。传统的“构件标准化”在一定程度上提高了结构设计效率，保证了构件质量，也降低了设计成本。

构件标准化方式与机械部件标准化方式十分相似，从结构中分离出构件加以标准化，类似于机械零部件的标准化。但由于结构设计是随建筑设计原始创作之后的再创作，通常不能独立于建筑设计，而建筑设计通常都是独具特色的单独创作，因此，通用的结构构件的应用在实际工程中仅占较小比例。因此，预制钢筋混凝土构件的标准化率高一些，而现浇钢筋混凝土结构的标准化率相对较低，结构构件的总体标准化率不高。另外，大量标准化的结构构件是非连接构件，这使建筑结构构件的标准化存在一定问题。

从另一个方面来讲，结构设计师对整座建筑结构的可靠度和经济适用性负有重大责任，每一个构件乃至结构整体均须经过工程师的设计，使其承载能力大于或等于荷载产生的内力，以确保结构的安全度。若设计师选用了构件标准设计，那么相当于设计师也丢掉了自己关于标准构件这一块的责任和权利。

从理论上来说，适合标准化的对象应该是规格相同且应用量大面广的部件，但对于混凝土结构构件的标准化，规格相同且应用量大面广的构件并不多，且各构件连接节点的几何尺寸和配筋规格数量往往各不相同，将其标准化似乎缺少必要条件。显然，“构件标准化”方式对我国量大面广的多、高层与超高层现浇钢筋混凝土结构的适用性不高，总体标准化率通常不到10%。综上所述，在解决结构设计效率低的矛盾方面，构件标准化方式对全现浇钢筋混凝土结构的作用有限。

2.2 平法制图基本概念

采用传统设计方法影响设计质量与设计效率的主要原因，是设计内容上存在大量重复；而更重要的原因，则是将创造性与重复性设计内容混在了一起。因此，我们只要解决了重复问题，将会大大突破传统设计方法的限制。

传统钢筋混凝土结构设计中存在的大量重复，大部分是离散分布的构造做法的简单重复。构造做法主要包括节点构造和构件本体构造两大部分。工程师对这两大类构造，通常遵照相关的条文规定和借鉴一些设计资料来绘制，设计时多处重复，反复绘制。这样的设计内容，显然不属于设计工程师的创造性设计内容。若将传统的“构件标准化”换成与两大类构造相关的“构造标准化”，就能够大幅度提高标准化率和减少设计工程师的重复性劳动。这样一来，设计图纸中减少了重复，也可大幅度降低出错概率，因此，可实现既能提高设计效率又能提高设计质量的双重目标。

一条新型标准化思路也随之逐渐形成，沿着这条思路，我们走到另一片结构标准化领域。在这个领域中，不存在任何完整的标准化构件，但却包括所有结构必需的节点构造和构件构造的标准设计。这两大类构造不仅可适用于所有的构件，还与构件的具体跨度、高度、截面尺寸等无限制性关系，与构件截面中的内力无直接关系，与构件所承受的荷载无直接关系，与设计师根据承载力要求所配置钢筋的规格数量也无直接关系。根据这一思路，我们可以将具体工程中大量运用、理论与实践均比较成熟的构造做法，集中编制成标准设计，对节点构造和构件本体构造实行大规模标准化。这样的标准化方式不仅适用范围广，而且也不替代结构设计工程师的责任与权利，完全尊重结构设计工程师的创造性劳动。这种新型标准化方式，相对于传统的“构件标准化”，可定义为“广义标准化”方式，也就是我们所说的“平法”。这种方式对于现浇钢筋混凝土结构，在解决传统结构施工图存在大量重复的矛盾方面，明显取得了重大突破。

2.3 基础构件施工图制图规则

2.3.1 独立基础平法施工图制图规则

1. 独立基础平法施工图的表示方法

(1) 独立基础平法施工图，有平面注写与截面注写两种表达方式，设计者可根据具体工程情况选择一种，或两种方式相结合进行独立基础的施工图设计。

(2) 当绘制独立基础平面布置图时，应将独立基础平面与基础所支承的柱一起绘制。当设置基础连系梁时，可根据图面的疏密情况，将基础连系梁与基础平面布置图一起绘制，或将基础联系梁布置图单独绘制。

(3) 在独立基础平面布置图上应标注基础定位尺寸；当独立基础的柱中心线或杯口中心线与建筑轴线不重合时，应标注其定位尺寸。编号相同且定位尺寸相同的基础，可仅选择一个进行标注。

2. 独立基础的平面注写方式

独立基础的平面注写方式，分为集中标注和原位标注两部分内容，如图 2-1 所示。

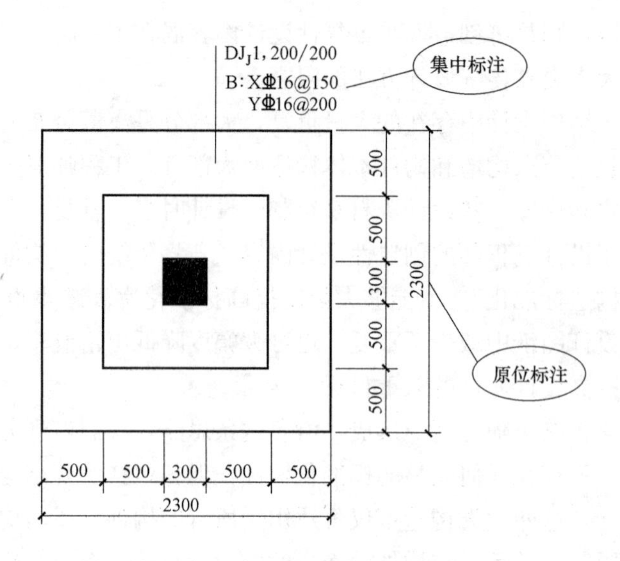

图 2-1 独立基础平面注写方式

普通独立基础和杯口独立基础的集中标注，系在基础平面图上集中引注：基础编号、截面竖向尺寸、配筋三项必注内容，以及基础底面标高（与基础底面基准标高不同时）和必要的文字注解两项选注内容。素混凝土普通独立基础的集中标注，除无基础配筋内容外均与钢筋混凝土普通独立基础相同。钢筋混凝土和素混凝土独立基础的原位标注，系在基础平面布置图上标注独立基础的平面尺寸。

3. 集中标注

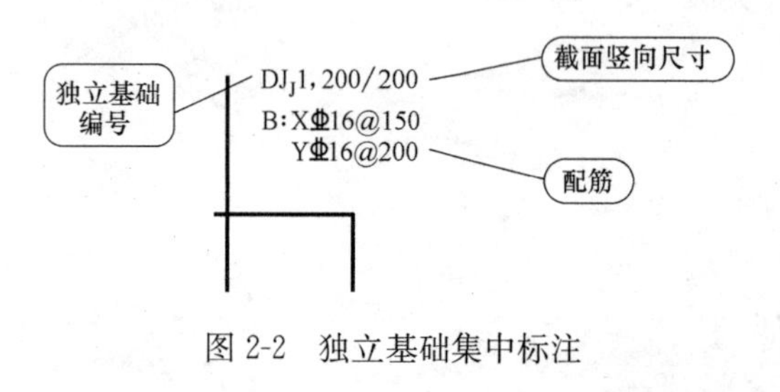

图 2-2 独立基础集中标注

（1）独立基础集中标注示意图

独立基础集中标注包括编号、截面竖向尺寸、配筋三项必注内容，如图 2-2 所示。

（2）独立基础编号

独立基础编号见表 2-1。

独立基础编号 **表 2-1**

类　型	基础底板截面形状	代号	序号
普通独立基础	阶形	DJ_J	××
	坡形	DJ_P	××
杯口独立基础	阶形	BJ_J	××
	坡形	BJ_P	××

注：设计时应注意：当独立基础截面形状为坡形时，其坡面应采用能保证混凝土浇筑、振捣密实的较缓坡度；当采用较陡坡度时，应要求施工采用在基础顶部坡面加模板等措施，以确保独立基础的坡面浇筑成型、振捣密实。

（3）独立基础截面竖向尺寸

下面按普通独立基础和杯口独立基础分别进行说明。

1）普通独立基础。注写 $h_1/h_2/\cdots\cdots$，具体标注为：

① 当基础为阶形截面时，如图 2-3 所示。

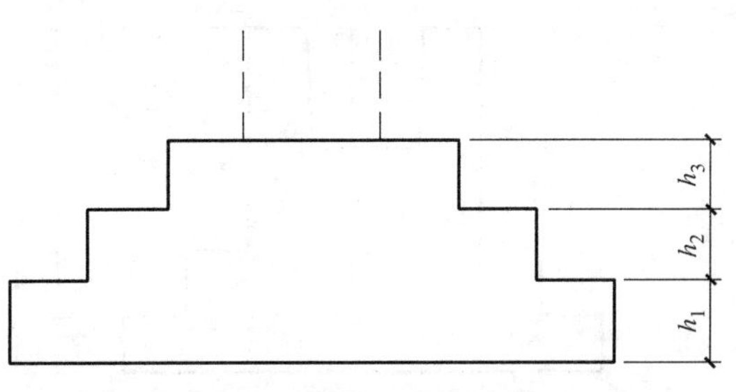

图 2-3 阶形截面普通独立基础竖向尺寸注写方式

【例 2-1】 当阶形截面普通独立基础 DJ_J××的竖向尺寸注写为 400/300/300 时，表示 h_1＝400mm、h_2＝300mm、h_3＝300mm，基础底板总高度为 1000mm。

上例及图 2-3 为三阶；当为更多阶时，各阶尺寸自下而上用“/”分隔顺写。当基础为单阶时，其竖向尺寸仅为一个且为基础总高度，如图 2-4 所示。

② 当基础为坡形截面时，注写方式为“h_1/h_2”，如图 2-5 所示。

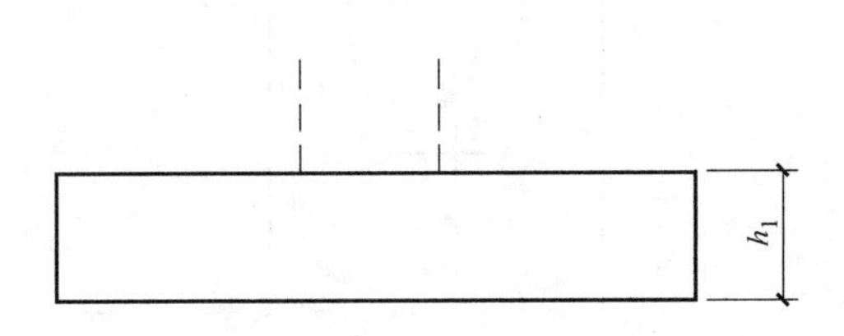

图 2-4 单阶普通独立基础竖向尺寸注写方式

图 2-5 坡形截面普通独立基础竖向尺寸注写方式

【例 2-2】 当坡形截面普通独立基础 DJp××的竖向尺寸注写为 350/300 时，表示 h_1＝350mm、h_2＝300mm，基础底板总高度为 650mm。

2）杯口独立基础

① 当基础为阶形截面时，其竖向尺寸分两组，一组表达杯口内，另一组表达杯口外，两组尺寸以“,”分隔，注写方式为“a_0/a_1，$h_1/h_2/\cdots\cdots$”，如图 2-6 和图 2-7 所示，其中杯口深度 a_0 为柱插入杯口的尺寸加 50mm。

② 当基础为坡形截面时，注写方式为“a_0/a_1，$h_1/h_2/h_3/\cdots\cdots$”，如图 2-8 和图 2-9 所示。

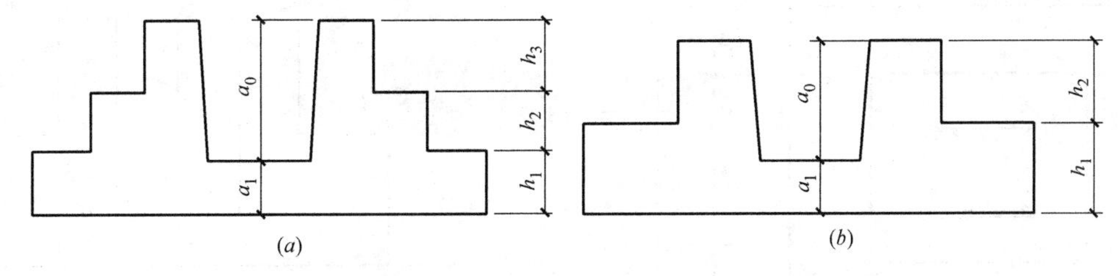

图 2-6 阶形截面杯口独立基础竖向尺寸注写方式

(*a*) 注写方式（一）；(*b*) 注写方式（二）

（4）独立基础编号及截面尺寸识图实例

独立基础的平法识图，是指根据平法施工图得出该基础的剖面形状尺寸，下面举例说明。

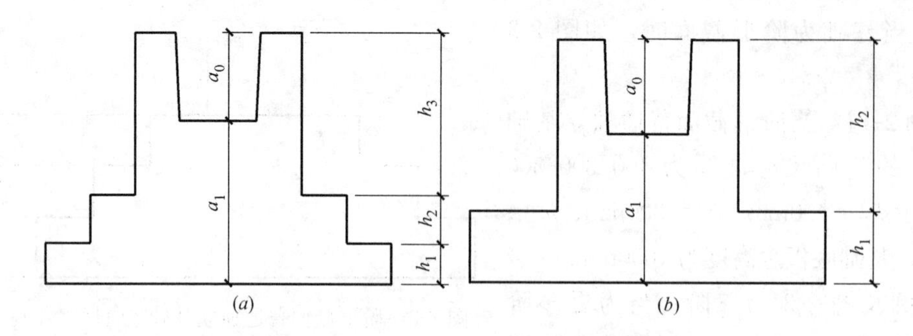

图 2-7 阶形截面高杯口独立基础竖向尺寸注写方式

(a) 注写方式(一);(b) 注写方式(二)

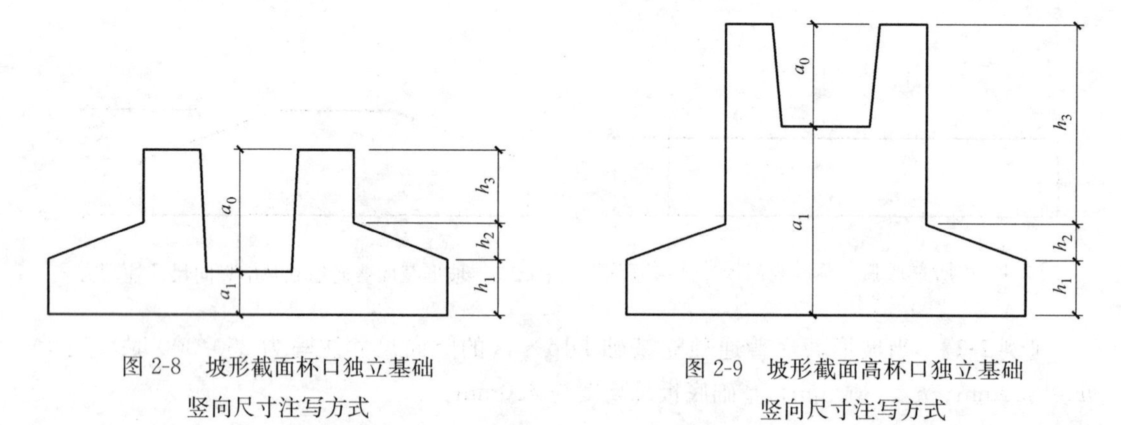

图 2-8 坡形截面杯口独立基础竖向尺寸注写方式

图 2-9 坡形截面高杯口独立基础竖向尺寸注写方式

如图 2-10 所示，可看出该基础为阶形杯口基础，$a_0=1000$，$a_1=300$，$h_1=700$，$h_2=600$。再结合原位标注的平面尺寸从而识图得出该独立基础的剖面形状尺寸，如图 2-11 所示。

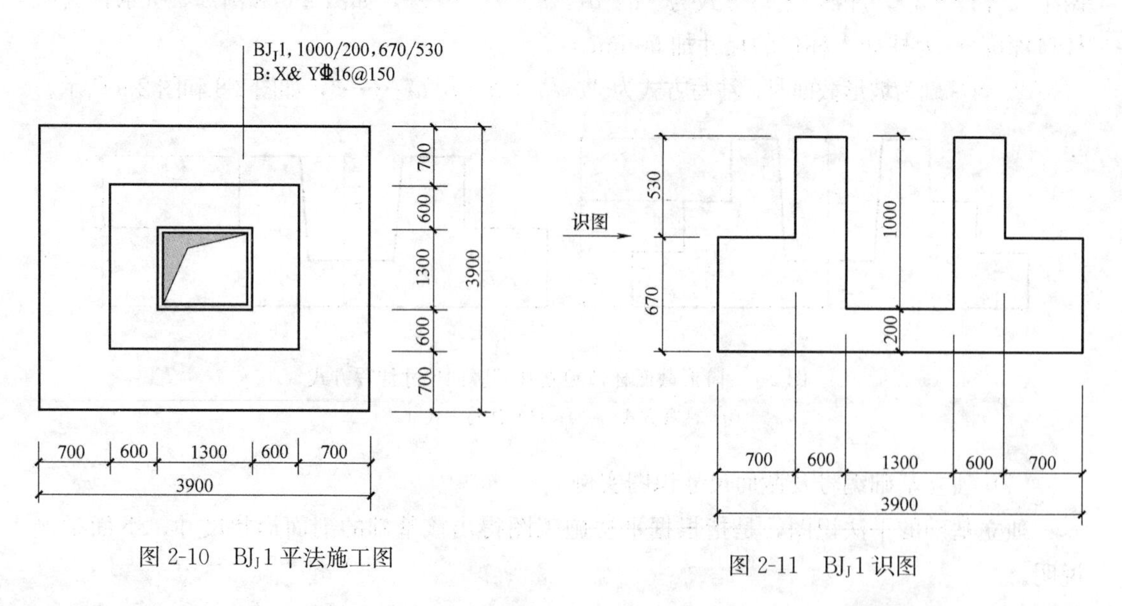

图 2-10 BJJ1 平法施工图

图 2-11 BJJ1 识图

（5）独立基础配筋

独立基础集中标注的第三项必注内容是配筋，如图 2-12 所示。独立基础的配筋有五种情况，如图 2-13 所示。

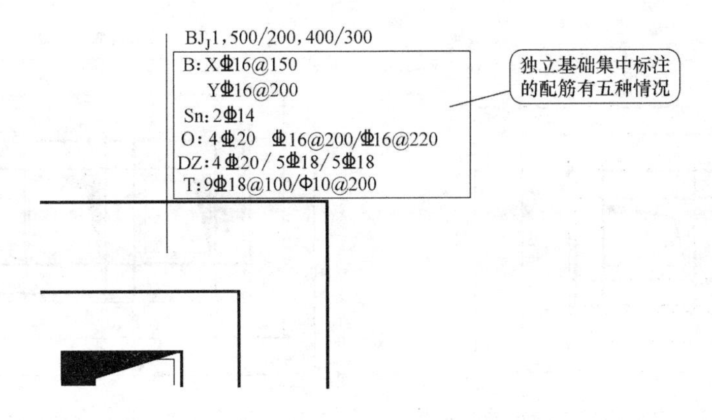

图 2-12　独立基础配筋注写方式

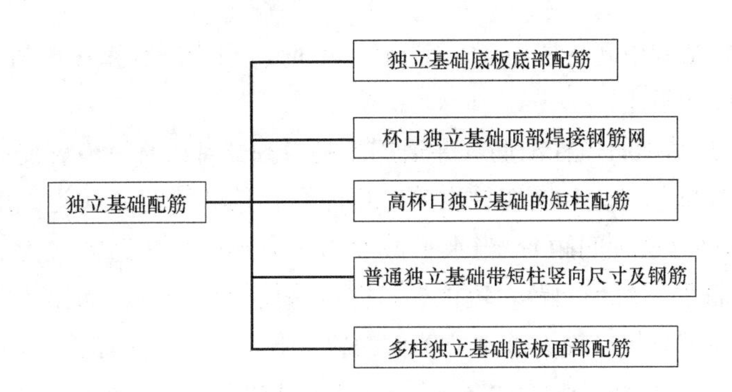

图 2-13　独立基础配筋情况

1）独立基础底板配筋

普通独立基础和杯口独立基础的底部双向配筋注写方式如下：

① 以 B 代表各种独立基础底板的底部配筋。

② X 向配筋以 X 打头、Y 向配筋以 Y 打头注写；当两向配筋相同时，则以 X&Y 打头注写。

见图 2-14，表示基础底板底部配置 HRB400 级钢筋，X 向钢筋直径为 16mm，间距 150mm；Y 向钢筋直径为 16mm，间距 200mm。

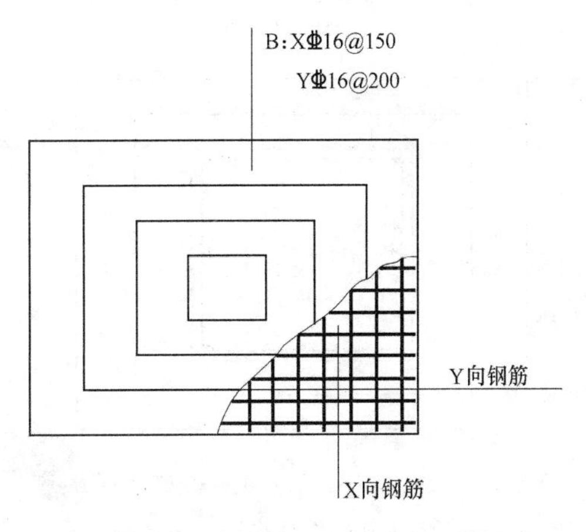

图 2-14　独立基础底板底部双向配筋示意

2）杯口独立基础顶部焊接钢筋网

以 Sn 打头引注杯口顶部焊接钢筋网的各边钢筋。见图 2-15，表示杯口顶部每边配置 2

根 HRB400 级直径为 14mm 的焊接钢筋网。

双杯口独立基础顶部焊接钢筋网，见图 2-16，表示杯口每边和双杯口中间杯壁的顶部均配置 2 根 HRB400 级直径为 16mm 的焊接钢筋网。

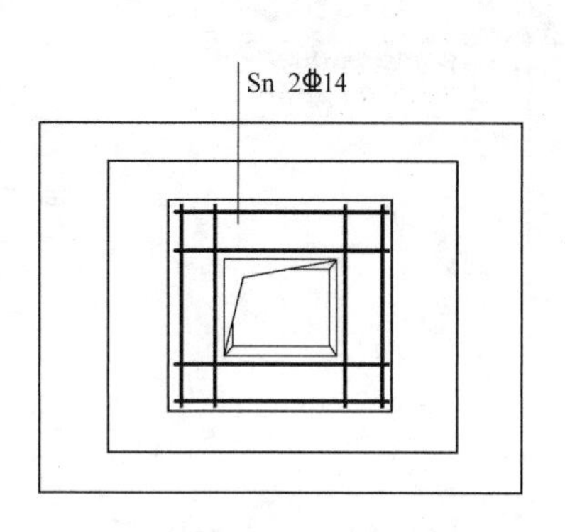

图 2-15 单杯口独立基础顶部焊接钢筋网示意
（本图只表示钢筋网）

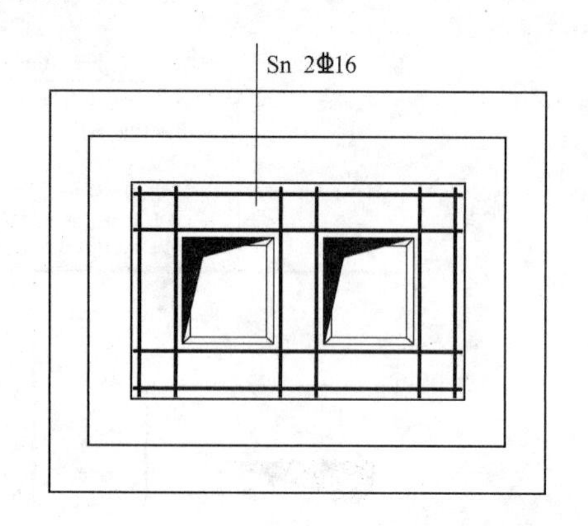

图 2-16 双杯口独立基础顶部焊接钢筋网示意
（本图只表示钢筋网）

当双杯口独立基础中间杯壁厚度小于 400mm 时，在中间杯壁中配置构造钢筋见相应标准构造详图，设计不注。

3）高杯口独立基础的短柱配筋（亦适用于杯口独立基础杯壁有配筋的情况）

以 O 代表短柱配筋。先注写短柱纵筋，再注写箍筋。注写方式为：角筋/长边中部筋/短边中部筋，箍筋（两种间距）；当水平截面为正方形时，注写方式为：角筋/x 边中部筋/y 边中部筋，箍筋（两种间距，短柱杯口壁内箍筋间距/短柱其他部位箍筋间距）。

见图 2-17，表示高杯口独立基础的短柱配置 HRB400 级竖向钢筋和 HPB300 级箍筋。其竖向纵筋为：4Φ20 角筋、Φ16@220 长边中部筋和Φ16@200 短边中部筋；其箍筋直径为 10mm，短柱杯口壁内间距 150mm，短柱其他部位间距 300mm。

对于双高杯口独立基础的短柱配筋，注写形式与单高杯口相同，如图 2-18 所示。

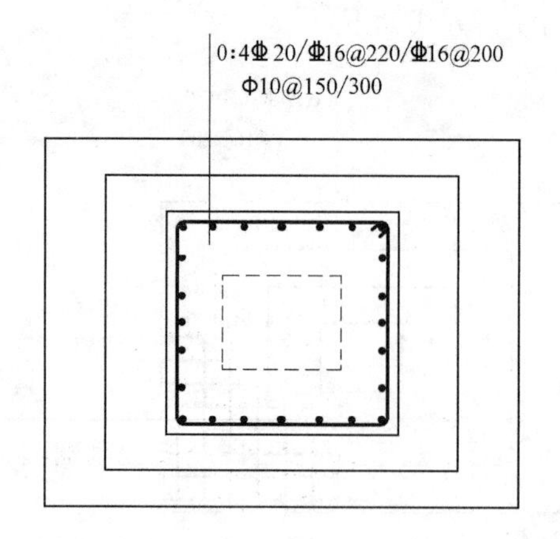

图 2-17 高杯口独立基础短柱配筋注写方式
（本图只表示基础短柱纵筋与矩形箍筋）

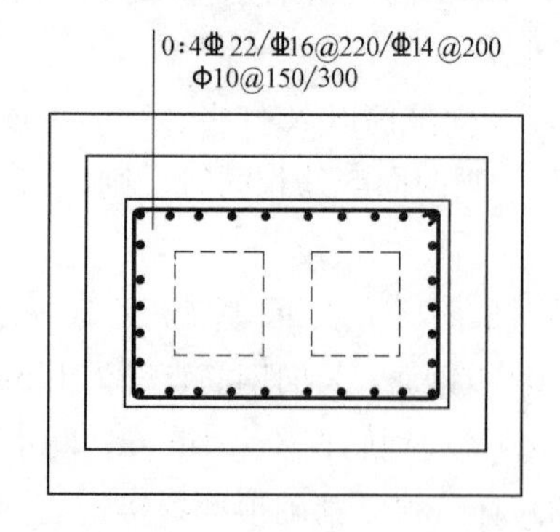

图 2-18 双高杯口独立基础短柱配筋注写方式
（本图只表示基础短柱纵筋与矩形箍筋）

当双高杯口独立基础中间杯壁厚度小于400mm时，在中间杯壁中配置构造钢筋见相应标准构造详图，设计不注。

4）普通独立基础带短柱竖向尺寸及钢筋

当独立基础埋深较大，设置短柱时，短柱配筋应注写在独立基础中。

以DZ代表普通独立基础短柱。先注写短柱纵筋，再注写箍筋，最后注写短柱标高范围。注写方式为“角筋/长边中部筋/短边中部筋，箍筋，短柱标高范围”；当短柱水平截面为正方形时，注写方式为“角筋/x中部筋/y中部筋，箍筋，短柱标高范围”。

见图2-19，表示独立基础的短柱设置在－2.500～0.050m高度范围内，配置HRB400级竖向纵筋和HPB300级箍筋。其竖向纵筋为：4Φ20角筋、5Φ18x边中部筋和5Φ18y边中部筋；其箍筋直径为10mm，间距100mm。

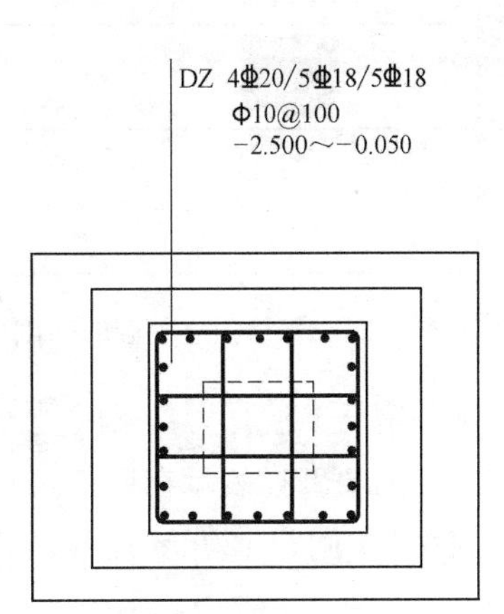

图2-19 独立基础短柱配筋示意图

5）多柱独立基础底板顶部配筋

独立基础通常为单柱独立基础，也可为多柱独立基础（双柱或四柱等）。多柱独立基础的编号、几何尺寸和配筋的标注方法与单柱独立基础相同。

当为双柱独立基础时，通常仅基础底部钢筋；当柱距离较大时，除基础底部配筋外，尚需在两柱间配置，顶部一般要配置基础顶部钢筋或配置基础梁；当为四柱独立基础时，通常可设置两道平行的基础梁，需要时可在两道基础梁之间配置基础顶部钢筋。

多柱独立基础顶部配筋和基础梁的注写方法规定如下：

① 双柱独立基础底板顶部配筋。双柱独立基础的顶部配筋，通常对称分布在双柱中心线两侧。以大写字母“T”打头，注写为：双柱间纵向受力钢筋/分布钢筋。当纵向受力钢筋在基础底板顶面非满布时，应注明其总根数。

见图2-20，表示独立基础顶部配置纵向受力钢筋HRB400级，直径为Φ18设置9根，间距100mm；分布筋HPB300级，直径为10mm，间距200mm。

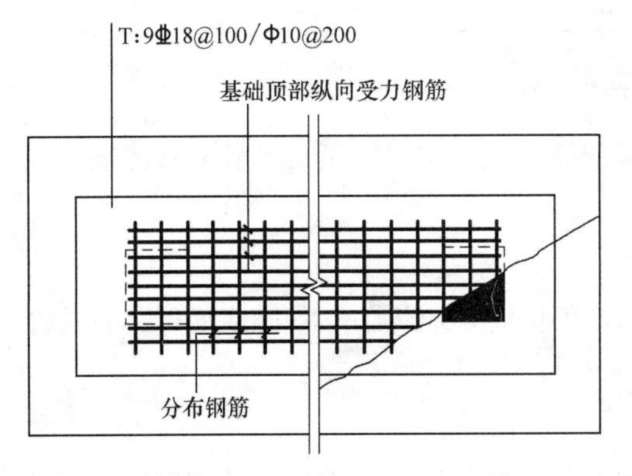

图2-20 双柱独立基础底板顶部钢筋

② 双柱独立基础的基础梁配筋。当双柱独立基础为基础底板与基础梁相结合时，注写基础梁的编号、几何尺寸和配筋。例如JL××（1）表示该基础梁为1跨，两端无外伸；JL××（1A）表示该基础梁为1跨，一端有外伸；JL××（1B）表示该基础梁为1跨，两端均有外伸。

通常情况下，双柱独立基础宜采用端部

有外伸的基础梁，基础底板则采用受力明确、构造简单的单向受力配筋与分布筋。基础梁宽度宜比柱截面宽出不小于100mm（每边不小于50mm）。

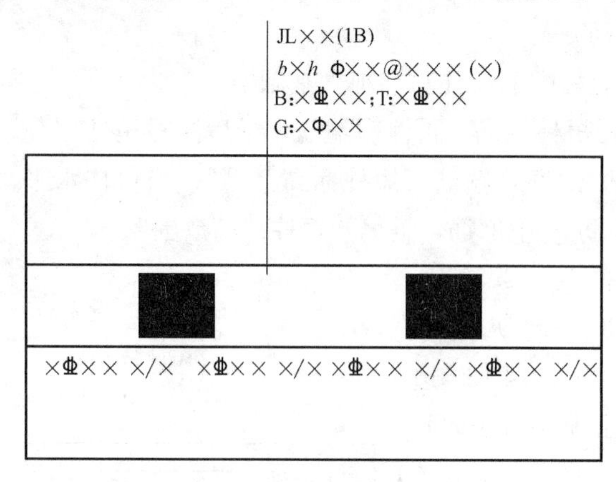

图2-21 双柱独立基础的基础梁配筋注写示意

基础梁的注写规定与条形基础的基础梁注写规定相同。注写示意图如图2-21所示。

③ 双柱独立基础的底板配筋。双柱独立基础底板配筋的注写，可以按条形基础底板的注写规定，也可以按独立基础底板的注写规定。

④ 配置两道基础梁的四柱独立基础底板顶部配筋。当四柱独立基础已设置两道平行的基础梁时，根据内力需要可在双梁之间以及梁的长度范围内配置基础顶部钢筋，注写为：梁间受力钢筋/分布钢筋。

见图2-22，表示在四柱独立基础顶部两道基础梁之间配置受力钢筋HRB400级，直径为Φ16，间距120mm；分布筋HPB300级，直径为ϕ10mm，分布间距200mm。

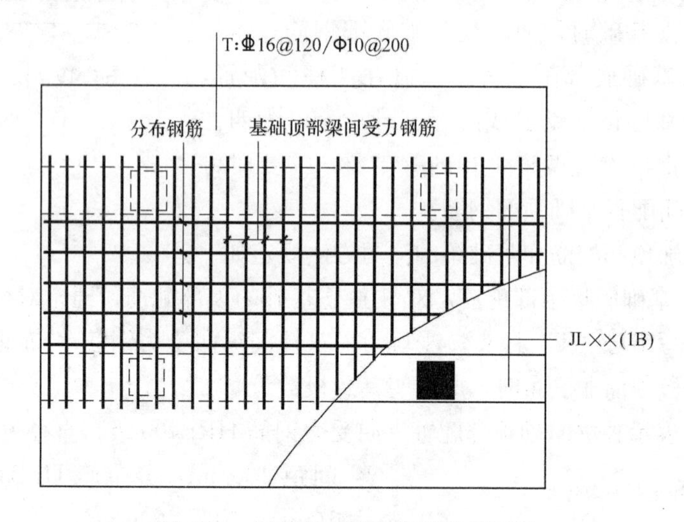

图2-22 四柱独立基础底板顶部配筋

平行设置两道基础梁的四柱独立基础底板配筋，也可按双梁条形基础底板配筋的注写规定。

6）基础底面标高

当独立基础的底面标高与基础底面基准标高不同时，应将独立基础底面标高直接注写在“（ ）”内。

7）必要的文字注解

当独立基础的设计有特殊要求时，宜增加必要的文字注解。例如，基础底板配筋长度是否采用减短方式等，可在该项内注明。

4. 原位标注

原位标注的具体内容规定如下：

（1）普通独立基础

原位标注 x、y，x_c、y_c（或圆柱直径 d_c），x_i、y_i，$i=1$，2，3……。其中，x、y 为普通独立基础两向边长，x_c、y_c 为柱截面尺寸，x_i、y_i 为阶宽或坡形平面尺寸（当设置短柱时，尚应标注短柱的截面尺寸）。

对称阶形截面普通独立基础原位标注，如图 2-23 所示。非对称阶形截面普通独立基础原位标注，如图 2-24 所示。设置短柱独立基础的原位标注，如图 2-25 所示。

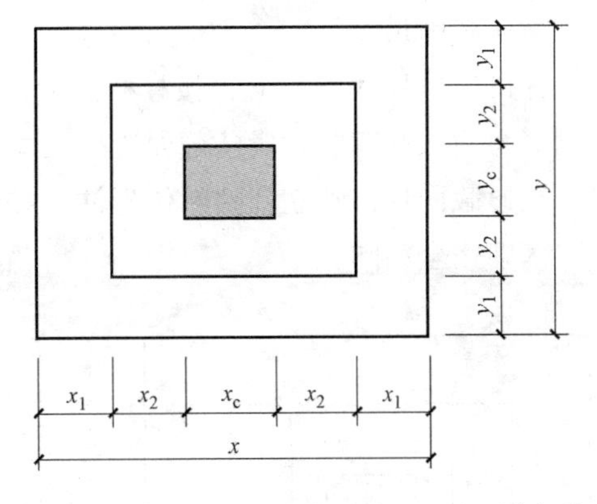

图 2-23 对称阶形截面普通独立基础原位标注

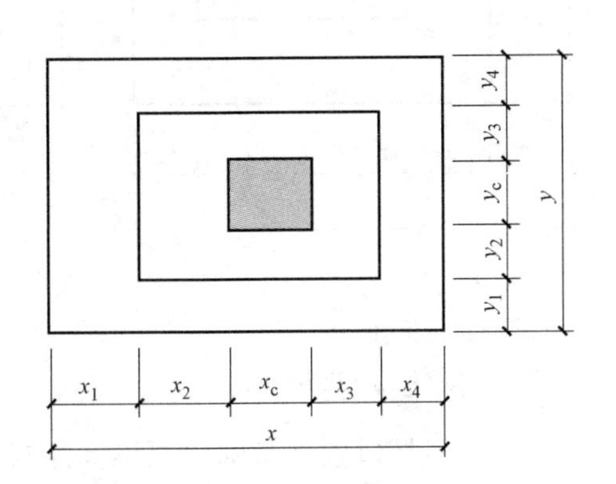

图 2-24 非对称阶形截面普通独立基础原位标注

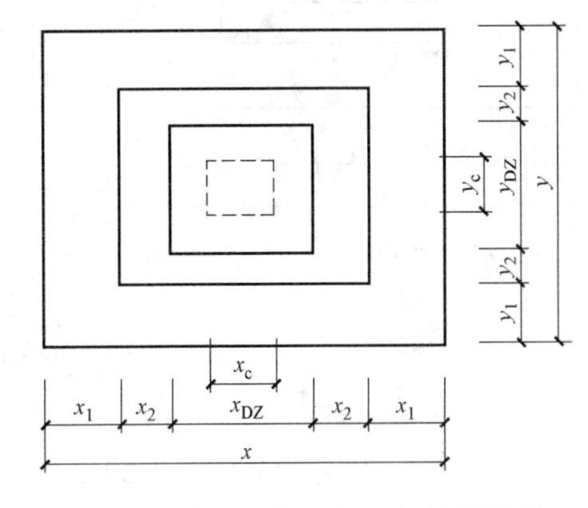

图 2-25 带短柱普通独立基础原位标注

对称坡形普通独立基础原位标注，如图 2-26 所示。非对称坡形普通独立基础原位标注，如图 2-27 所示。

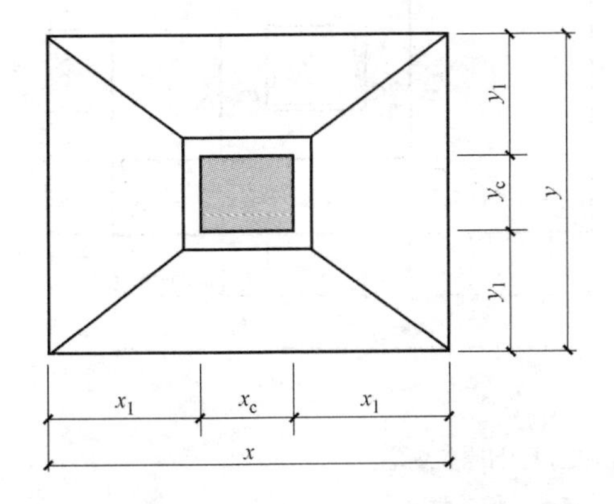

图 2-26 对称坡形截面普通独立基础原位标注

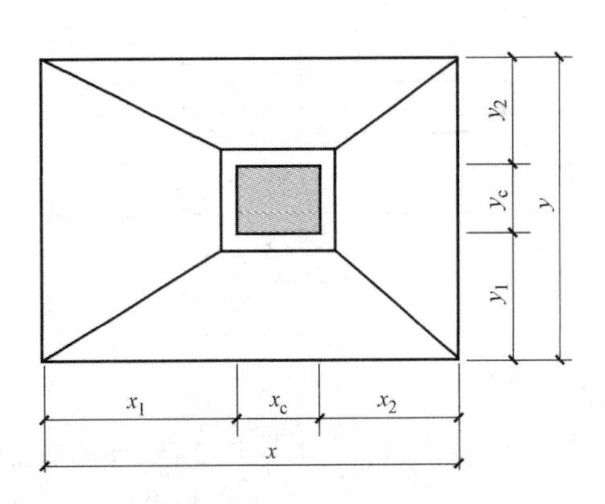

图 2-27 非对称坡形截面普通独立基础原位标注

(2) 杯口独立基础

原位标注 x、y，x_u、y_u，t_i，x_i、y_i，$i=1$，2，3……。其中，x、y 为杯口独立基础两向边长，x_u、y_u 为柱截面尺寸，t_i 为杯壁上口厚度，下口厚度为 t_i+25mm，x_i、y_i 为阶宽或坡形截面尺寸。

杯口上口尺寸 x_u、y_u，按柱截面边长两侧双向各加 75mm；杯口下口尺寸按标准构造详图（为插入杯口的相应柱截面边长尺寸，每边各加 50mm），设计不注。

阶形截面杯口独立基础原位标注，如图 2-28 所示。高杯口独立基础原位标注与杯口独立基础完全相同。

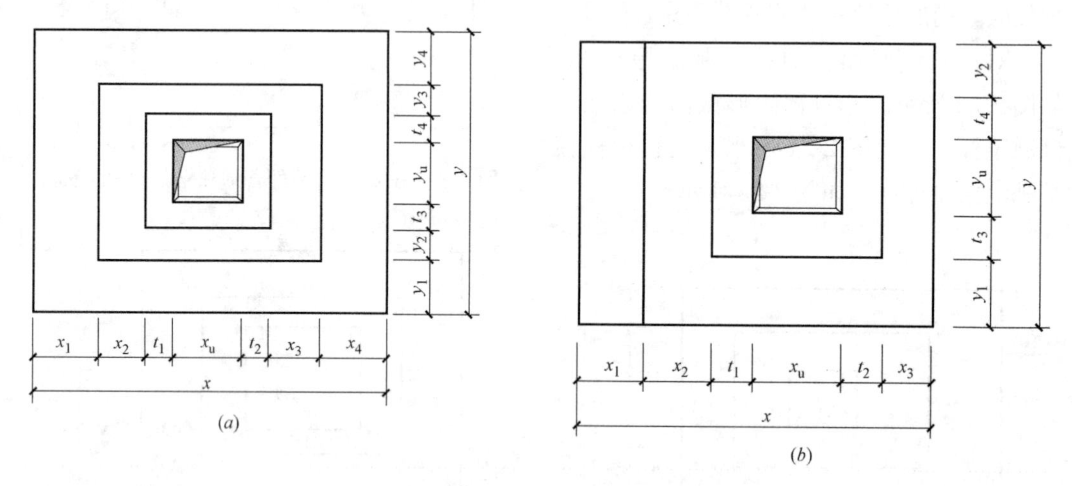

图 2-28 阶形截面杯口独立基础原位标注

(*a*) 基础底板四边阶数相同；(*b*) 基础底板的一边比其他三边多一阶

坡形截面杯口独立基础原位标注，如图 2-29 所示。高杯口独立基础的原位标注与杯

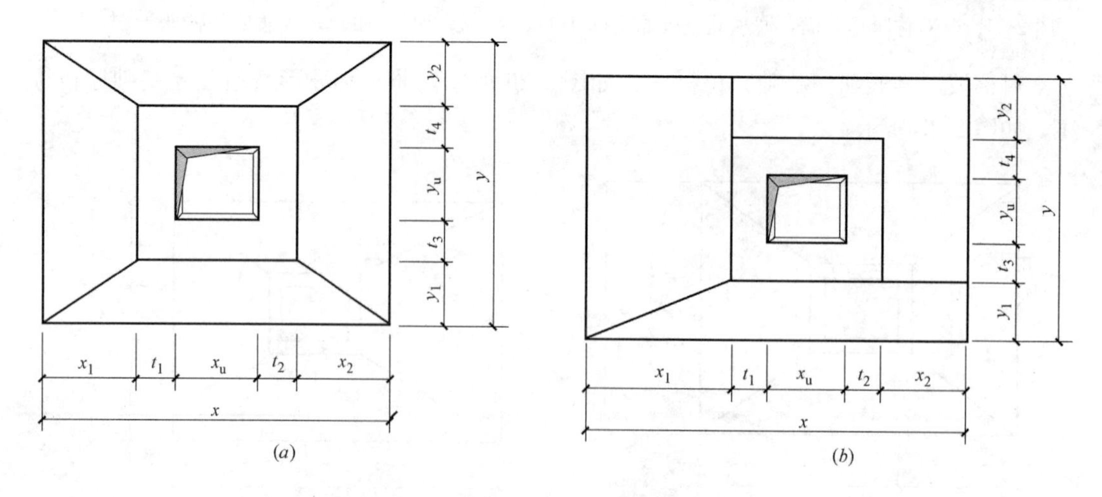

图 2-29 坡形截面杯口独立基础原位标注

(*a*) 基础底板四边均放坡；(*b*) 基础底板有两边不放坡

注：高杯口独立基础原位标注与杯口独立基础完全相同。

口独立基础完全相同。

设计时应注意：当设计为非对称坡形截面独立基础并且基础底板的某边不放坡时，在原位放大绘制的基础平面图上，或在圈引出来放大绘制的基础平面图上，应按实际放坡情况绘制分坡线，如图 2-29（*b*）所示。

2.3.2 条形基础平法施工图制图规则

1. 条形基础平法施工图的表示方法

条形基础平法施工图，有平面注写与截面注写两种表达方式，设计者可根据具体工程情况选择一种，或将两种方式相结合进行条形基础的施工图设计。

当绘制条形基础平面布置图时，应将条形基础平面与基础所支承的上部结构的柱、墙一起绘制。当基础底面标高不同时，需注明与基础底面基准标高不同之处的范围和标高。

当梁板式基础梁中心或板式条形基础板中心与建筑定位轴线不重合时，应标注其定位尺寸；对于编号相同的条形基础，可仅选择一个进行标注。

条形基础整体上可分为两类，如图 2-30 所示。

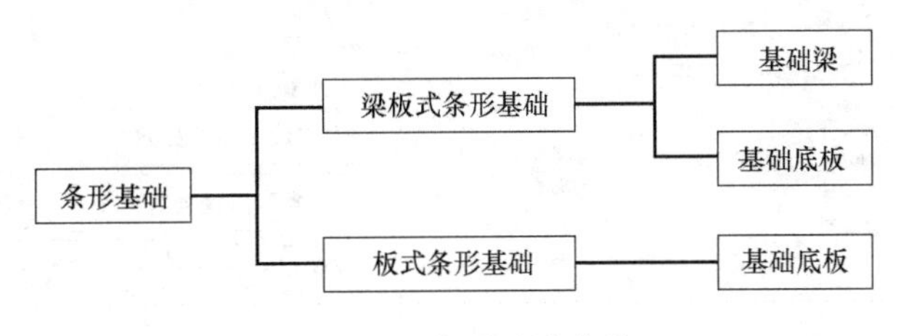

图 2-30　条形基础分类

2. 基础梁的集中标注

基础梁的集中标注内容包括基础梁编号、截面尺寸、配筋三项必注内容，如图 2-31 所示，以及基础梁底面标高（与基础底面基准标高不同时）和必要的文字注解两项选注内容。

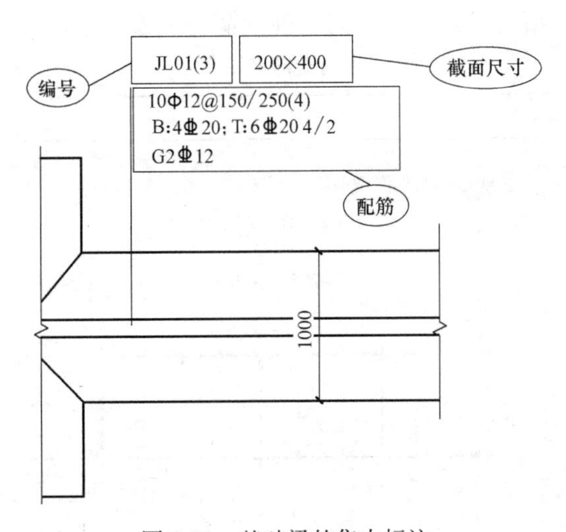

图 2-31　基础梁的集中标注

(1) 基础梁编号

基础梁编号由“代号”、“序号”、“跨数及有无外伸”三项组成，如图 2-32 所示，具体表示方法见表 2-2。

基础梁编号　　表 2-2

类　型	代号	序号	跨数及有无外伸
基础梁	JL	××	(××)端部无外伸
		××	(××A)一端有外伸
		××	(××B)两端有外伸

(2) 基础梁截面尺寸

基础梁截面尺寸，注写方式为“$b \times h$”，表示梁截面宽度与高度。当为竖向加腋梁时，注写方式为“$b \times h$　$\mathrm{Y}c_1 \times c_2$”，其中 c_1 为腋长，c_2 为腋高。

(3) 基础梁配筋

基础梁配筋主要注写内容包括箍筋、底部、顶部及侧面纵向钢筋，如图 2-33 所示。

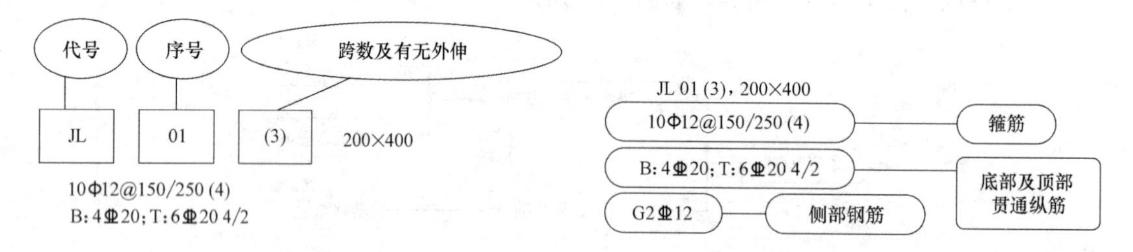

图 2-32　基础梁编号平法标注　　图 2-33　基础梁配筋标注内容

1) 基础梁箍筋

基础梁箍筋表示方法的平法识图，见表 2-3。

施工时应注意：两向基础梁相交的柱下区域，应有一向截面较高的基础梁箍筋贯通设置；当两向基础梁高度相同时，任选一向基础梁箍筋贯通设置。

基础梁箍筋识图　　表 2-3

箍筋表示方法	识　图	标准说明
Φ10@150(2)	只有一种间距，双肢箍 JL01(3), 200×400 Φ10@150(2) B:4Φ25;T:5Φ25 4/2 只有一种箍筋间距 L	当具体设计仅采用一种箍筋间距时，注写钢筋级别、直径、间距与肢数(箍筋肢数写在括号内，下同)

续表

箍筋表示方法	识　图	标准说明
6Φ10@150/5Φ12@200/Φ12@250(4)	两端向里，先各布置6根Φ10间距150mm的箍筋，再往里两侧各布置5根Φ12间距200mm的箍筋，中间剩余部位按间距250mm的箍筋，均为四肢箍 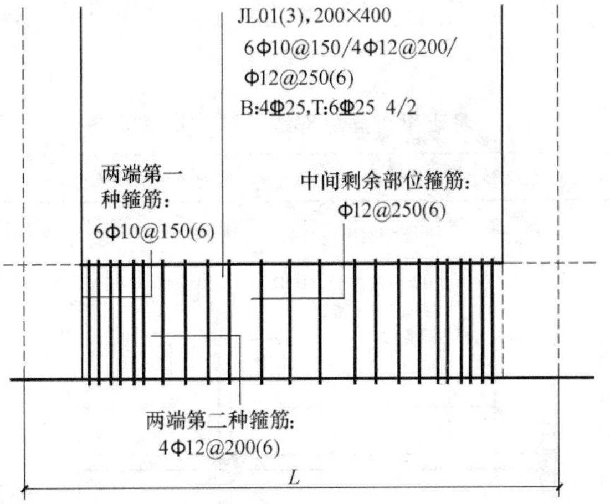 JL01(3)，200×400 6Φ10@150/4Φ12@200/ Φ12@250(6) B:4Ф25,T:6Ф25 4/2 两端第一种箍筋： 6Φ10@150(6) 中间剩余部位箍筋： Φ12@250(6) 两端第二种箍筋： 4Φ12@200(6) L	当具体设计采用两种箍筋时，用"/"分隔不同箍筋，按照从基础梁两端向跨中的顺序注写。先注写第1段箍筋（在前面加注箍筋道数），在斜线后再注写第2段箍筋（不再加注箍筋道数）

2）基础梁底部、顶部及侧面纵向钢筋

① 以B打头，注写梁底部贯通纵筋（不应少于梁底部受力钢筋总裁面面积的1/3）。当跨中所注根数少于箍筋肢数时，需要在跨中增设梁底部架立筋以固定箍筋，采用"+"将贯通纵筋与架立筋相联，架立筋注写在加号后面的括号内。

② 以T打头，注写梁顶部贯通纵筋。注写时用分号"；"将底部与顶部贯通纵筋分隔开，如有个别跨与其不同者按原位注写的规定处理。

③ 当梁底部或顶部贯通纵筋多于一排时，用"/"将各排纵筋自上而下分开。

【例2-3】 B：4Ф25；T：12Ф25 7/5，表示梁底部配置贯通纵筋为4Ф25；梁顶部配置贯通纵筋上一排为7Ф25，下一排为5Ф25，共12Ф25。

④ 以大写字母G打头注写梁两侧面对称设置的纵向构造钢筋的总配筋值（当梁腹板净高h_w不小于450mm时，根据需要配置）。

【例2-4】 G8Ф14，表示梁每个侧面配置纵向构造钢筋4Ф14，共配置8Ф14。

当需要配置抗扭纵向钢筋时，梁两个侧面设置的抗扭纵向钢筋以N打头。

【例2-5】 N8Ф16，表示梁的两个侧面共配置8Ф16的纵向抗扭钢筋，沿截面周边均匀对称设置。

注：1. 当为梁侧面构造钢筋时，其搭接与锚固长度可取为15d。

2. 当为梁侧面受扭纵向钢筋时，其锚固长度为l_a，搭接长度为l_l；其锚固方式同基础梁上部纵筋。

（4）基础梁底面标高

当条形基础的底面标高与基础底面基准标高不同时，将条形基础底面标高注写在"（　）"内。

（5）文字注解

当基础梁的设计有特殊要求时，宜增加必要的文字注解。

3. 基础梁的原位标注

（1）基础梁支座的底部纵筋

基础梁支座的底部纵筋，系指包含贯通纵筋与非贯通纵筋在内的所有纵筋。其原位标注识图见表 2-4。

基础梁支座底部纵筋原位标注识图 **表 2-4**

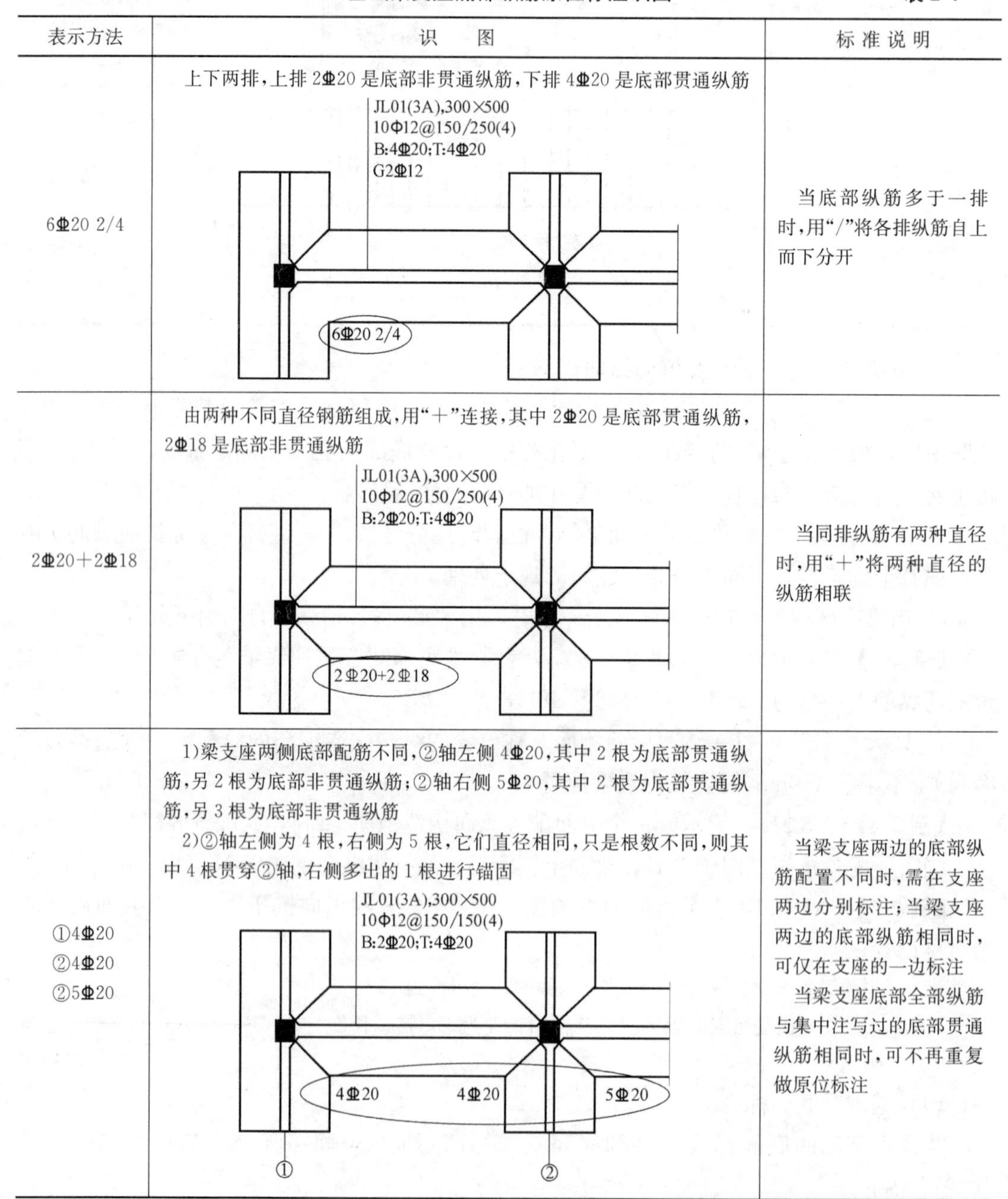

表示方法	识图	标准说明
6Φ20 2/4	上下两排，上排 2Φ20 是底部非贯通纵筋，下排 4Φ20 是底部贯通纵筋 JL01(3A),300×500 10Φ12@150/250(4) B:4Φ20;T:4Φ20 G2Φ12 6Φ20 2/4	当底部纵筋多于一排时，用“/”将各排纵筋自上而下分开
2Φ20＋2Φ18	由两种不同直径钢筋组成，用“＋”连接，其中 2Φ20 是底部贯通纵筋，2Φ18 是底部非贯通纵筋 JL01(3A),300×500 10Φ12@150/250(4) B:2Φ20;T:4Φ20 2Φ20+2Φ18	当同排纵筋有两种直径时，用“＋”将两种直径的纵筋相联
①4Φ20 ②4Φ20 ②5Φ20	1）梁支座两侧底部配筋不同，②轴左侧 4Φ20，其中 2 根为底部贯通纵筋，另 2 根为底部非贯通纵筋；②轴右侧 5Φ20，其中 2 根为底部贯通纵筋，另 3 根为底部非贯通纵筋 2）②轴左侧为 4 根，右侧为 5 根，它们直径相同，只是根数不同，则其中 4 根贯穿②轴，右侧多出的 1 根进行锚固 JL01(3A),300×500 10Φ12@150/150(4) B:2Φ20;T:4Φ20 4Φ20 4Φ20 5Φ20 ① ②	当梁支座两边的底部纵筋配置不同时，需在支座两边分别标注；当梁支座两边的底部纵筋相同时，可仅在支座的一边标注 当梁支座底部全部纵筋与集中注写过的底部贯通纵筋相同时，可不再重复做原位标注

竖向加腋梁加腋部位钢筋，需在设置加腋的支座处以 Y 打头注写在括号内。

【例 2-6】 Y4⌀25，表示竖向加腋部位斜纵筋为 4⌀25。

设计时应注意：对于底部一平梁的支座两边配筋值不同的底部非贯通纵筋（“底部一平”为“梁底部在同一个平面上”的缩略词），应先按较小一边的配筋值选配相同直径的纵筋贯穿支座，再将较大一边的配筋差值选配适当直径的钢筋锚入支座，避免造成支座两边大部分钢筋直径不相同的不合理配置结果。

施工及预算方面应注意：当底部贯通纵筋经原位注写修正，出现两种不同配置的底部贯通纵筋时，应在两毗邻跨中配置较小一跨的跨中连接区域进行连接（即配置较大一跨的底部贯通纵筋需伸出至毗邻跨的跨中连接区域）。

（2）基础梁的附加箍筋或（反扣）吊筋

当两向基础梁十字交叉，但交叉位置无柱时，应根据需要设置附加箍筋或（反扣）吊筋。

将附加箍筋或（反扣）吊筋直接画在平面图中条形基础主梁上，原位直接引注总配筋值（附加箍筋的肢数注在括号内）。当多数附加箍筋或（反扣）吊筋相同时，可在条形基础平法施工图上统一注明。少数与统一注明值不同时，再原位直接引注。

施工时应注意：附加箍筋或（反扣）吊筋的几何尺寸应按照标准构造详图，结合其所在位置的主梁和次梁的截面尺寸确定。

（3）基础梁外伸部位的变截面高度尺寸

当基础梁外伸部位采用变截面高度时，在该部位原位注写 $b\times h_1/h_2$，h_1 为根部截面高度，h_2 为尽端截面高度，如图 2-34 所示。

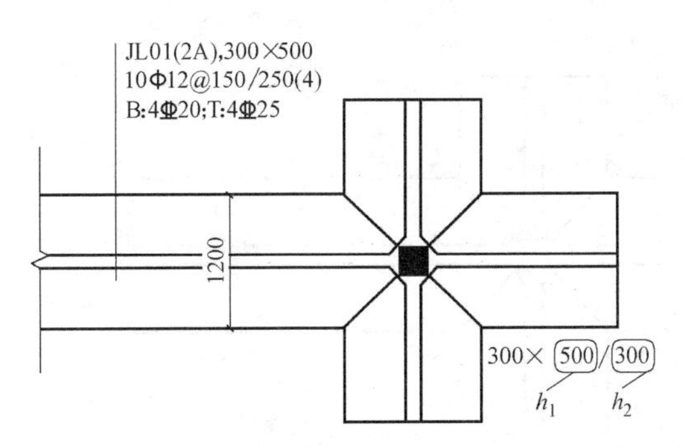

图 2-34 基础梁外伸部位变截面高度尺寸

（4）原位注写修正内容

当在基础梁上集中标注的某项内容（如截面尺寸、箍筋、底部与顶部贯通纵筋或架立筋、梁侧面纵向构造钢筋、梁底面标高等）不适用于某跨或某外伸部位时，将其修正内容原位标注在该跨或该外伸部位，施工时原位标注取值优先。

当在多跨基础梁的集中标注中已注明竖向加腋，而该梁某跨根部不需要竖向加腋时，则应在该跨原位标注无 $Yc_1\times c_2$ 的 $b\times h_1$ 以修正集中标注中的竖向加腋要求。

如图 2-35 所示，JL01 集中标注的截面尺寸为 300mm×500mm，第 2 跨原位标注为 300mm×400mm，表示第 2 跨发生了截面变化。

4. 条形基础底板的平面注写方式

条形基础底板 TJB_P、TJB_J 的平面注写方式，分集中标注和原位标注两部分内容。

（1）集中标注

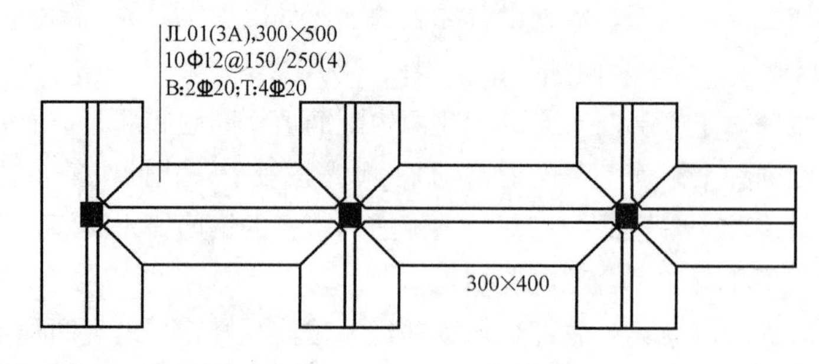

图 2-35 原位标注修正内容

条形基础底板的集中标注内容包括条形基础底板编号、截面竖向尺寸、配筋三项必注内容，如图 2-36 所示，以及条形基础底板底面标高（与基础底面基准标高不同时）和必要的文字注解两项选注内容。

素混凝土条形基础底板的集中标注，除无底板配筋内容外与钢筋混凝土条形基础底板相同。

1）条形基础底板编号由“代号”、“序号”、“跨数及有无外伸”三项组成，如图 2-37 所示。具体表示方法见表 2-5。

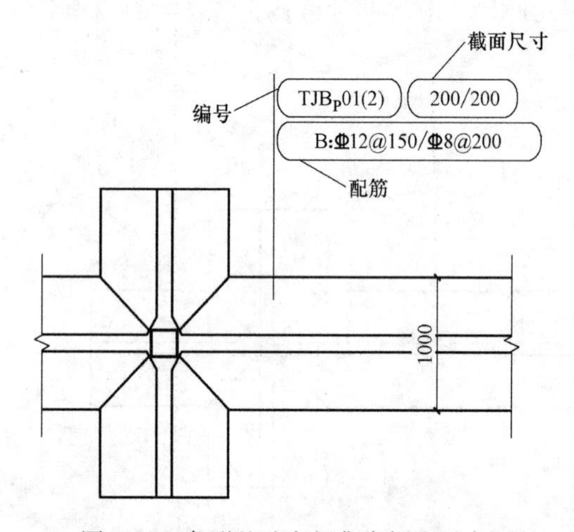

图 2-36 条形基础底板集中标注示意图

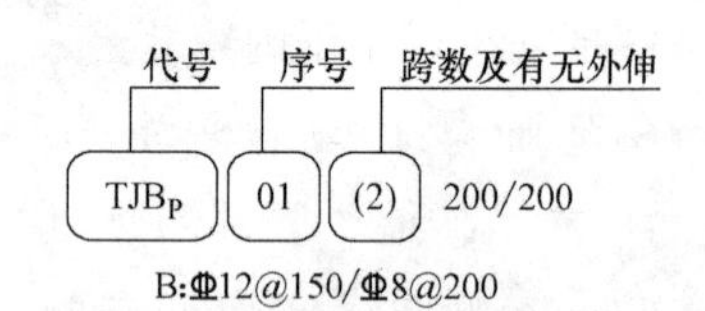

图 2-37 条形基础底板编号平法标注

条形基础梁及底板编号 **表 2-5**

类型		代号	序号	跨数及有无外伸
条形基础底板	阶形	TJB_P	××	(××)端部无外伸 (××A)一端有外伸 (××B)两端有外伸
	坡形	TJB_J	××	

注：条形基础通常采用坡形截面或单阶形截面。

条形基础底板向两侧的截面形状通常包括以下两种：

① 阶形截面，编号加下标“J”，例如 TJB_J××（××）；

② 坡形截面，编号加下标“P”，例如 TJB_P××（××）。

2）条形基础底板截面竖向尺寸，注写 $h_1/h_2/\cdots\cdots$，见表 2-6。

条形基础底板截面竖向尺寸识图　　　　**表 2-6**

分　类	注写方式	示意图
坡形截面的条形基础底板	TJB_P×× h_1/h_2	
单阶形截面的条形基础底板	TJB_J×× h_1	
多阶形截面的条形基础底板	TJB_J××h_1/h_2	

3）条形基础底板底部及顶部配筋。以 B 打头，注写条形基础底板底部的横向受力钢筋。以 T 打头，注写条形基础底板顶部的横向受力钢筋；注写时，用“/”分隔条形基础底板的横向受力钢筋与纵向分布钢筋，如图 2-38 和图 2-39 所示。

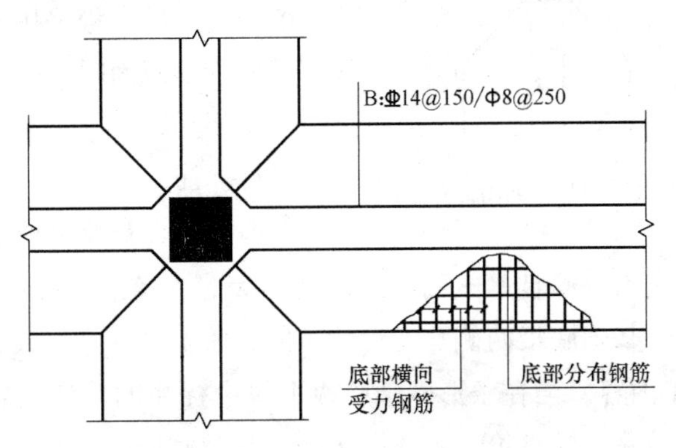

图 2-38　条形基础底板底部配筋示意

【例 2-7】 当条形基础底板配筋标注为：B：Φ14@150/Φ8@250；表示条形基础底板底部配置 HRB400 级横向受力钢筋，直径为 14mm，间距 150mm；配置 HPB300 级纵向分布钢筋，直径为 8，间距 250，如图 2-38 所示。

【例 2-8】 当为双梁（或双墙）条形基础底板时，除在底板底部配置钢筋外，一般尚需在两根梁或两道墙之间的底板顶部配置钢筋，其中横向受力钢筋的锚固长度 l_a 从梁的内边缘（或墙内边缘）起算，如图 2-39 所示。

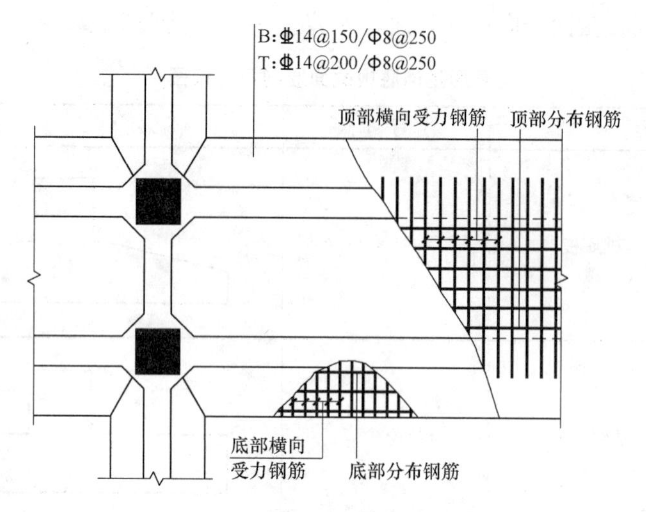

图 2-39 双梁条形基础底板配筋示意

4）条形基础底板底面标高。当条形基础底板的底面标高与条形基础底面基准标高不同时，应将条形基础底板底面标高注写在“（ ）”内。

5）文字注解。当条形基础底板有特殊要求时，应增加必要的文字注解。

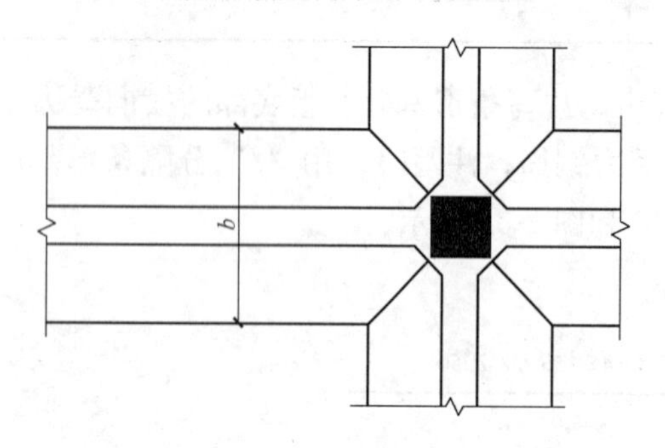

图 2-40 条形基础底板平面尺寸原位标注

（2）原位标注

1）原位注写条形基础底板的平面尺寸。原位标注方式为“b、b_i，$i=1$，2，……”。其中，b 为基础底板总宽度，如为基础底板台阶的宽度。当基础底板采用对称于基础梁的坡形截面或单阶形截面时，b_i 可不注，见图 2-40。

对于相同编号的条形基础底板，可仅选择一个进行标注。

条形基础存在双梁或双墙共用同一基础底板的情况，当为双梁或为双墙且梁或墙荷载差别较大时，条形基础两侧可取不同的宽度，实际宽度以原位标注的基础底板两侧非对称的不同台阶宽度 b 进行表达。

2）原位注写修正内容。当在条形基础底板上集中标注的某项内容，如底板截面竖向尺寸、底板配筋、底板底面标高等，不适用于条形基础底板的某跨或某外伸部分时，可将其修正内容原位标注在该跨或该外伸部位，施工时原位标注取值优先。

2.3.3 梁板式筏形基础平法施工图制图规则

1. 梁板式筏形基础平法施工图的表示方法

（1）梁板式筏形基础平法施工图，系在基础平面布置图上采用平面注写方式进行表达。

（2）当绘制基础平面布置图时，应将梁板式筏形基础与其所支承的柱、墙一起绘制。

梁板式筏形基础以多数相同的基础平板底面标高作为基础底面基准标高。当基础底面标高不同时，需注明与基础底面基准标高不同之处的范围和标高。

（3）通过选注基础梁底面与基础平板底面的标高高差来表达两者间的位置关系，可以明确其“高板位”（梁顶与板顶一平）、“低板位”（梁底与板底一平）以及“中板位”（板在梁的中部）三种不同位置组合的筏形基础，方便设计表达。

（4）对于轴线未居中的基础梁，应标注其定位尺寸。

2. 梁板式筏形基础构件的类型与编号

梁板式筏形基础由基础主梁、基础次梁、基础平板等构成，编号按表 2-7 的规定。

梁板式筏形基础梁编号　　　　**表 2-7**

构件类型	代号	序号	跨数及是否有外伸
基础主梁(柱下)	JL	××	(××)或(××A)或(××B)
基础次梁	JCL	××	(××)或(××A)或(××B)
梁板筏基础平板	LPB	××	

注：1.（××A）为一端有外伸，（××B）为两端有外伸，外伸不计入跨数。

2. 梁板式筏形基础平板跨数及是否有外伸分别在 X、Y 两向的贯通纵筋之后表达。图面从左至右为 X 向，从下至上为 Y 向。

3. 梁板式筏形基础主梁与条形基础梁编号与标准构造详图一致。

3. 基础主梁和基础次梁的平面注写方式

基础主梁 JL 与基础次梁 JCL 的平面注写方式，分集中标注与原位标注两部分内容，如图 2-41 所示。当集中标注的某项数值不适用于梁的某部位时，则将该项数值采用原位标注，施工时，原位标注优先。

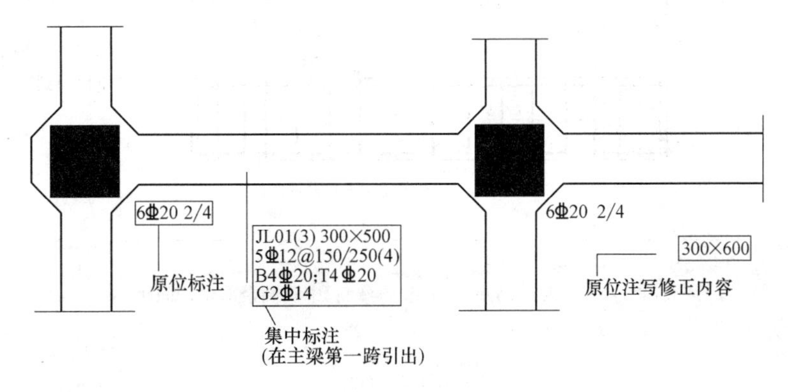

图 2-41　基础主/次梁平面注写方式

（1）集中标注

基础主梁 JL 与基础次梁 JCL 的集中标注内容为：基础梁编号、截面尺寸、配筋三项必注内容，以及基础梁底面标高高差（相对于筏形基础平板底面标高）一项选注内容，如图 2-42 所示。

1）基础梁的编号由“代号”、“序号”、“跨数及有无外伸”三项组成，如图 2-43 所示。其具体表示方法，见表 2-7。

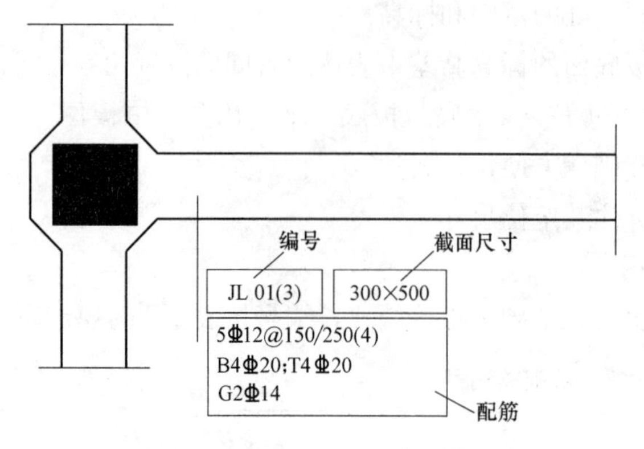

图 2-42 基础主/次梁集中标注

图 2-43 基础主/次梁编号平法标注

2）基础梁的截面尺寸。以 $b\times h$ 表示梁截面宽度和高度，当为竖向加腋梁时，用 $b\times h$ Y$c_1\times c_2$ 表示。其中，c_1 为腋长，c_2 为腋高。

3）基础梁的配筋：

① 基础梁箍筋表示方法的平法识图见表 2-8。

基础主/次梁箍筋识图 **表 2-8**

箍筋表示方法	识图	说明
Φ10@250(2)	只有一种间距，双肢箍 JL01(3) 300×500 Φ10@250(2) B2Φ20;T2Φ20 G2Φ12 只有一种箍筋间距	当采用一种箍筋间距时，注写钢筋级别、直径、间距与肢数（写在括号内）
5Φ10@150/250(2)	两端各布置 5 根Φ10 间距 150mm 的箍筋，中间剩余部位按间距 250mm 布置，均为双肢箍 JL01(3) 300×500 5Φ10@150/250(2) B2Φ20;T2Φ20 G2Φ12 两端第一种箍筋 5Φ10@150(2) 中间剩余部位Φ10@250(2)	当采用两种箍筋时，用“/”分隔不同箍筋，按照从基础梁两端向跨中的顺序注写。先注写第 1 段箍筋（在前面加注箍数），在斜线后再注写第 2 段箍筋（不再加注箍数）

续表

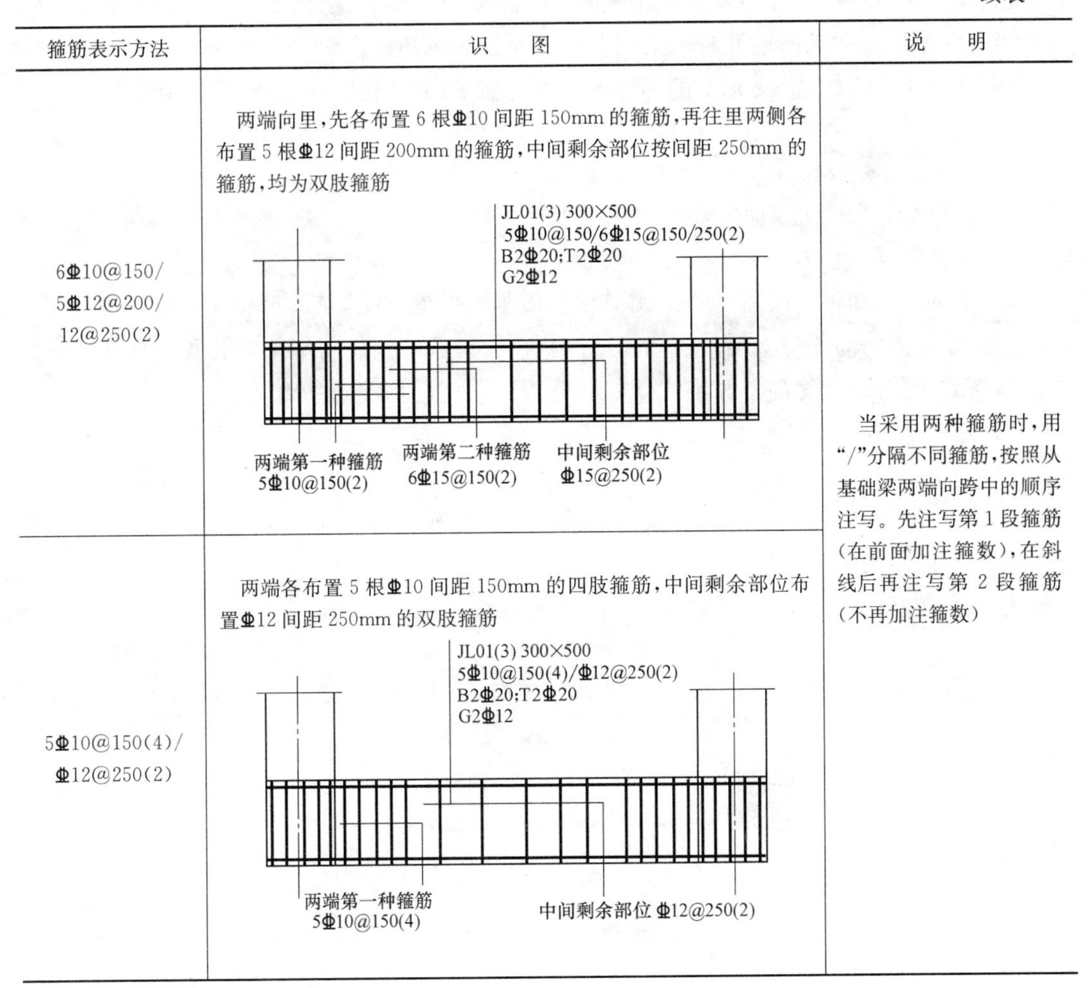

箍筋表示方法	识图	说明
6Φ10@150/ 5Φ12@200/ 12@250(2)	两端向里，先各布置 6 根Φ10 间距 150mm 的箍筋，再往里两侧各布置 5 根Φ12 间距 200mm 的箍筋，中间剩余部位按间距 250mm 的箍筋，均为双肢箍筋 JL01(3) 300×500 5Φ10@150/6Φ15@150/250(2) B2Φ20;T2Φ20 G2Φ12 两端第一种箍筋 5Φ10@150(2) 两端第二种箍筋 6Φ15@150(2) 中间剩余部位 Φ15@250(2)	当采用两种箍筋时，用“/”分隔不同箍筋，按照从基础梁两端向跨中的顺序注写。先注写第 1 段箍筋（在前面加注箍数），在斜线后再注写第 2 段箍筋（不再加注箍数）
5Φ10@150(4)/ Φ12@250(2)	两端各布置 5 根Φ10 间距 150mm 的四肢箍筋，中间剩余部位布置Φ12 间距 250mm 的双肢箍筋 JL01(3) 300×500 5Φ10@150(4)/Φ12@250(2) B2Φ20;T2Φ20 G2Φ12 两端第一种箍筋 5Φ10@150(4) 中间剩余部位 Φ12@250(2)	

施工时应注意：两向基础主梁相交的柱下区域，应有一向截面较高的基础主梁箍筋贯通设置；当两向基础主梁高度相同时，任选一向基础主梁箍筋贯通设置。

② 基础梁的底部、顶部及侧面纵向钢筋

a. 以 B 打头，先注写梁底部贯通纵筋（不应少于底部受力钢筋总截面面积的 1/3）。当跨中所注根数少于箍筋肢数时，需要在跨中加设架立筋以固定箍筋，注写时，用加号“+”将贯通纵筋与架立筋相联，架立筋注写在加号后面的括号内。

b. 以 T 打头，注写梁顶部贯通纵筋值。注写时用分号“;”将底部与顶部纵筋分隔开。

【例 2-9】 B4Φ32；T7Φ32，表示梁的底部配置 4Φ32 的贯通纵筋，梁的顶部配置7Φ32 的贯通纵筋。

c. 当梁底部或顶部贯通纵筋多于一排时，用斜线“/”将各排纵筋自上而下分开。

d. 以大写字母“G”打头，注写梁两侧面设置的纵向构造钢筋有总配筋值（当梁腹板高度 h_w 不小于 450mm 时，根据需要配置）。

【例 2-10】 G8Φ16，表示梁的两个侧面共配置 8Φ16 的纵向构造钢筋，每侧各配置4Φ16。

当需要配置抗扭纵向钢筋时，梁两个侧面设置的抗扭纵向钢筋以 N 打头。

【例 2-11】 N8Φ16，表示梁的两个侧面共配置 8Φ16 的纵向抗扭钢筋，沿截面周边均匀对称设置。

注：1. 当为梁侧面构造钢筋时，其搭接与锚固长度可取为 $15d$。

2. 当为梁侧面受扭纵向钢筋时，其锚固长度为 l_a，搭接长度为 l_l；其锚固方式同基础梁上部纵筋。

4）基础梁底面标高高差（系指相对于筏形基础平板底面标高的高差值），该项为选注值。有高差时需将高差写入括号内（如“高板位”与“中板位”基础梁的底面与基础平板地面标高的高差值），无高差时不注（如“低板位”筏形基础的基础梁）。

（2）原位标注

1）梁支座的底部纵筋

梁支座的底部纵筋，系指包含贯通纵筋与非贯通纵筋在内的所有纵筋，如图 2-44 所示。其原位标注识图见表 2-9。

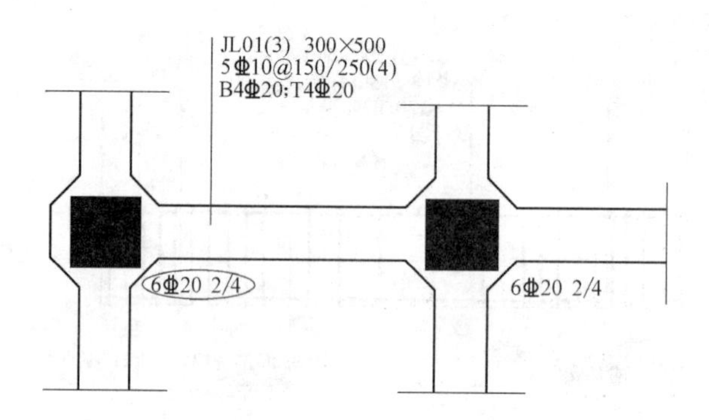

图 2-44 基础主/次梁支座底部纵筋实例

基础主/次梁支座原位标注识图 **表 2-9**

标注方法	识图	标准说明
6Φ20 2/4	上下两排，上排 2Φ20 是底部非贯通纵筋，下排 4Φ20 是底部贯通纵筋 JL01(2) 300×500 5Φ10@150/250(4) B2Φ20;T4Φ20 6Φ20 2/4	当底部纵筋多余一排时，用“/”将各排纵筋自上而下分开

续表

标注方法	识　图	标准说明
6Φ20　2/4	支座左右的配筋均为上下两排，上排2Φ20是底部非贯通纵筋，下排4Φ20是底部贯通纵筋 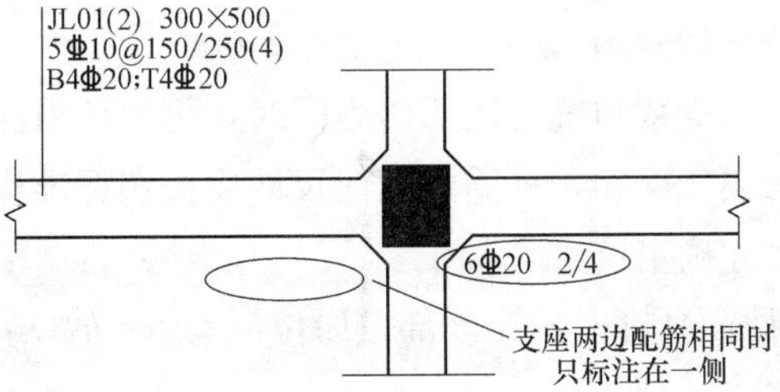 JL01(2) 300×500 5Φ10@150/250(4) B4Φ20;T4Φ20 6Φ20　2/4 支座两边配筋相同时 只标注在一侧	当梁中间支座两边的底部纵筋相同时，只仅在支座的一边标注配筋值
2Φ20+2Φ18	图中2Φ20是底部贯通纵筋，2Φ18底部非贯通纵筋 JL01(2) 300×500 5Φ10@150/250(4) B2Φ20;T4Φ20 2Φ20+2Φ18 两种不同直径钢筋 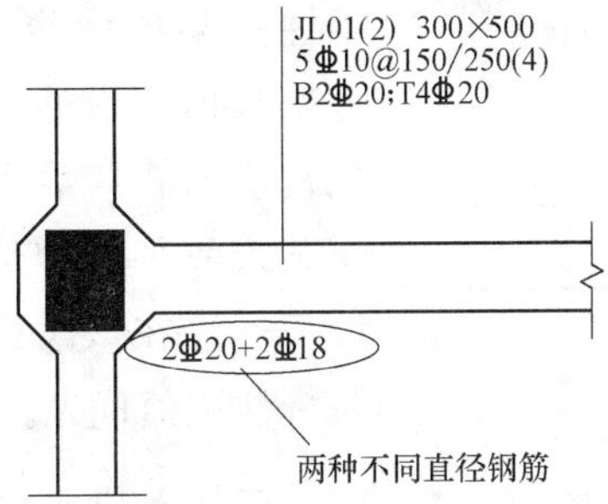	当同排有两种直径时，用加号"+"将两种直径的纵筋相联
4Φ20②5Φ20	1)中间支座柱下两侧底部配筋不同，②轴左侧4Φ20，其中2根为底部贯通筋，另2根为底部非贯通纵筋；②轴右侧5Φ20，其中2根为底部贯通纵筋，另3根为底部非贯通纵筋 2)②轴左侧为4根，右侧为5根，它们直径相同，只是根数不同，则其中4根贯穿②轴，右侧多出的1根进行锚固 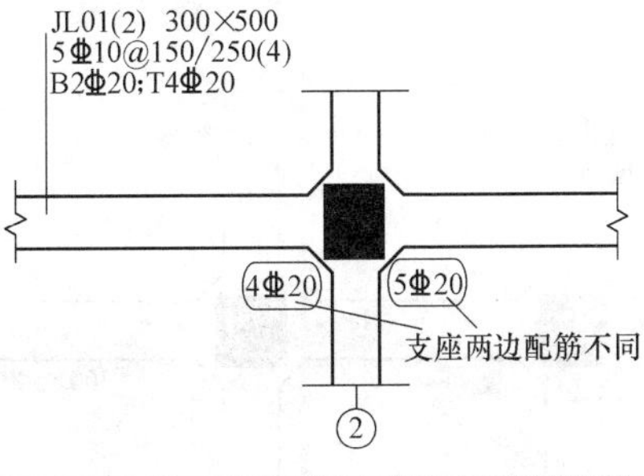 JL01(2) 300×500 5Φ10@150/250(4) B2Φ20;T4Φ20 4Φ20　5Φ20 支座两边配筋不同 ②	当梁中间支座两边底部纵筋配置不同时，需在支座两边分别标注

当梁端（支座）区域的底部全部纵筋与集中注写过的贯通纵筋相同时，可不再重复做原位标注。

竖向加腋梁加腋部位钢筋，需在设置加腋的支座处以Y打头注写在括号内。

设计时应注意：当对底部一平的梁支座两边的底部非贯通纵筋采用不同配筋值时，应先按较小一边的配筋值选配相同直径的纵筋贯穿支座，再将较大一边的配筋差值选配适当直径的钢筋锚入支座，避免造成两边大部分钢筋直径不相同的不合理配置结果。

施工及预算方面应注意：当底部贯通纵筋经原位修正注写后，两种不同配置的底部贯通纵筋应在两毗邻跨中配置较小一跨的跨中连接区域连接（即配置较大一跨的底部贯通纵筋需越过其跨数终点或起点伸至毗邻跨的跨中连接区域）。

2）基础梁的附加箍筋或（反扣）吊筋。将其直接画在平面图中的主梁上，用线引注总配筋值（附加箍筋的肢数注在括号内），当多数附加箍筋或（反扣）吊筋相同时，可在基础梁平法施工图上统一注明；少数与统一注明值不同时，再原位引注。

施工时应注意：附加箍筋或（反扣）吊筋的几何尺寸应按照标准构造详图，结合其所在位置的主梁和次梁的截面尺寸确定。

3）当基础梁外伸部位变截面高度时，在该部位原位注写 $b \times h_1/h_2$，h_1 为根部截面高度，h_2 为尽端截面高度，如图 2-45 所示。

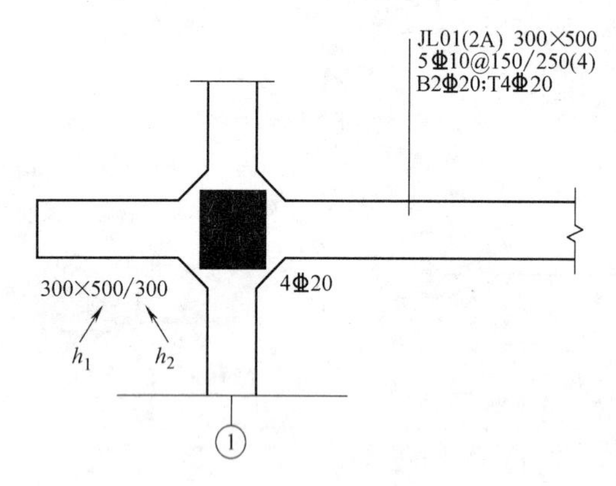

图 2-45 基础主/次梁外伸部位变截面高度尺寸

4）注写修正内容。当在基础梁上集中标注的某项内容（如梁截面尺寸、箍筋、底部与顶部贯通纵筋或架立筋、梁侧面纵向构造钢筋、梁底面标高高差等）不适用于某跨或某外伸部分时，则将其修正内容原位标注在该跨或该外伸部位，施工时原位标注取值优先。

当在多跨基础梁的集中标注中已注明竖向加腋，而该梁某跨根部不需要竖向加腋时，则应在该跨原位标注等截面的 $b \times h$，以修正集中标注中的加腋信息。如图 2-46 所示，JL01 集中标注的截面尺寸为 300mm × 700mm，第 3 跨原位标注为 300mm × 500mm，表示第 3 跨发生了截面变化。

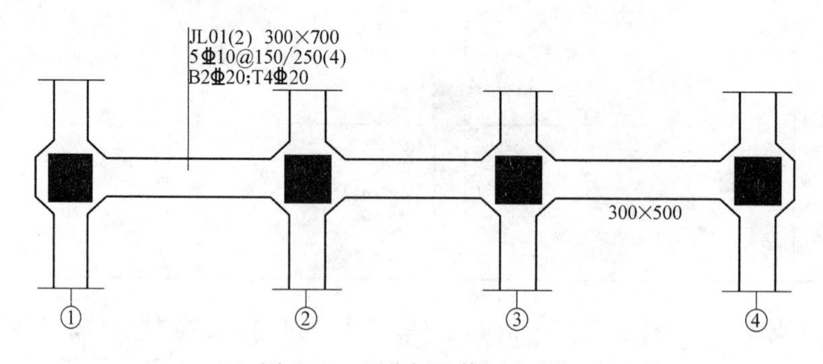

图 2-46 原位标注修正内容

4. 梁板式筏形基础平板的平面注写方式

梁板式筏形基础平板 LPB 的平面注写，分为集中标注与原位标注两部分内容。

（1）集中标注

梁板式筏形基础平板 LPB 贯通纵筋的集中标注，应在所表达的板区双向均为第一跨

（X与Y双向首跨）的板上引出（图面从左至右为X向，从下至上为Y向），如图2-47所示。

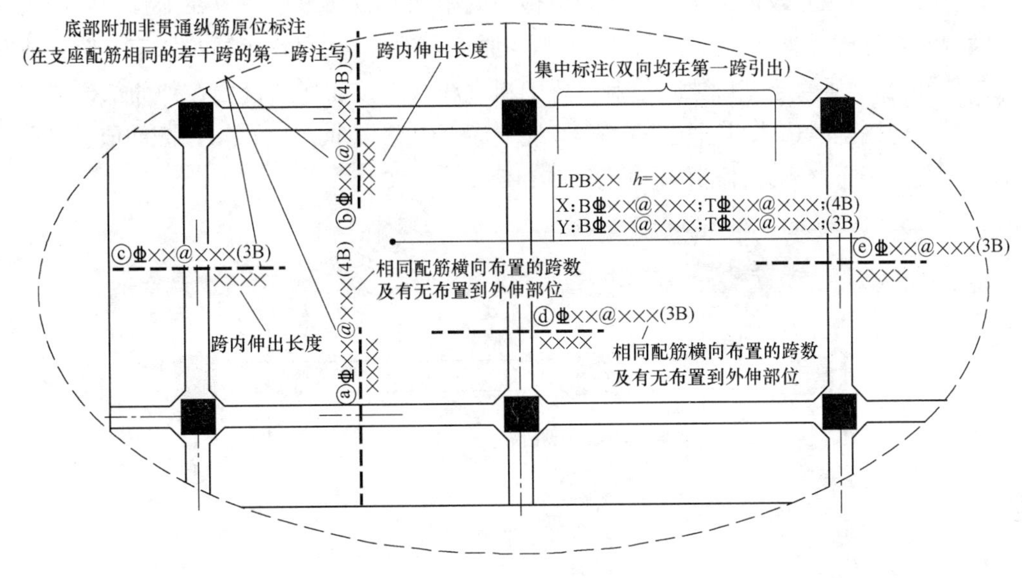

图2-47 梁板式筏形基础平板集中标注

板区划分条件：板厚相同、基础平板底部与顶部贯通纵筋配置相同的区域为同一板区。

集中标注的内容包括：

1）基础平板的编号，见表2-7。

2）基础平板的截面尺寸。注写 h=×××表示板厚。

3）基础平板的底部与顶部贯通纵筋及其跨数及外伸情况。先注写X向底部（B打头）贯通纵筋与顶部（T打头）贯通纵筋及纵向长度范围；再注写Y向底部（B打头）贯通纵筋与顶部（T打头）贯通纵筋及其跨数及外伸长度（图面从左至右为X向，从下至上为Y向）。

贯通纵筋的跨数及外伸长度注写在括号中，注写方式为“跨数及有无外伸”，其表达形式为：（××）（无外伸）、（××A）（一端有外伸）或（××B）（两端有外伸）。

注：基础平板的跨数以构成柱网的主轴线为准；两主轴线之间无论有几道辅助轴线（例如框筒结构中混凝土内筒中的多道墙体），均可按一跨考虑。

当贯通纵筋采用两种规格钢筋“隔一布一”方式时，表达为xx/yy@××，表示直径xx的钢筋和直径yy的钢筋之间的间距为××，直径为xx的钢筋、直径为yy的钢筋间距分别为××的2倍。

施工及预算方面应注意：当基础平板分板区进行集中标注，并且相邻板区板底一平时，两种不同配置的底部贯通纵筋应在两毗邻板跨中配筋较小板跨的跨中连接区域连接（即配置较大板跨的底部贯通纵筋需越过板区分界线伸至毗邻板跨的跨中连接区域）。

(2) 原位标注

梁板式筏形基础平板 LPB 的原位标注，主要表达板底部附加非贯通纵筋。

1) 原位注写位置及内容。板底部原位标注的附加非贯通纵筋，应在配置相同的第一跨表达（当在基础梁悬挑部位单独配置时则在原位表达）。在配置相同跨的第一跨（或基础梁外伸部位），垂直于基础梁，绘制一段中粗虚线（当该筋通长设置在外伸部位或短跨板下部时，应画至对边或贯通短跨），再续线上注写编号（如①、②等）、配筋值、横向布置的跨数及是否布置到外伸部位，如图 2-48 所示。

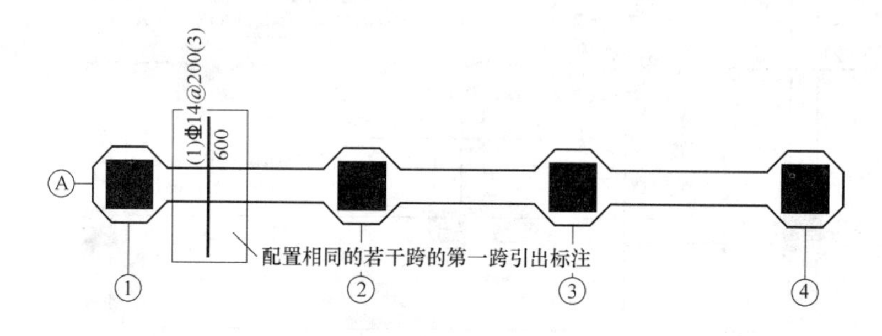

图 2-48　筏基平板原位标注

注：(××) 为横向布置的跨数，(××A) 为横向布置的跨数及一端基础梁的外伸部位，(××B) 为横向布置的跨数及两端基础梁外伸部位。

板底部附加非贯通纵筋自支座中线向两边跨内的伸出长度值注写在线段的下方位置。当该筋向两侧对称伸出时，可仅在一侧标注，另一侧不注：当布置在边梁下时，向基础平板外伸部位一侧的伸出长度与方式按标准构造，设计不注。底部附加非贯通筋相同者，可仅注写一处，其他只注写编号。

横向连续布置的跨数及是否布置到外伸部位，不受集中标注贯通纵筋的板区限制。

原位注写的底都附加非贯通纵筋与集中标注的底部贯通钢筋，宜来用“隔一布一”的方式布置，即基础平板（X 向或 Y 向）底部附加非贯通纵筋与贯通纵筋间隔布置，其标注间距与底部贯通纵筋相同（两者实际组合后的间距为各自标注间距的 1/2）。

2) 修正内容。当集中标注的某些内容不适用于梁板式筏形基础平板某板区的某一板跨时，应由设计者在该板跨内注明，施工时应按注明内容取用。

3) 当若干基础梁下基础平板的底部附加非贯通纵筋配置相同时（其底部、顶部的贯通纵筋可以不同），可仅在一根基础梁下做原位注写，并在其他梁上注明“该梁下基础平板底部附加非贯通纵筋同××基础梁”。

2.3.4 平板式筏形基础平法施工图制图规则

1. 平板式筏形基础平法施工图的表示方法

(1) 平板式筏形基础平法施工图，是指在基础平面布置图上采用平面注写方式表达。

(2) 当绘制基础平面布置图时，应将平板式筏形基础与其所支承的柱、墙一起绘制。当基础底面标高不同时，需注明与基础底面基准标高不同之处的范围和标高。

2. 平板式筏形基础构件的类型与编号

平板式筏形基础的平面注写表达方式有两种：一是划分为柱下板带和跨中板带进行表达；二是按基础平板进行表达。平板式筏形基础构件编号见表 2-10。

平板式筏形基础构件编号 **表 2-10**

构件类型	代号	序号	跨数及有无外伸
柱下板带	ZXB	××	(××)或(××A)或(××B)
跨中板带	KZB	××	(××)或(××A)或(××B)
平板筏基础平板	BPB		

注：1. (××A) 为一端有外伸，(××B) 为两端有外伸，外伸不计入跨数。
2. 平板式筏形基础平板，其跨数及是否有外伸分别在 X、Y 两向的贯通纵筋之后表达。图面从左至右为 X 向，从下至上为 Y 向。

柱下板带 ZXB（视其为无箍筋的宽扁梁）与跨中板带 KZB 的平面注写，分集中标注与原位标注两部分内容。

平板式筏形基础平板 BPB 的平面注写，分为集中标注与原位标注两部分内容，如图 2-49 所示。

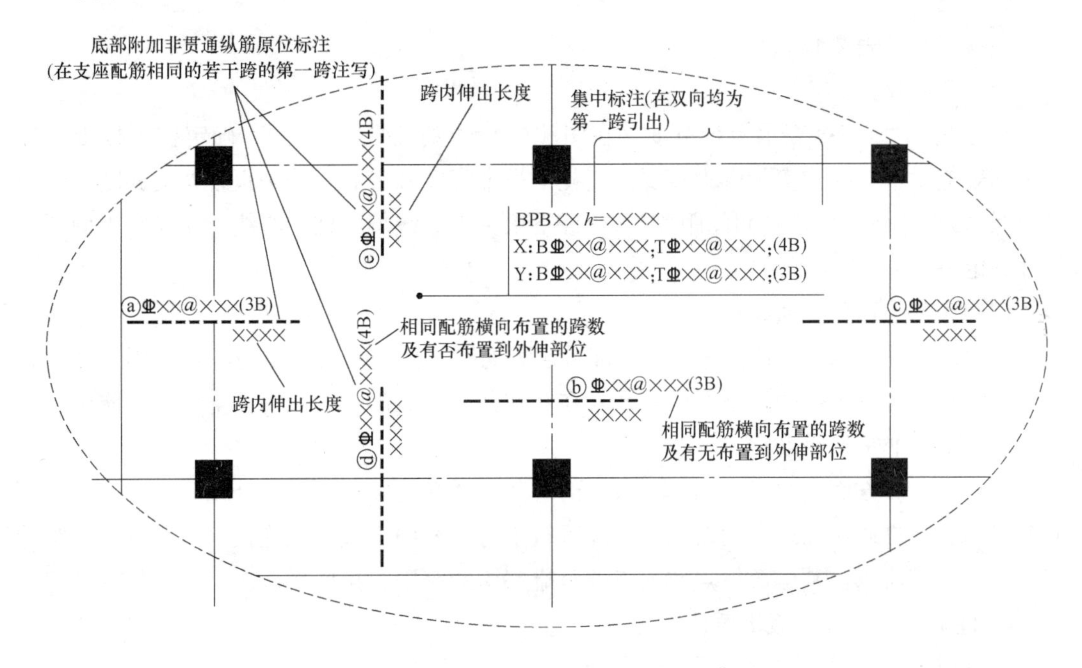

图 2-49 平板式筏形基础平面注写示意图

基础平板 BPB 的平面注写与柱下板带 ZXB、跨中板带 KZB 的平面注写虽是不同的表达方式，但可以表达同样的内容。当整片板式筏形基础配筋比较规律时，宜采用 BPB 表达方式。

平板式筏形基础平板 BPB 的集中标注，除按表 2-10 注写编号外，所有规定均与“梁板式筏形基础平板 LPB 的集中标注”相同。此处主要讲解由柱下板带与跨中板带组成的平板式筏形基础。

3. 柱下板带与跨中板带的集中标注

柱下板带与跨中板带的集中标注，应在第一跨（X 向为左端跨，Y 向为下端跨）引出。由编号、截面尺寸、底部与顶部贯通纵筋三项内容组成，如图 2-50 所示。

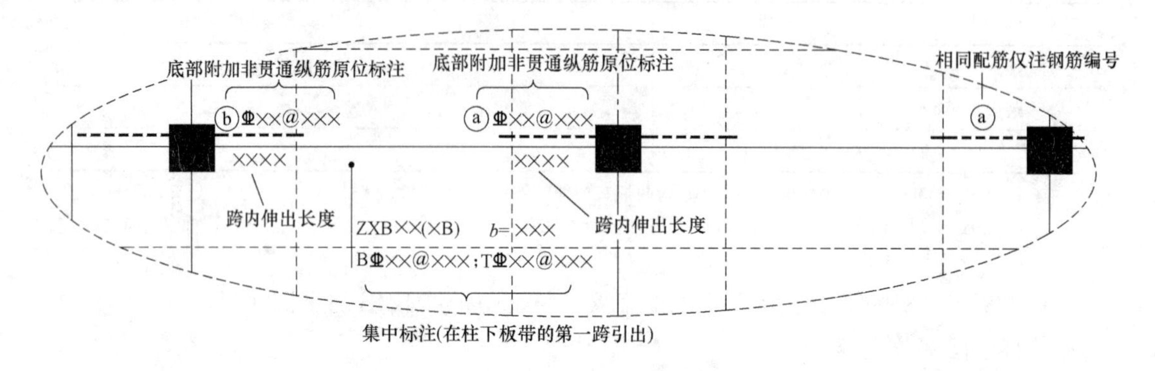

图 2-50 柱下板带与跨中板带集中标注识图

（1）编号

注写编号见表 2-10。

（2）截面尺寸

注写 b=××××表示板带宽度（在图注中注明基础平板厚度）。确定柱下板带宽度应根据规范要求与结构实际受力需要。当柱下板带宽度确定后，跨中板带宽度亦随之确定（即相邻两平行柱下板带之间的距离）。当柱下板带中心线偏离柱中心线时，应在平面图上标注其定位尺寸。

（3）底部与顶部贯通纵筋

注写底部贯通纵筋（B 打头）与顶部贯通纵筋（T 打头）的规格与间距，用分号“;”将其分隔开。柱下板带的柱下区域，通常在其底部贯通纵筋的间隔内插空设有（原位注写的）底部附加非贯通纵筋。

施工及预算方面应注意：当柱下板带的底部贯通纵筋配置从某跨开始改变时，两种不同配置的底部贯通纵筋应在两毗邻跨中配置较小跨的跨中连接区域连接（即配置较大跨的底部贯通纵筋需越过其跨数终点或起点伸至毗邻跨的跨中连接区域）。

4. 柱下板带与跨中板带原位标注

柱下板带与跨中板带原位标注识图如图 2-51 所示。

以一段与板带同向的中粗虚线代表附加非贯通纵筋；柱下板带：贯穿其柱下区域绘制；跨中板带：横贯柱中线绘制。在虚线上注写底部附加非贯通纵筋的编号（例如①、②等）、钢筋级别、直径、间距，以及自柱中线分别向两侧跨内的伸出长度值。当向两侧对称伸出时，长度值可仅在一侧标注，另一侧不注。外伸部位的伸出长度与方式按标准构造，设计不注。对同一板带中底部附加非贯通筋相同者，可仅在一根钢筋上注写，其他可仅在中粗虚线上注写编号。

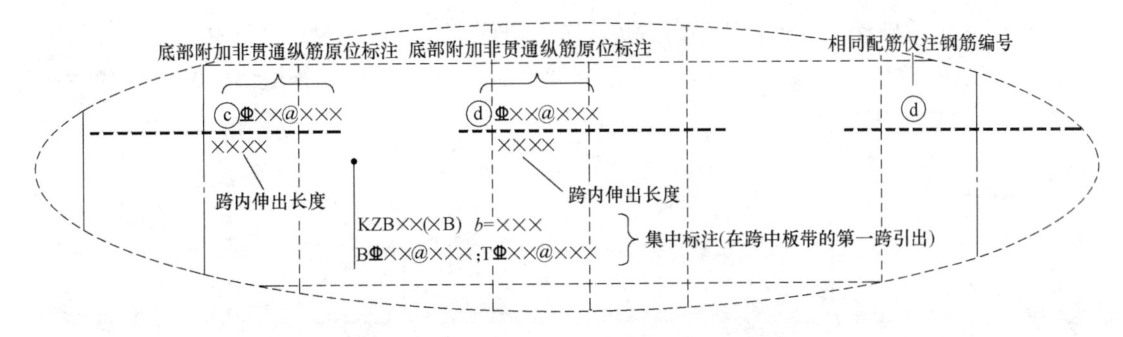

图 2-51　柱下板带与跨中板带原位标注识图

原位注写的底部附加非贯通纵筋与集中标注的底部贯通纵筋，宜采用“隔一布一”的方式布置，即柱下板带或跨中板带底部附加非贯通纵筋与贯通纵筋交错插空布置，其标注间距与底部贯通纵筋相同（两者实际组合后的间距为各自标注间距的 1/2）。

当跨中板带在轴线区域不设置底部附加非贯通纵筋时，则不做原位注写。

当在柱下板带、跨中板带上集中标注的某些内容（例如截面尺寸、底部与顶部贯通纵筋等）不适用于某跨或某外伸部分时，则将修正的数值原位标注在该跨或该外伸部位，施工时原位标注取值优先。

设计时应注意：对于支座两边不同配筋值的（经注写修正的）底部贯通纵筋，应按较小一边的配筋值选配相同直径的纵筋贯穿支座，较大一边的配筋差值选配适当直径的钢筋锚入支座，避免造成两边大部分钢筋直径不相同的不合理配置结果。

2.3.5　桩基础平法施工图制图规则

1. 灌注桩平法施工图的表示方法

（1）灌注桩平法施工图系在灌注桩平面布置图上采用列表注写方式或平面注写方式进行表达。

（2）灌注桩平面布置图，可采用适当比例单独绘制，并标注其定位尺寸。

2. 列表注写方式

（1）列表注写方式，系在灌注桩平面布置图上，分别标注定位尺寸；在桩表中注写桩编号、桩尺寸、纵筋、螺旋箍筋、桩顶标高、单桩竖向承载力特征值。

（2）桩表注写内容规定如下：

1）桩编号

桩编号由类型和序号组成，应符合表 2-11 的规定。

桩编号　**表 2-11**

类　型	代　号	序　号
灌注桩	GZH	××
扩底灌注桩	GZH_K	××

2）桩尺寸

桩尺寸包括桩径 D×桩长 L，当为扩底灌注桩时，还应在括号内注写扩底端尺寸 $D_0/h_b/h_c$ 或 $D_0/h_b/h_{c1}/h_{c2}$。其中 D_0 表示扩底端直径，h_b 表示扩底端锅底形矢高，h_c 表示扩底端高度，如图 2-52 所示。

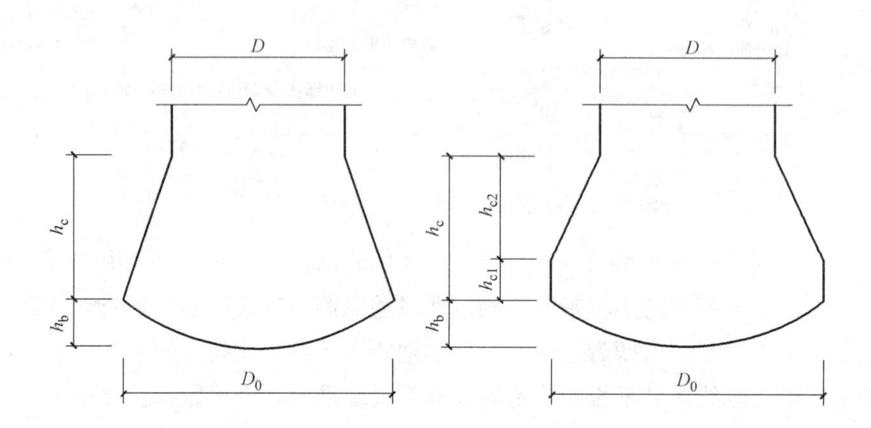

图 2-52　扩底灌注桩扩底端示意

3）桩纵筋

桩纵筋包括桩周均布的纵筋根数、钢筋强度级别、从桩顶起算的纵筋配置长度。

① 通长等截面配筋：注写全部纵筋，如××Φ××。

② 部分长度配筋：注写桩纵筋，如××Φ××/L_1，其中 L_1 表示从桩顶起算的入桩长度。

③ 通长变截面配筋：注写桩纵筋包括通长纵筋××Φ××；非通长纵筋××Φ××/L_1，其中 L_1 表示从桩顶起算的入桩长度。通长纵筋与非通长纵筋沿桩周间隔均匀布置。

【例 2-12】 15Φ20，15Φ18/6000，表示桩通长纵筋为 15Φ20；桩非通长纵筋为 15Φ18，从桩顶起算的入桩长度为 6000mm。实际桩上段纵筋为 15Φ20＋15Φ18，通长纵筋与非通长纵筋间隔均匀布置于桩周。

4）桩螺旋箍筋

以大写字母 L 打头，注写桩螺旋箍筋，包括钢筋强度级别、直径与间距。

① 用斜线“/”区分桩顶箍筋加密区与桩身箍筋非加密区长度范围内箍筋的间距。《16G101-3》中箍筋加密区为桩顶以下 5D（D 为桩身直径），若与实际工程情况不同，需设计者在图中注明。

② 当桩身位于液化土层范围内时，箍筋加密区长度应由设计者根据具体工程情况注明，或者箍筋全长加密。

【例 2-13】 LΦ8@100/200，表示箍筋强度级别为 HRB400 级钢筋，直径为 8mm，加密区间距为 100mm，非加密区间距为 200mm，L 表示螺旋箍筋。

5）注写桩顶标高。

6）注写单桩竖向承载力特征值。

设计时应注意：当考虑箍筋受力作用时，箍筋配置应符合《混凝土结构设计规范》（GB 50010—2010）的有关规定，并另行注明。

设计未注明时，《16G101-3》规定：当钢筋笼长度超过 4m 时，应每隔 2m 设一道直径 12mm 的焊接加劲箍；焊接加劲箍亦可由设计另行注明。桩顶进入承台高度 h，桩径＜800mm 时取 50mm，桩径≥800mm 时取 100mm。

（3）灌注桩列表注写的格式见表 2-12 灌注桩表。

灌注桩表　　**表 2-12**

桩号	桩径 D×桩长 L(mm×m)	通长等截面配筋全部纵筋	箍筋	桩顶标高(m)	单桩竖向承载力特征值(kN)
GZH1	80×16.700	10Φ18	LΦ8@100/200	−3.400	2400

注：表中可根据实际情况增加栏目。例如：当采用扩底灌注桩时，增加扩底端尺寸。

3. 平面注写方式

平面注写方式的规则同列表注写方式，将表格中内容除单桩竖向承载力特征值以外集中标注在灌注桩上，见图 2-53。

4. 桩基承台平法施工图的表示方法

（1）桩基承台平法施工图，有平面注写与截面注写两种表达方式，设计者可根据具体工程情况选择一种，或将两种方式相结合进行桩基承台施工图设计。

（2）当绘制桩基承台平面布置图时，应将承台下的桩位和承台所支承的柱、墙一起绘制。当设置基础连系梁时，可根据图面的疏密情况，将基础连系梁与基础平面布置图一起绘制，或将基础连系梁布置图单独绘制。

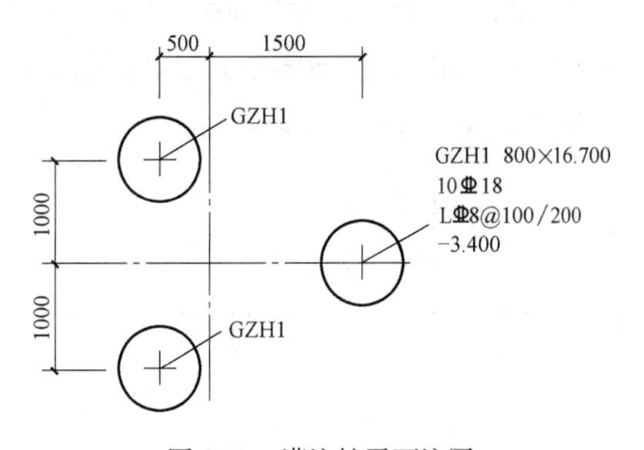

图 2-53　灌注桩平面注写

（3）当桩基承台的柱中心线或墙中心线与建筑定位轴线不重合时，应标注其定位尺寸；编号相同的桩基承台，可仅选择一个进行标注。

5. 桩基承台编号

桩基承台分为独立承台和承台梁，分别按表 2-13 和表 2-14 的规定编号。

独立承台编号　　**表 2-13**

类型	独立承台截面形状	代号	序号	说明
独立承台	阶形	CT_J	××	单阶截面即为平板式独立承台
	坡形	CT_P	××	

注：杯口独立承台代号可为 BCT_J 和 BCT_P，设计注写方式可参照杯口独立基础，施工详图应由设计者提供。

承台梁编号 **表 2-14**

类型	代号	序号	跨数及有无外伸
承台梁	CTL	××	(××)端部无外伸 (××A)一端有外伸 (××B)两端有外伸

6. 独立承台的平面注写方式

(1) 独立承台的平面注写方式，分为集中标注和原位标注两部分内容。

(2) 独立承台的集中标注，系在承台平面上集中引注：独立承台编号、截面竖向尺寸、配筋三项必注内容，以及承台板底面标高（与承台底面基准标高不同时）和必要的文字注解两项选注内容。具体规定如下：

1) 独立承台编号见表 2-13。

独立承台的截面形式通常有两种：

① 阶形截面，编号加下标“J”，如 CT_J××。

② 坡形截面，编号加下标“P”，如 CT_P××。

2) 截面竖向尺寸。即注写 $h_1/h_2/\cdots\cdots$，具体标注为：

① 当独立承台为阶形截面时，见图 2-54 和图 2-55。图 2-54 为两阶，当为多阶时各阶尺寸自下而上用“/”分隔顺写。当阶形截面独立承台为单阶时，截面竖向尺寸仅为一个且为独立承台总高度，见图 2-55。

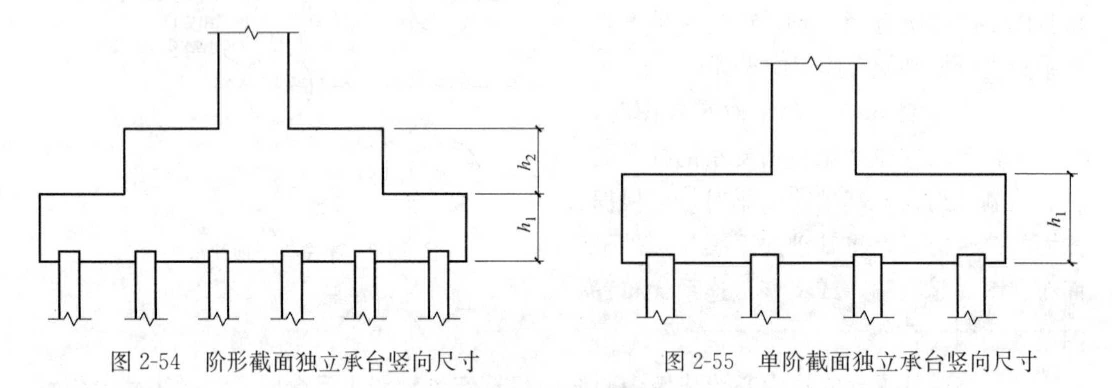

图 2-54 阶形截面独立承台竖向尺寸　　图 2-55 单阶截面独立承台竖向尺寸

② 当独立承台为坡形截面时，截面竖向尺寸注写为 h_1/h_2，见图 2-56。

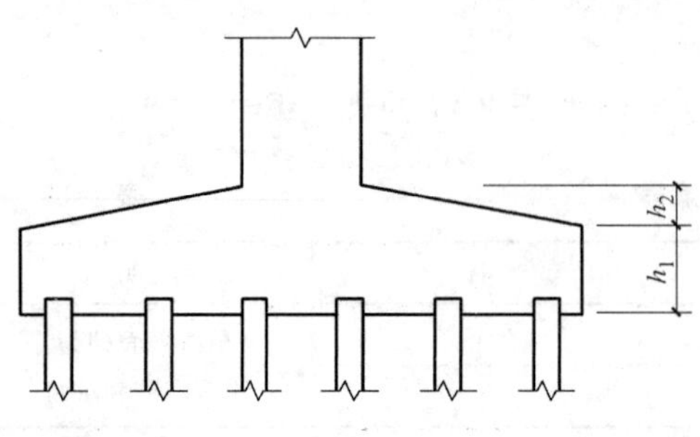

图 2-56 坡形截面独立承台竖向尺寸

3) 独立承台配筋。底部与顶部双向配筋应分别注写，顶部配筋仅用于双柱或四柱等独立承台。当独立承台顶部无配筋时则不注顶部。注写规定如下：

① 以 B 打头注写底部配筋，以 T 打头注写顶部配筋。

② 矩形承台 X 向配筋以 X 打头，Y 向配筋以 Y 打头；当两向配筋相同时，则以

X&Y 打头。

③ 当为等边三桩承台时，以“△”打头，注写三角布置的各边受力钢筋（注明根数并在配筋值后注写“×3”），在“/”后注写分布钢筋，不设分布钢筋时可不注写。

④ 当为等腰三桩承台时，以“△”打头注写等腰三角形底边的受力钢筋＋两对称斜边的受力钢筋（注明根数并在两对称配筋值后注写“×2”），在“/”后注写分布钢筋，不设分布钢筋时可不注写。

⑤ 当为多边形（五边形或六边形）承台或异形独立承台，且采用 X 向和 Y 向正交配筋时，注写方式与矩形独立承台相同。

⑥ 两桩承台可按承台梁进行标注。

设计和施工时应注意：三桩承台的底部受力钢筋应按三向板带均匀布置，且最里面的三根钢筋围成的三角形应在柱截面范围内。

4）基础底面标高。当独立承台的底面标高与桩基承台底面基准标高不同时，应将独立承台底面标高注写在括号内。

5）文字注解。当独立承台的设计有特殊要求时，宜增加必要的文字注解。

（3）独立承台的原位标注，系在桩基承台平面布置图上标注独立承台的平面尺寸，相同编号的独立承台，可仅选择一个进行标注，其他仅注编号。注写规定如下：

1）矩形独立承台。原位标注 x、y，x_c、y_c（或圆柱直径 d_c），x_i、y_i，a_i、b_i，$i=1$，2，3……。其中，x、y 为独立承台两向边长，x_c、y_c 为柱截面尺寸，x_i、y_i 为阶宽或坡形平面尺寸，a_i、b_i 为桩的中心距及边距（a_i、b_i 根据具体情况可不注），如图 2-57 所示。

2）三桩承台。结合 X、Y 双向定位，原位标注 x 或 y，x_c、y_c（或圆柱直径 d_c），x_i、y_i，$i=1$，2，3……，a。其中，x 或 y 为三桩独立承台平面垂直于底边的高度，x_c、y_c 为柱截面尺寸，x_i、y_i 为承台分尺寸和定位尺寸，a 为桩中心距切角边缘的距离。

等边三桩独立承台平面原位标注如图 2-58 所示。

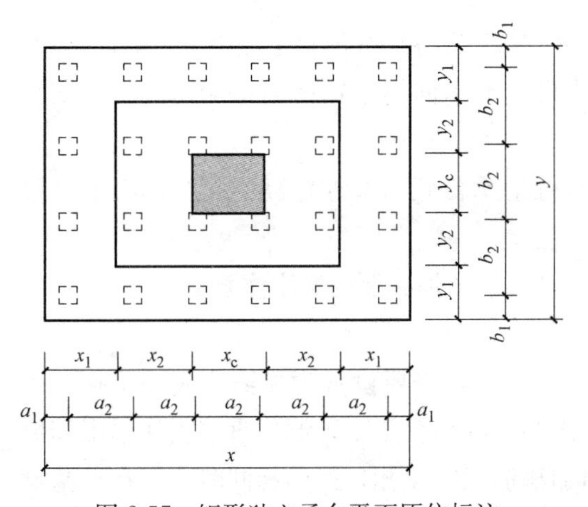

图 2-57 矩形独立承台平面原位标注

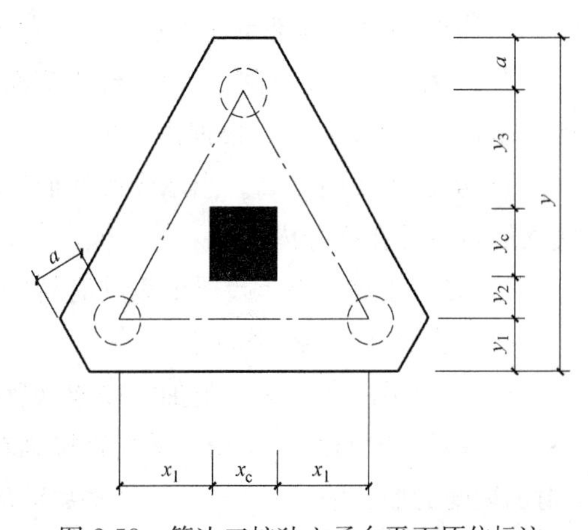

图 2-58 等边三桩独立承台平面原位标注

等腰三桩独立承台平面原位标注如图 2-59 所示。

3）多边形独立承台。结合 X、Y 双向定位，原位标注 x 或 y，x_c、y_c（或圆柱直径

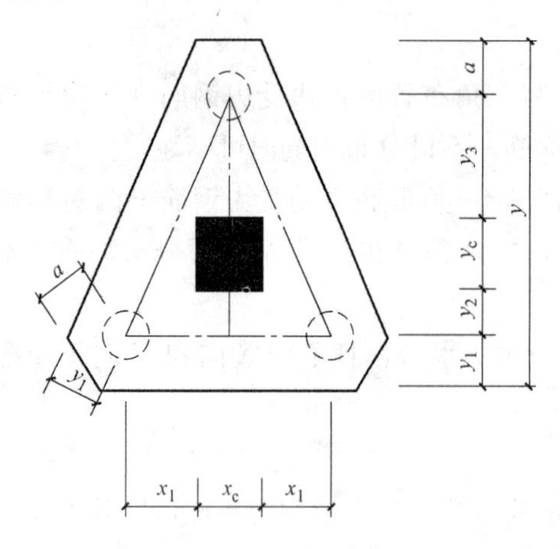

图 2-59 等腰三桩独立承台平面原位标注

d_c)，x_i、y_i，a_i，$i=1$，2，3……。具体设计时，可参照矩形独立承台或三桩独立承台的原位标注规定。

7. 承台梁的平面注写方式

（1）承台梁 CTL 的平面注写方式，分集中标注和原位标注两部分内容。

（2）承台梁的集中标注内容为：承台梁编号、截面尺寸、配筋三项必注内容，以及承台梁底面标高（与承台底面基准标高不同时）、必要的文字注解两项选注内容。具体规定如下：

1）承台梁编号见表 2-14。

2）截面尺寸。即注写 $b\times h$，表示梁截面宽度与高度。

3）承台梁配筋：

① 承台梁箍筋

a. 当具体设计仅采用一种箍筋间距时，注写钢筋级别、直径、间距与肢数（箍筋肢数写在括号内，下同）。

b. 当具体设计采用两种箍筋间距时，用“/”分隔不同箍筋的间距。此时，设计应指定其中一种箍筋间距的布置范围。

施工时应注意：在两向承台梁相交位置，应有一向截面较高的承台梁箍筋贯通设置；当两向承台梁等高时，可任选一向承台梁的箍筋贯通设置。

② 承台梁底部、顶部及侧面纵向钢筋

a. 以 B 打头，注写承台梁底部贯通纵筋。

b. 以 T 打头，注写承台梁顶部贯通纵筋。

c. 当梁底部或顶部贯通纵筋多于一排时，用“/”将各排纵筋自上而下分开。

d. 以大写字母 G 打头注写承台梁侧面对称设置的纵向构造钢筋的总配筋值（当梁腹板高度 $h_w\geqslant 450$mm 时，根据需要配置）。

4）承台梁底面标高。当承台梁底面标高与桩基承台底面基准标高不同时，将承台梁底面标高注写在括号内。

5）文字注解。当承台梁的设计有特殊要求时，宜增加必要的文字注解。

（3）承台梁的原位标注

1）原位标注承台梁的附加箍筋或（反扣）吊筋。当需要设置附加箍筋或（反扣）吊筋时，将附加箍筋或（反扣）吊筋直接画在平面图中的承台梁上，原位直接引注总配筋值（附加箍筋的肢数注在括号内）。当多数梁的附加箍筋或（反扣）吊筋相同时，可在桩基承台平法施工图上统一注明，少数与统一注明值不同时，再原位直接引注。

2）原位注写修正内容。当在承台梁上集中标注的某项内容（如截面尺寸、箍筋、底部与顶部贯通纵筋或架立筋、梁侧面纵向构造钢筋、梁底面标高等）不适用于某跨或某外伸部位时，将其修正内容原位标注在该跨或该外伸部位，施工时原位标注取值优先。

8. 桩基承台的截面注写方式

（1）桩基承台的截面注写方式，可分为截面标注和列表注写（结合截面示意图）两种表达方式。

采用截面注写方式，应在桩基平面布置图上对所有桩基进行编号，见表2-13和表2-14。

（2）桩基承台的截面注写方式，可参照独立基础及条形基础的截面注写方式，进行设计施工图的表达。

2.3.6 基础相关构造平法施工图制图规则

1. 相关构造类型与表示方法

基础相关构造的平法施工图设计，系在基础平面布置图上采用直接引注方式表达。

基础相关构造类型与编号，按表2-15的规定。

基础相关构造类型与编号 **表2-15**

构造类型	代号	序号	说　明
基础连系梁	JLL	××	用于独立基础、条形基础、桩基承台
后浇带	HJD	××	用于梁板、平板筏基础、条形基础等
上柱墩	SZD	××	用于平板筏基础
下柱墩	XZD	××	用于梁板、平板筏基础
基坑(沟)	JK	××	用于梁板、平板筏基础
窗井墙	CJQ	××	用于梁板、平板筏基础
防水板	FBPB	××	用于独立基础、条形基础、桩基加防水板

注：1. 基础连系梁序号：（××）为端部无外伸或无悬挑，（××A）为一端有外伸或有悬挑，（××B）为两端有外伸或有悬挑。

2. 上柱墩位于筏板顶部混凝土柱根部位，下柱墩位于筏板底部混凝土柱或钢柱柱根水平投影部位，均根据筏形基础受力与构造需要而设。

2. 相关构造平法施工图制图规则

（1）基础连系梁平法施工图制图规则

基础连系梁系指连接独立基础、条形基础或桩基承台的梁。基础连系梁的平法施工图设计，系在基础平面布置图上采用平面注写方式表达。

基础连系梁注写方式及内容除编号按表2-15规定外，其余均按《混凝土结构施工图平面整体表示方法制图规则和构造详图（现浇混凝土框架、剪力墙、梁、板）》16G101-1中非框架梁的制图规则执行。

（2）后浇带HJD直接引注。后浇带的平面形状及定位由平面布置图表达，后浇带留筋方式等由引注内容表达，包括：

1）后浇带编号及留筋方式代号。留筋方式有两种，分别为：贯通和100%搭接。

2）后浇带混凝土的强度等级C××。宜采用补偿收缩混凝土，设计应注明相关施工要求。

3）后浇带区域内。留筋方式或后浇混凝土强度等级不一致时，设计者应在图中注明与图示不一致的部位及做法。

设计者应注明后浇带下附加防水层做法：当设置抗水压垫层时，尚应注明其厚度、材料与配筋；当采用后浇带超前止水构造时，设计者应注明其厚度与配筋。

后浇带引注见图 2-60。

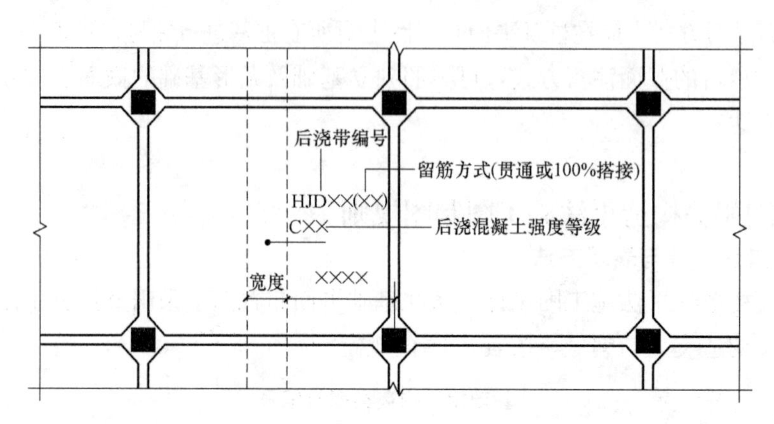

图 2-60 后浇带 HJD 引注图示

贯通留筋的后浇带宽度通常取大于或等于 800mm；100%搭接留筋的后浇带宽度通常取 800mm 与（l_l+60）的较大值。

（3）上柱墩 SZD，系根据平板式筏形基础受剪或受冲切承载力的需要，在板顶面以上混凝土柱的根部设置的混凝土墩。上柱墩直接引注的内容规定如下：

1）注写编号 SZD××见表 2-15。

2）注写几何尺寸。按“柱墩向上凸出基础平板高度 h_d/柱墩顶部出柱边缘宽度 c_1/柱墩底部出柱边缘宽度 c_2”的顺序注写，其表达形式为 $h_d/c_1/c_2$。

当为棱柱形柱墩 $c_1=c_2$ 时，c_2 不注，表达形式为 h_d/c_1。

3）注写配筋。按“竖向（$c_1=c_2$）或斜竖向（$c_1\neq c_2$）纵筋的总根数、强度等级与直径/箍筋强度等级、直径、间距与肢数（X 向排列肢数 $m\times Y$ 向排列肢数 n）”的顺序注写（当分两行注写时，则可不用斜线“/”）。

所注纵筋总根数环正方形柱截面均匀分布，环非正方形柱截面相对均匀分布（先放置柱角筋，其余按柱截面相对均匀分布），其表达形式为：××Φ××/Φ××@×××。

棱台形上柱墩（$c_1\neq c_2$）引注见图 2-61。

棱柱形上柱墩（$c_1=c_2$）引注见图 2-62。

【例 2-14】 SZD3，600/50/350，14Φ16/Φ10@100（4×4），表示 3 号棱台状上柱墩；凸出基础平板顶面高度为 600，底部每边出柱边缘宽度为 350mm，顶部每边出柱边缘宽度为 50mm；共配置 14 根Φ16 斜向纵筋；箍筋直径为 10mm，间距 100mm，X 向与 Y 向各为 4 肢。

（4）下柱墩 XZD，系根据平板式筏形基础受剪或受冲切承载力的需要，在柱的所在位置、基础平板底面以下设置的混凝土墩。下柱墩直接引注的内容包括：

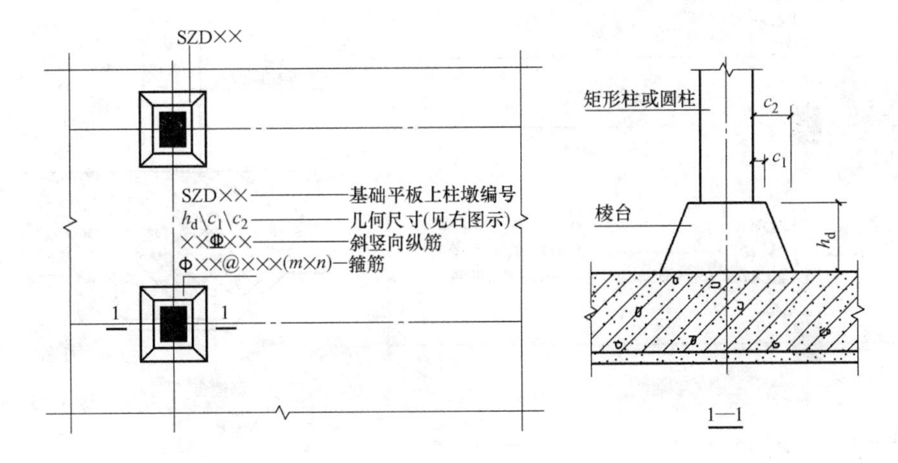

图 2-61 棱台形上柱墩引注图示

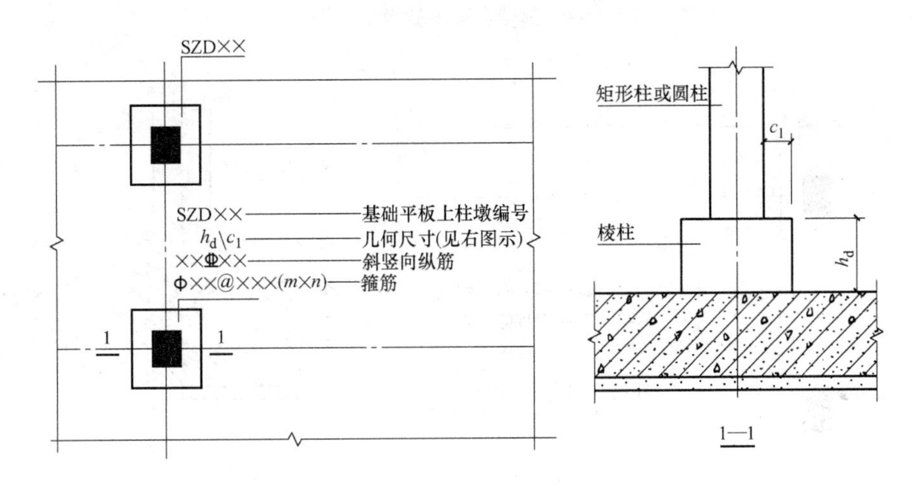

图 2-62 棱柱形上柱墩引注图示

1）注写编号 XZD××，见表 2-15。

2）注写几何尺寸。按“柱墩向下凸出基础平板深度 h_d/柱墩顶部出柱投影宽度 c_1/柱墩底部出柱投影宽度 c_2”的顺序注写，其表达形式为 $h_d/c_1/c_2$。

当为倒棱柱形柱墩 $c_1=c_2$ 时，c_2 不注，表达形式为 h_d/c_1。

3）注写配筋。倒棱柱下柱墩，按“X 方向底部纵筋/Y 方向底部纵筋/水平箍筋”的顺序注写（图面从左至右为 X 向，从下至上为 Y 向），其表达形式为：XΦ××@×××/YΦ××@×××/Φ××@×××；倒棱台下柱墩，其斜侧面由两向纵筋覆盖，不必配置水平箍筋，则其表达形式为：XΦ××@×××/YΦ××@×××。

倒棱台形下柱墩（$c_1\neq c_2$）引注见图 2-63。

倒棱柱形下柱墩（$c_1=c_2$）引注见图 2-64。

（5）基坑 JK 直接引注的内容规定如下：

1）注写编号 JK××，见表 2-15。

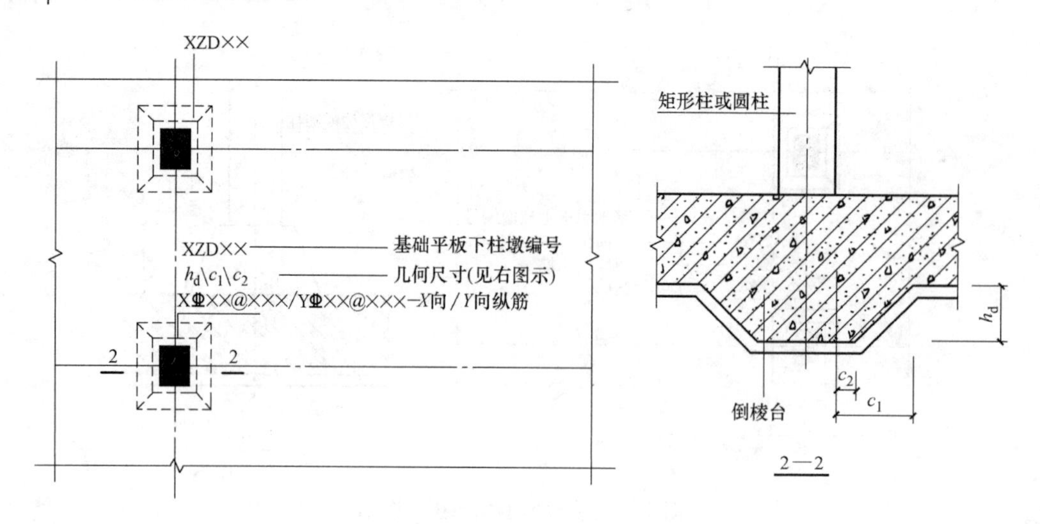

图 2-63 倒棱台形下柱墩引注图示

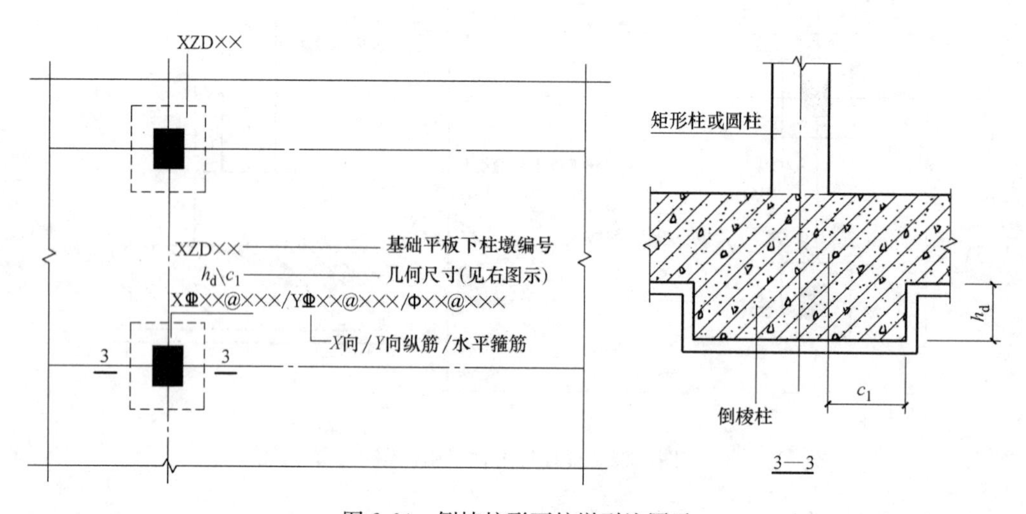

图 2-64 倒棱柱形下柱墩引注图示

2）注写几何尺寸。按“基坑深度 h_k/基坑平面尺寸 $x\times y$”的顺序注写，其表达形式为：$h_k/x\times y$。x 为 X 向基坑宽度，y 为 Y 向基坑宽度（图面从左至右为 X 向，从下至上为 Y 向）。

在平面布置图上应标注基坑的平面定位尺寸。

基坑引注图示见图 2-65。

（6）窗井墙 CJQ 平法施工图制图规则：

窗井墙注写方式及内容除编号按表 2-15 规定外，其余均按《混凝土结构施工图平面整体表示方法制图规则和构造详图（现浇混凝土框架、剪力墙、梁、板）》16G101-1 中剪力墙及地下室外墙的制图规则执行。

当在窗井墙顶部或底部设置通长加强钢筋时，设计应注明。

注：当窗井墙按深梁设计时由设计者另行处理。

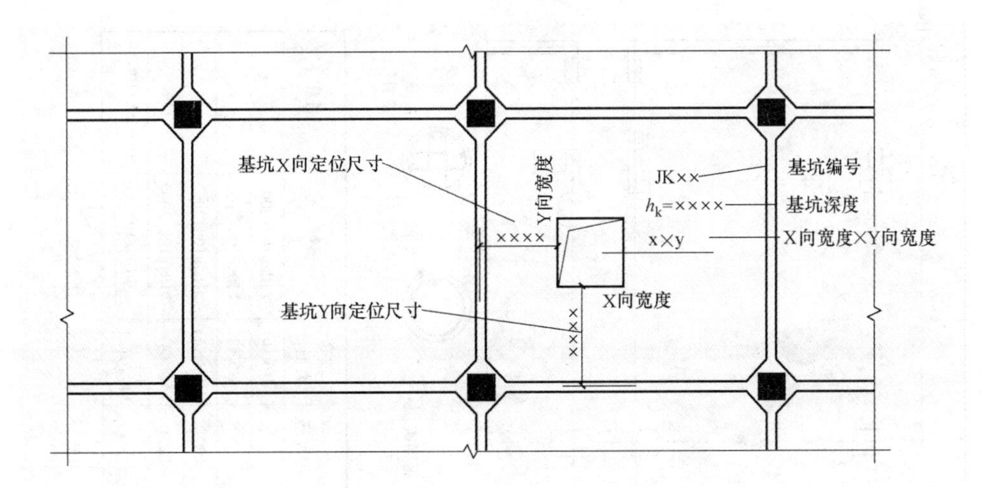

图 2-65 基坑 JK 引注图示

（7）防水板 FBPB 平面注写集中标注：

1）注写编号 FBPB，见表 2-15。

2）注写截面尺寸，注写 h=×××表示板厚。

3）注写防水板的底部与顶部贯通纵筋。按板块的下部和上部分别注写，并以 B 代表下部，以 T 代表上部，B&T 代表下部与上部；X 向贯通纵筋以 X 打头，Y 向贯通纵筋以 Y 打头，两向贯通纵筋配置相同时则以 X&Y 打头。

当贯通筋采用两种规格钢筋“隔一布一”方式时，表达为Φxx/yy@×××，表示直径 xx 的钢筋和直径 yy 的钢筋间距分别为×××的 2 倍。

4）注写防水板底面标高。当防水板底面标高与独基或条基底面标高一致时，可以不注。

2.4 主体构件施工图制图规则

2.4.1 柱构件施工图制图规则

柱构件的平法表达方式分为列表注写方式或截面注写方式两种，在实际工程应用中，这两种表达方式所占比例相近，故本节对这两种表达方式均进行讲解。

1. 柱构件列表注写方式

列表注写方式，系在柱平面布置图上（一般只需采用适当比例绘制一张柱平面布置图，包括框架柱、转换柱、梁上柱和剪力墙上柱），分别在同一编号的柱中选择一个（有时需要选择几个）截面标注几何参数代号；在柱表中注写柱编号、柱段起止标高、几何尺寸（含柱截面对轴线的偏心情况）与配筋的具体数值，并配以各种柱截面形状及其箍筋类型图的方式，来表达柱平法施工图。

（1）柱列表注写方式与识图，见图 2-66。

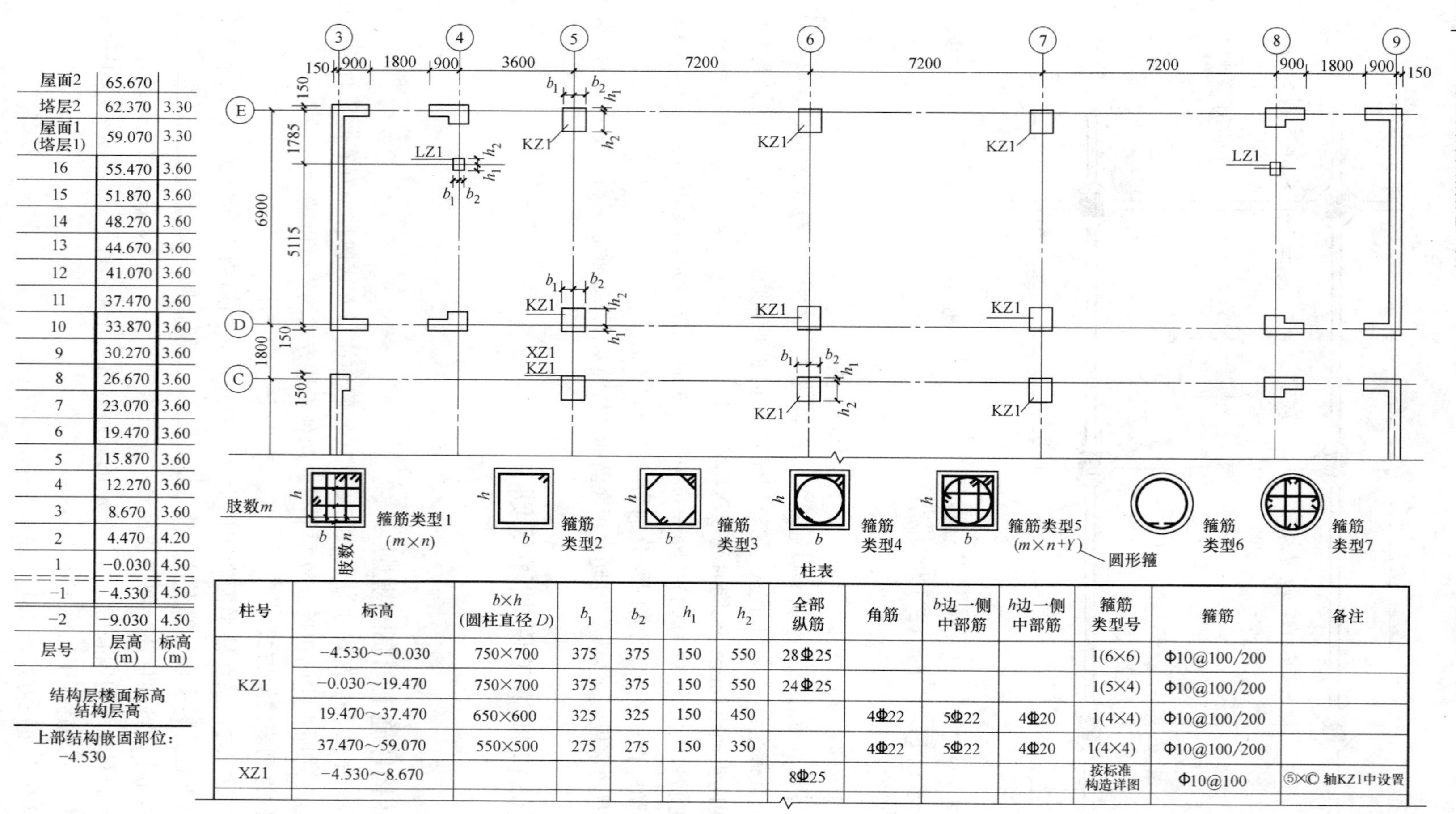

屋面2	65.670	
塔层2	62.370	3.30
屋面1 (塔层1)	59.070	3.30
16	55.470	3.60
15	51.870	3.60
14	48.270	3.60
13	44.670	3.60
12	41.070	3.60
11	37.470	3.60
10	33.870	3.60
9	30.270	3.60
8	26.670	3.60
7	23.070	3.60
6	19.470	3.60
5	15.870	3.60
4	12.270	3.60
3	8.670	3.60
2	4.470	4.20
1	−0.030	4.50
−1	−4.530	4.50
−2	−9.030	4.50
层号	层高 (m)	标高 (m)

结构层楼面标高
结构层高

上部结构嵌固部位：
−4.530

柱表

柱号	标高	$b×h$ (圆柱直径D)	b_1	b_2	h_1	h_2	全部纵筋	角筋	b边一侧中部筋	h边一侧中部筋	箍筋类型号	箍筋	备注
KZ1	−4.530～−0.030	750×700	375	375	150	550	28Φ25				1(6×6)	Φ10@100/200	
	−0.030～19.470	750×700	375	375	150	550	24Φ25				1(5×4)	Φ10@100/200	
	19.470～37.470	650×600	325	325	150	450		4Φ22	5Φ22	4Φ20	1(4×4)	Φ10@100/200	
	37.470～59.070	550×500	275	275	150	350		4Φ22	5Φ22	4Φ20	1(4×4)	Φ10@100/200	
XZ1	−4.530～8.670						8Φ25				按标准构造详图	Φ10@100	⑤×Ⓒ 轴KZ1中设置

图 2-66　柱平法施工图列表注写方式示例

如图 2-66，阅读列表注写方式表达的柱构件，要从 4 个方面结合和对应起来阅读，见表 2-16。

柱列表注写方式与识图　**表 2-16**

内　容	说　明
柱平面图	柱平面图上注明了本图适用的标高范围，根据这个标高范围，结合“层高与标高表”，判断柱构件在标高上位于的楼层
箍筋类型图	箍筋类型图主要用于说明工程中要用到的各种箍筋组合方式，具体每个柱构件采用哪种，需要在柱列表中注明
层高与标高表	层高与标高表用于和柱平面图、柱表对照使用
柱表	柱表用于表达柱构件的各个数据，包括截面尺寸、标高、配筋等

（2）识图要点

1）截面尺寸。矩形截面尺寸用 $b\times h$ 表示，$b=b_1+b_2$，$h=h_1+h_2$，圆形柱截面尺寸由“d”打头注写圆形柱直径，并且仍然用 b_1、b_2、h_1、h_2 表示圆形柱与轴线的位置关系，并使 $d=b_1+b_2=h_1+h_2$，见图 2-67。

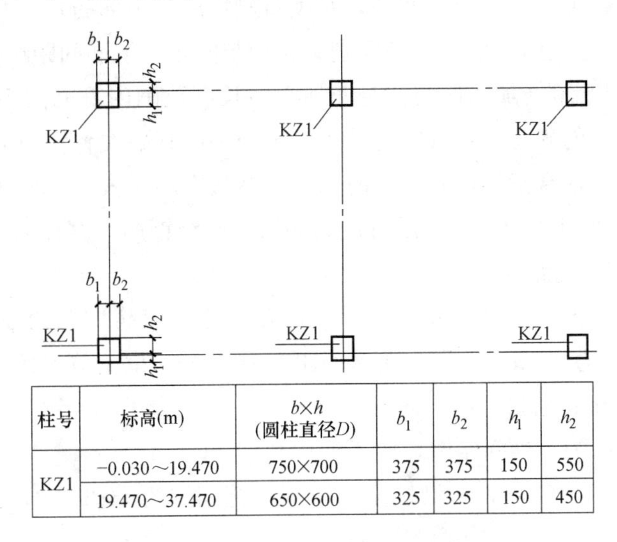

柱号	标高(m)	$b\times h$ (圆柱直径D)	b_1	b_2	h_1	h_2
KZ1	−0.030～19.470	750×700	375	375	150	550
	19.470～37.470	650×600	325	325	150	450

图 2-67　柱列表注写方式识图要点

2）芯柱。根据结构需要，可以在某些框架柱的一定高度范围内，在其内部的中心位置设置（分别引注其柱编号）。芯柱截面尺寸按构造确定那个，设计不需注写。芯柱定位随框架柱，不需要注写其与轴线的几何关系，见图 2-68。

① 芯柱截面尺寸、与轴线的位置关系：

芯柱截面尺寸不用标注，芯的截面尺寸不小于柱相应边截面尺寸的 1/3 且不小于 250mm。

芯柱与轴线的位置与柱对应，不进行标注。

② 芯柱配筋，由设计者确定。

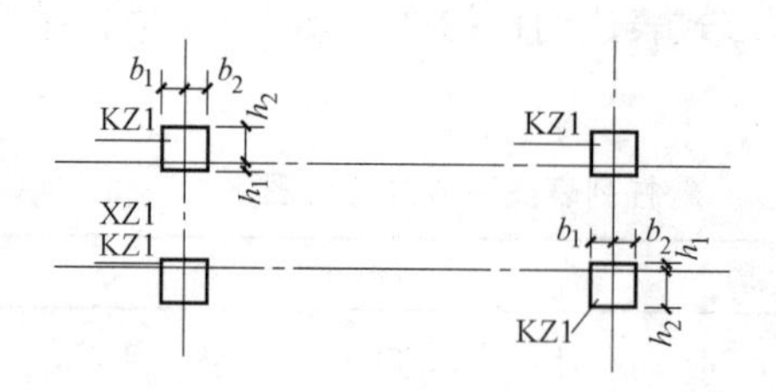

柱号	标高(m)	$b\times h$ (圆柱直径D)	b_1	b_2	h_1	h_2	全部纵筋	角筋	b边一侧中部筋	h边一侧中部筋	箍筋类型号	箍筋
KZ1	−4.530～−0.030	750×700	375	375	150	550	28Φ25				1(6×6)	Φ10@100/200
XZ1	−4.530～8.670						8Φ25				按标准构造详图	Φ10@100

图 2-68 芯柱识图

3）纵筋。当柱纵筋直径相同，各边根数也相同时（包括矩形柱、圆柱和芯柱），可将纵筋注写在“全部纵筋”一栏中；除此之外，柱纵筋分角筋、截面 b 边中部筋和 h 边中部筋三项分别注写（对于采用对称配筋的矩形截面柱，可仅注写一侧中部筋，对称边省略不注；对于采用非对称配筋的矩形截面柱，必须每侧均注写中部筋）。

4）箍筋。注写柱箍筋，包括箍筋级别、直径与间距。箍筋间距区分加密与非加密时，用斜线“/”区分柱端箍筋加密区与柱身非加密区长度范围内箍筋的不同间距。施工人员需根据标准构造详图的规定，在规定的几种长度值中取其最大者作为加密区长度。当框架节点核心区内箍筋与柱端箍筋设置不同时，应在括号中注明核心区箍筋直径及间距。

【例 2-15】 Φ10@100/200，表示箍筋为 HPB300 级钢筋，直径为 10mm，加密区间距为 100mm，非加密区间距为 200mm。

【例 2-16】 Φ10@100/200（Φ12@100），表示柱中箍筋为 HPB300 级钢筋，直径为 10mm，加密区间距为 100mm，非加密区间距为 200mm。框架节点核心区箍筋为 HPB300 级钢筋，直径为 12mm，间距为 100mm。

当箍筋沿柱全高为一种间距时，则不使用“/”线。

【例 2-17】 Φ10@100，表示沿柱全高范围内箍筋均为 HPB300，钢筋直径为 10mm，间距为 100mm。

当圆柱采用螺旋箍筋时，需在箍筋前加“L”。

【例 2-18】 LΦ10@100/200，表示采用螺旋箍筋，HPB300，钢筋直径为 10mm，加密区间距为 100mm，非加密区间距为 200mm。

2. 柱构件截面注写方式

截面注写方式，系在柱平面布置图的柱截面上，分别在同一编号的柱中选择一个截面，以直接注写截面尺寸和配筋具体数值的方式来表达柱平法施工图。

（1）柱截面注写方式表示方法与识图，见图 2-69。

如图 2-69 所示，柱截面注写方式的识图，应从柱平面图和层高标高表这两个方面对照阅读。

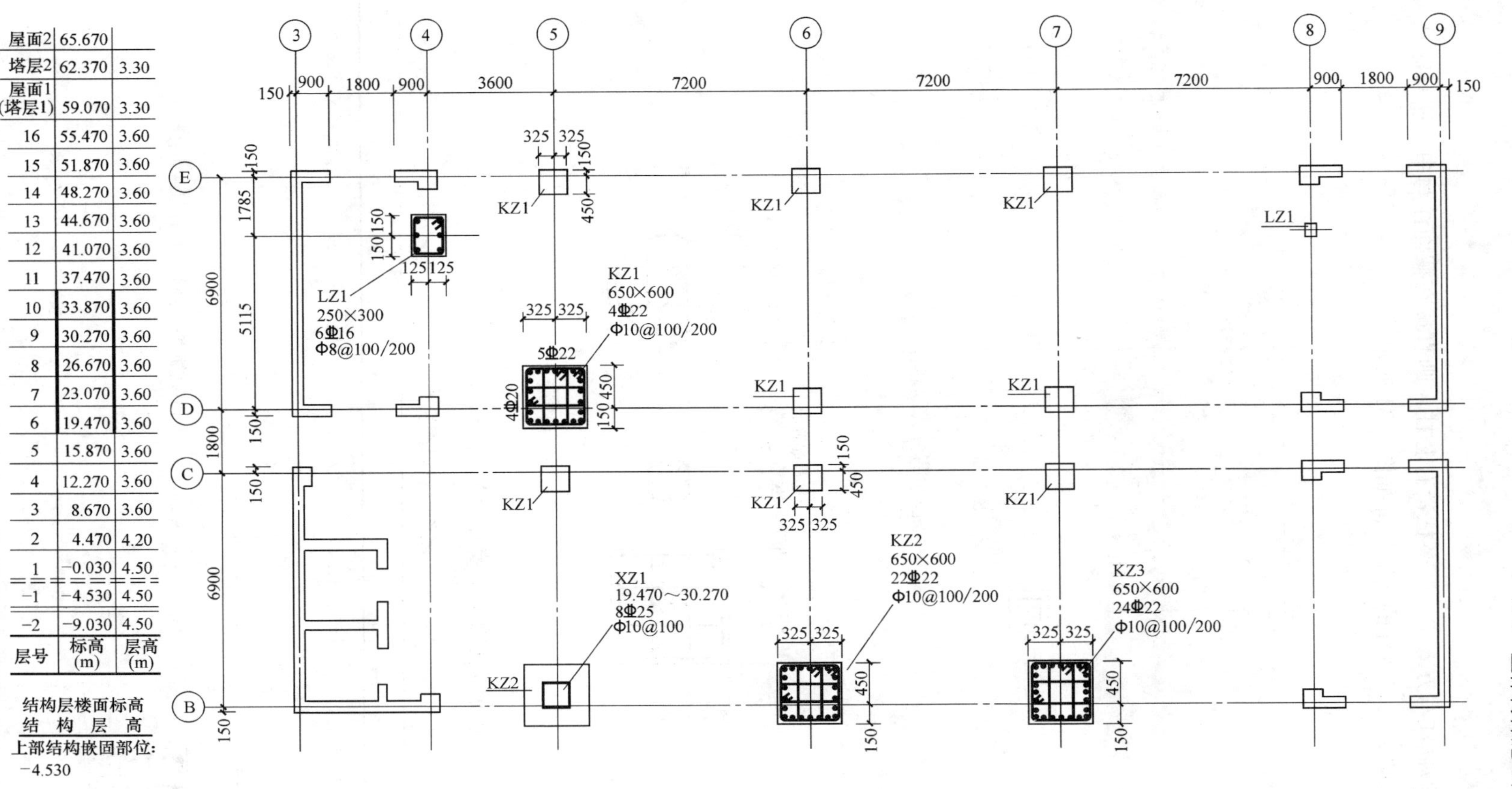

图 2-69 柱平法施工图截面注写方式示例

（2）识图要点

1）芯柱。截面注写方式中，若某柱带有芯柱，则直接在截面注写中，注写芯柱编号及起止标高。见图 2-70，芯柱的构造尺寸如图 2-71 所示。

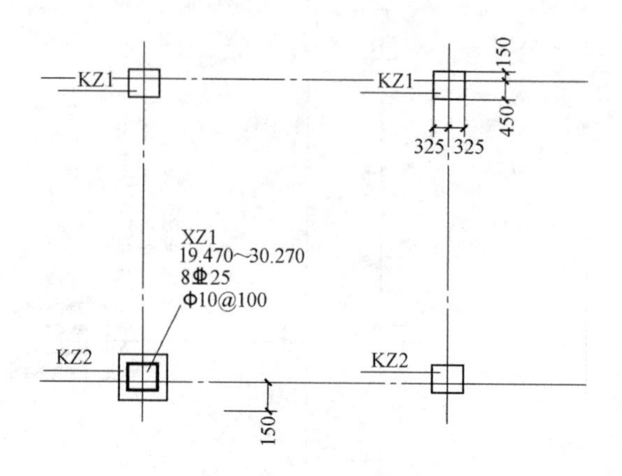

图 2-70　截面注写方式的芯柱表达

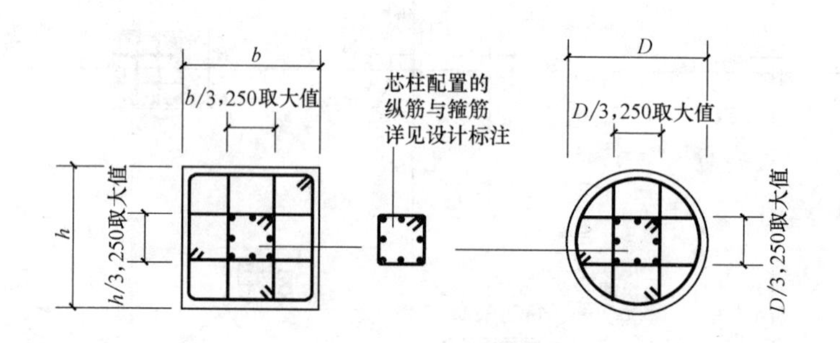

图 2-71　芯柱构造

2）配筋信息。配筋信息的识图要点，见表 2-17。

配筋信息识图要点　　表 2-17

表示方法	识　图
KZ2 650×600 22Φ22 Φ10@100/200 325　325 450 150	如果纵筋直径相同，可以注写纵筋总数

续表

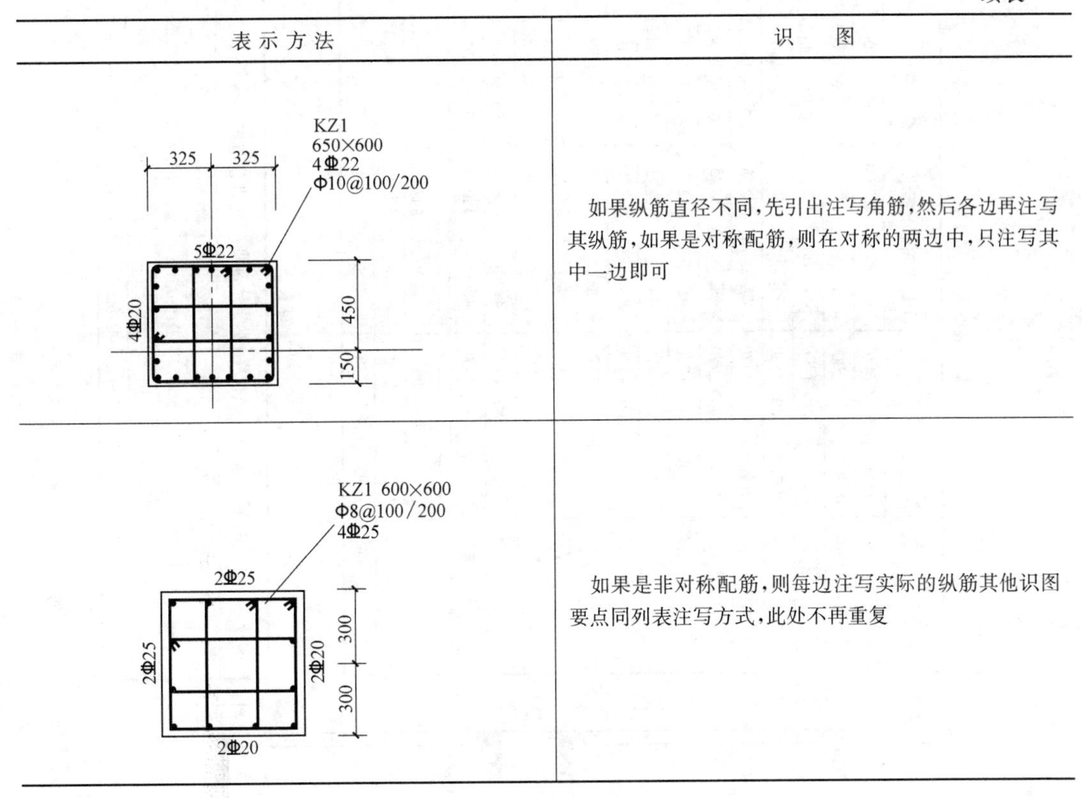

表示方法	识　图
KZ1 650×600 4Φ22 Φ10@100/200 325　325 5Φ22 4Φ20 450 150	如果纵筋直径不同，先引出注写角筋，然后各边再注写其纵筋，如果是对称配筋，则在对称的两边中，只注写其中一边即可
KZ1 600×600 Φ8@100/200 4Φ25 2Φ25 2Φ25 2Φ20 300 300 2Φ20	如果是非对称配筋，则每边注写实际的纵筋其他识图要点同列表注写方式，此处不再重复

其他识图要点与列表注写方式相同，此处不再重复。

3. 柱列表注写方式与截面注写方式的区别

柱列表注写方式与截面注写方式存在一定的区别，见图 2-72，可以看出，截面注写方式不仅是单独注写箍筋类型图及柱列表，而是用直接在柱平面图上的截面注写，就包括列表注写中箍筋类型图及柱列表的内容。

2.4.2　剪力墙施工图制图规则

1. 剪力墙构件平法表达方式

剪力墙平法施工图系在剪力墙平面布置图上采用列表注写方式或截面注写方式表达。

（1）列表注写方式

列表注写方式，系分别在剪力墙柱表、剪力墙身表和剪力墙梁表中，对应剪力墙平面布置图上的编号，用绘制截面配筋图并注写几何尺寸与配筋具体数值的方式，来表达剪力墙平法施工图。

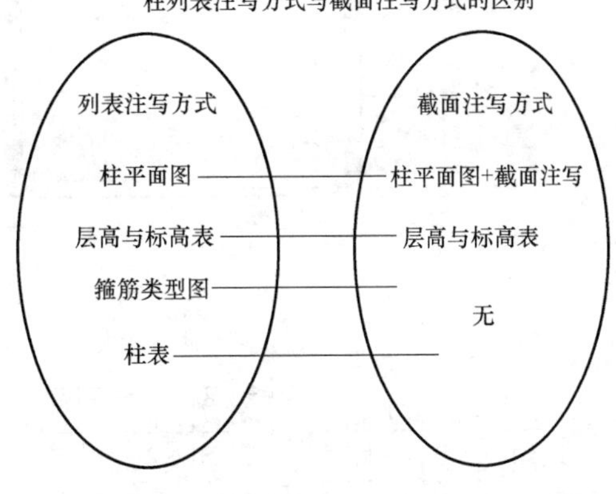

图 2-72　柱列表注写方式与截面注写方式的区别

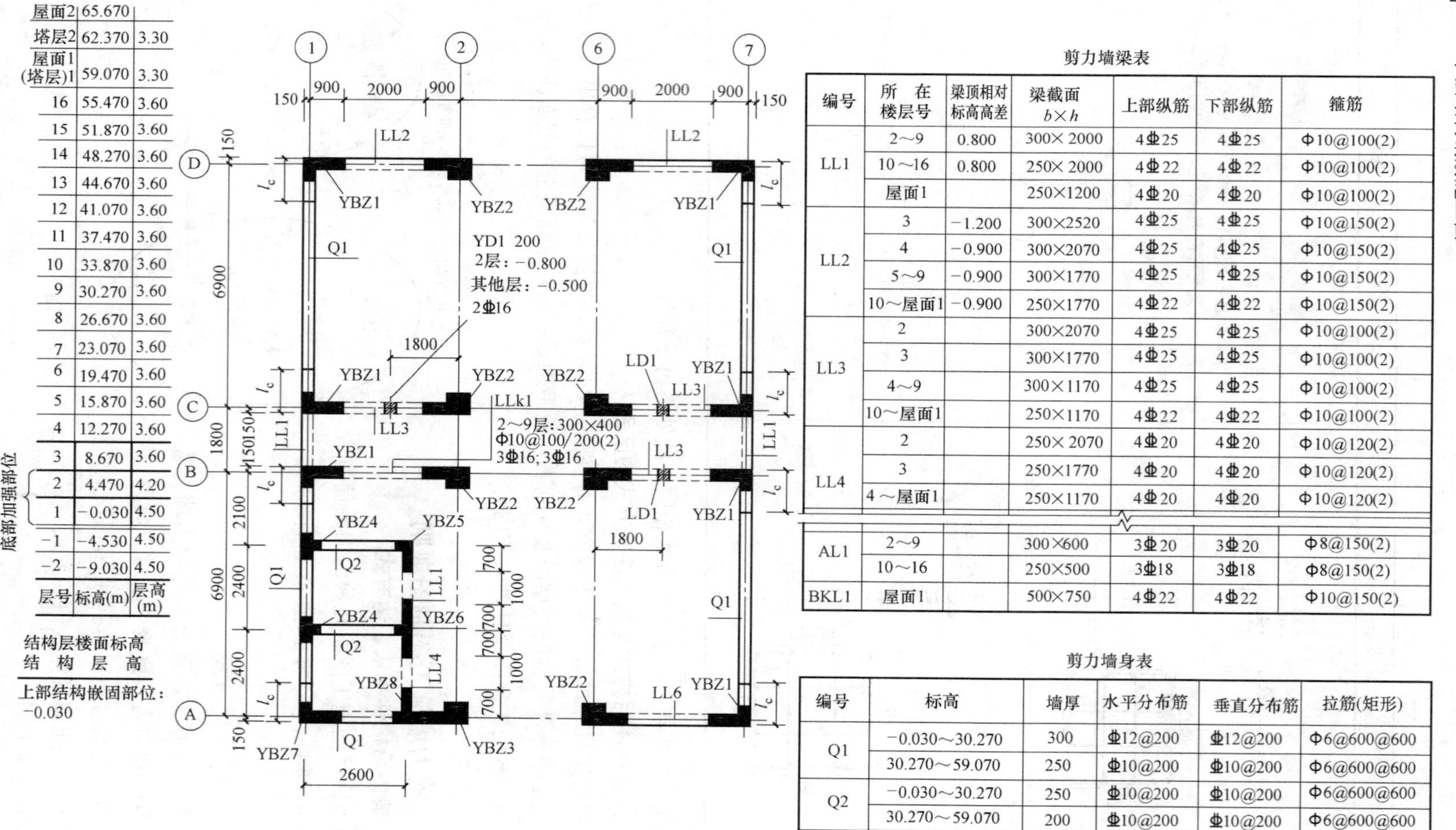

层号	标高(m)	层高(m)
屋面2	65.670	
塔层2	62.370	3.30
屋面1(塔层)1	59.070	3.30
16	55.470	3.60
15	51.870	3.60
14	48.270	3.60
13	44.670	3.60
12	41.070	3.60
11	37.470	3.60
10	33.870	3.60
9	30.270	3.60
8	26.670	3.60
7	23.070	3.60
6	19.470	3.60
5	15.870	3.60
4	12.270	3.60
3	8.670	3.60
2	4.470	4.20
1	−0.030	4.50
−1	−4.530	4.50
−2	−9.030	4.50

剪力墙梁表

编号	所在楼层号	梁顶相对标高高差	梁截面 $b \times h$	上部纵筋	下部纵筋	箍筋
LL1	2～9	0.800	300×2000	4Φ25	4Φ25	Φ10@100(2)
	10～16	0.800	250×2000	4Φ22	4Φ22	Φ10@100(2)
	屋面1		250×1200	4Φ20	4Φ20	Φ10@100(2)
LL2	3	−1.200	300×2520	4Φ25	4Φ25	Φ10@150(2)
	4	−0.900	300×2070	4Φ25	4Φ25	Φ10@150(2)
	5～9	−0.900	300×1770	4Φ25	4Φ25	Φ10@150(2)
	10～屋面1	−0.900	250×1770	4Φ22	4Φ22	Φ10@150(2)
LL3	2		300×2070	4Φ25	4Φ25	Φ10@100(2)
	3		300×1770	4Φ25	4Φ25	Φ10@100(2)
	4～9		300×1170	4Φ25	4Φ25	Φ10@100(2)
	10～屋面1		250×1170	4Φ22	4Φ22	Φ10@100(2)
LL4	2		250×2070	4Φ20	4Φ20	Φ10@120(2)
	3		250×1770	4Φ20	4Φ20	Φ10@120(2)
	4～屋面1		250×1170	4Φ20	4Φ20	Φ10@120(2)
AL1	2～9		300×600	3Φ20	3Φ20	Φ8@150(2)
	10～16		250×500	3Φ18	3Φ18	Φ8@150(2)
BKL1	屋面1		500×750	4Φ22	4Φ22	Φ10@150(2)

剪力墙身表

编号	标高	墙厚	水平分布筋	垂直分布筋	拉筋(矩形)
Q1	−0.030～30.270	300	Φ12@200	Φ12@200	Φ6@600@600
	30.270～59.070	250	Φ10@200	Φ10@200	Φ6@600@600
Q2	−0.030～30.270	250	Φ10@200	Φ10@200	Φ6@600@600
	30.270～59.070	200	Φ10@200	Φ10@200	Φ6@600@600

图 2-73 剪力墙列表注写方式示例

剪力墙柱表

层号	标高(m)	层高(m)
屋面2	65.670	
塔层2	62.370	3.30
屋面1(塔层1)	59.070	3.30
16	55.470	3.60
15	51.870	3.60
14	48.270	3.60
13	44.670	3.60
12	41.070	3.60
11	37.470	3.60
10	33.870	3.60
9	30.270	3.60
8	26.670	3.60
7	23.070	3.60
6	19.470	3.60
5	15.870	3.60
4	12.270	3.60
3	8.670	3.60
2	4.470	4.20
1	-0.030	4.50
-1	-4.530	4.50
-2	-9.030	4.50

底部加强部位：2、1

结构层楼面标高
结构层高

上部结构嵌固部位：
-0.030

截面	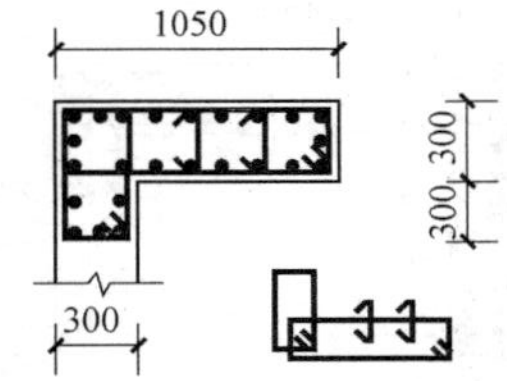	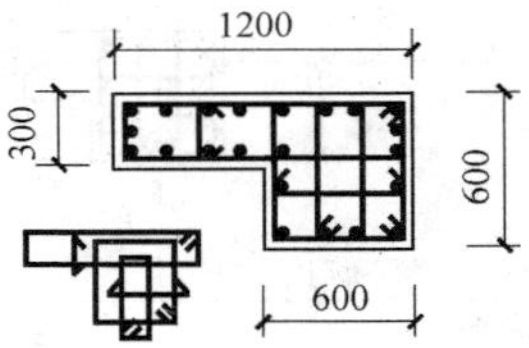	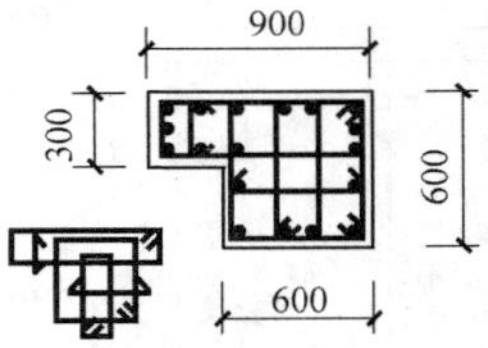	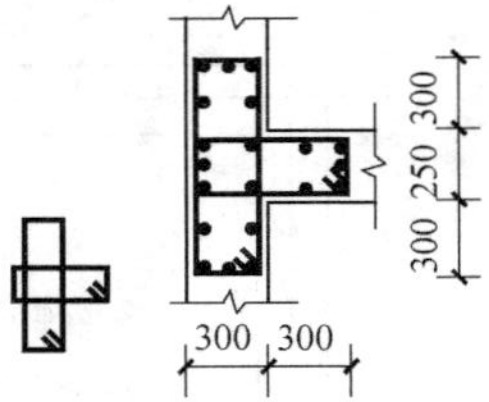
编号	YBZ1	YBZ2	YBZ3	YBZ4
标高	-0.030～12.270	-0.030～12.270	-0.030～12.270	-0.030～12.270
纵筋	24Φ20	22Φ20	18Φ22	20Φ20
箍筋	Φ10@100	Φ10@100	Φ10@100	Φ10@100
截面	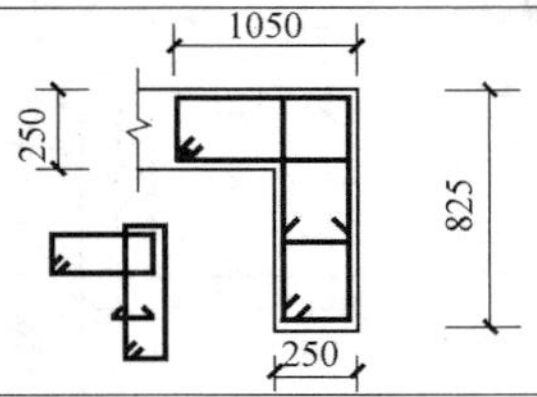	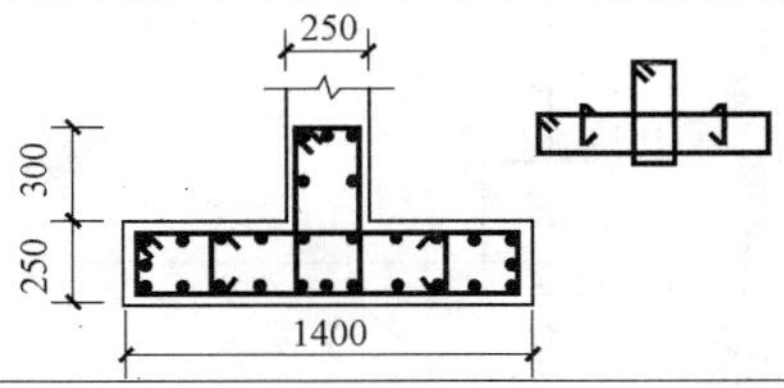		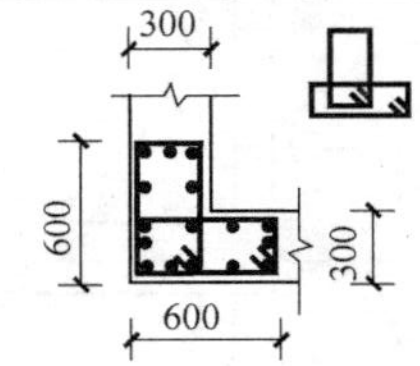
编号	YBZ5	YBZ6		YBZ7
标高	-0.030～12.270	-0.030～12.270		-0.030～12.270
纵筋	20Φ20	28Φ20		16Φ20
箍筋	Φ10@100	Φ10@100		Φ10@100

图 2-73 剪力墙列表注写方式示例（续）

层号	标高(m)	层高(m)
屋面2	65.670	
塔层2	62.370	3.30
屋面1(塔层1)	59.070	3.30
16	55.470	3.60
15	51.870	3.60
14	48.270	3.60
13	44.670	3.60
12	41.070	3.60
11	37.470	3.60
10	33.870	3.60
9	30.270	3.60
8	26.670	3.60
7	23.070	3.60
6	19.470	3.60
5	15.870	3.60
4	12.270	3.60
3	8.670	3.60
2	4.470	4.20
1	−0.030	4.50
−1	−4.530	4.50
−2	−9.030	4.50

底部加强部位

结构层楼面标高
结构层高
上部结构嵌固部位:
−0.030

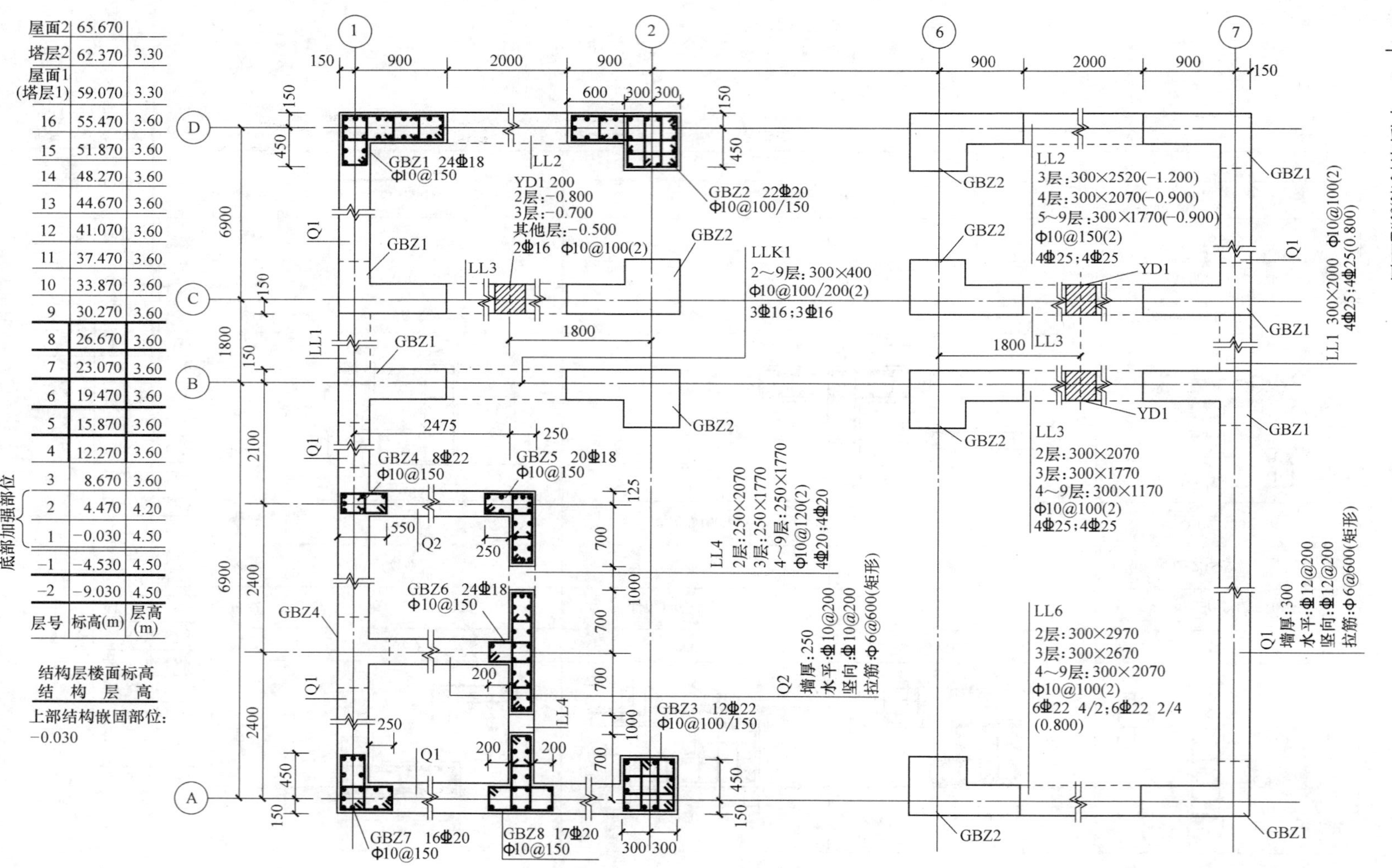
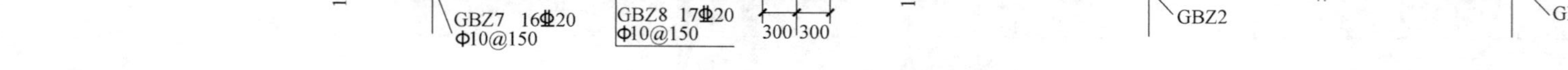

图 2-74 剪力墙截面注写方式示例

剪力墙列表注写方式识图方法，就是剪力墙平面图与剪力墙柱表、剪力墙身表和剪力墙梁表的对照阅读，具体来说就是：

1）剪力墙柱表对应剪力平面图上墙柱的编号，在列表注写截面尺寸及具体数值。

2）剪力墙身表对应剪力墙平面图的墙身编号，在列表中注写尺寸及配筋的具体数值。

3）剪力墙梁表对应剪力墙平面图的墙梁编号，在列表中注写截面尺寸及配筋的具体数值。

剪力墙列表注写方式实例，见图 2-73。

（2）剪力墙截面注写方式

剪力墙截面注写方式，系在分标准层绘制的剪力墙平面布置图上，以直接在墙柱、墙身、墙梁上注写截面尺寸和配筋具体数值的方式来表达剪力墙平法施工图。

剪力墙截面注写方式，见图 2-74。

2. 剪力墙平法识图要点

前面讲解了剪力墙的平法表达方式分列表注写和截面注写两种方式，这两种表达方式表达的数据项是相同的。这里，就讲解这些数据项具体在阅读和识图时的要点。

（1）结构层高及楼面标高识图要点

对于一、二级抗震设计的剪力墙结构，有一个“底部加强部位”，注写在“结构层高与楼面标高”表中，见图 2-75。

	层号	标高(m)	层高(m)
	屋面2	65.670	
	塔层2	62.370	3.30
	屋面1(塔层1)	59.070	3.30
	16	55.470	3.60
	15	51.870	3.60
	14	48.270	3.60
	13	44.670	3.60
	12	41.070	3.60
	11	37.470	3.60
	10	33.870	3.60
	9	30.270	3.60
	8	26.670	3.60
	7	23.070	3.60
	6	19.470	3.60
	5	15.870	3.60
	4	12.270	3.60
	3	8.670	3.60
底部加强部位	2	4.470	4.20
底部加强部位	1	−0.030	4.50
	−1	−4.530	4.50
	−2	−9.030	4.50

图 2-75 底部加强部位

（2）墙柱识图要点

1）墙柱箍筋组合。剪力墙的墙柱箍筋通常为复合箍筋，识图时应注意箍筋的组合，也就是分清何为一根箍筋，只有分清了才能计算其长度，见图 2-76。

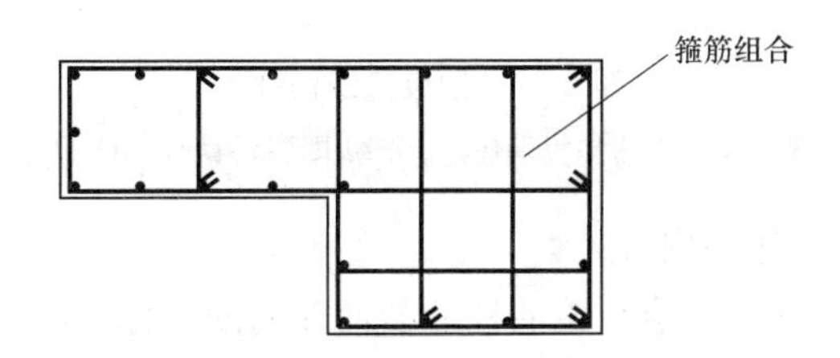

图 2-76 墙柱箍筋组合

2）墙柱的分类

剪力墙的墙梁分类在上一点已作出介绍，墙梁比较容易区分，本小节前面介绍剪力墙构件组成时就进行了介绍。

墙柱的类型及编号，见表 2-18。

墙柱编号 **表 2-18**

墙柱类型	编号	序号
约束边缘构件	YBZ	××
构造边缘构件	GBZ	××
非边缘暗柱	AZ	××
扶壁柱	FBZ	××

注：约束边缘构件包括约束边缘暗柱、约束边缘端柱、约束边缘翼墙、约束边缘转角墙四种（图 2-77）。构造边缘构件包括构造边缘暗柱、构造边缘端柱、构造边缘翼墙、构造边缘转角墙四种（图 2-78）。

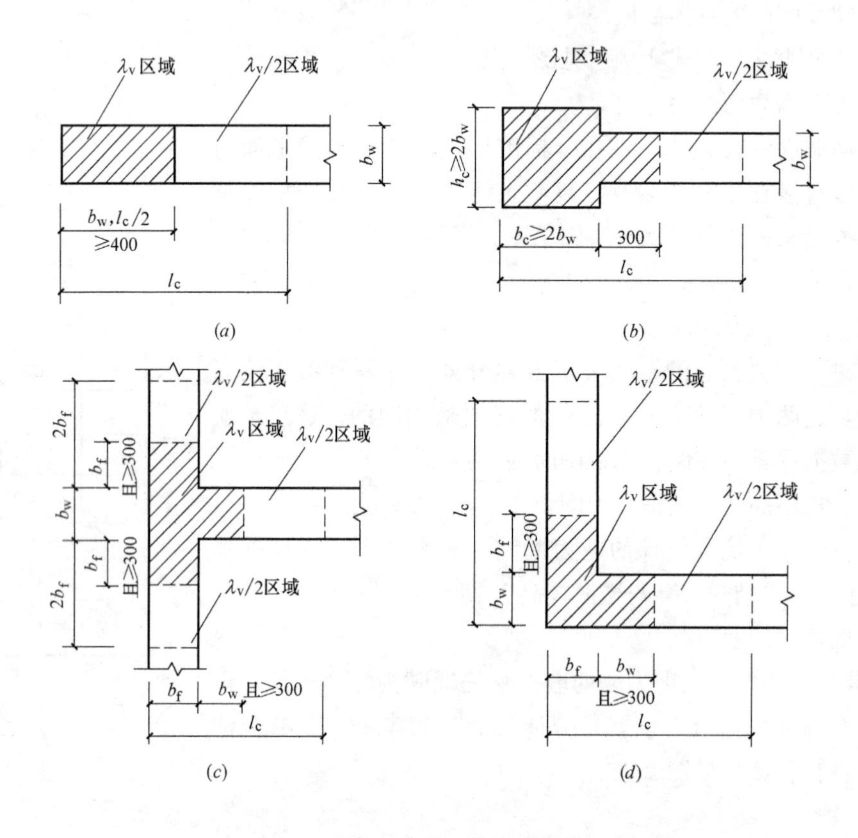

图 2-77 约束边缘构件

(*a*) 约束边缘暗柱；(*b*) 约束边缘端柱；(*c*) 约束边缘翼墙；(*d*) 约束边缘转角墙

3）在剪力墙柱表中表达的内容：

① 墙柱编号（见表 2-18），绘制该墙柱的截面配筋图，标注墙柱几何尺寸。

a. 约束边缘构件（见图 2-77），需注明阴影部分尺寸。

注：剪力墙平面布置图中应注明约束边缘构件沿墙肢长度 l_c（约束边缘翼墙中沿墙肢长度尺寸为 $2b_f$ 时可不注）。

b. 构造边缘构件（见图 2-78），需注明阴影部分尺寸。

c. 扶壁柱及非边缘暗柱需标注几何尺寸。

② 各段墙柱的起止标高，自墙柱根部往上以变截面位置或截面未变但配筋改变处为

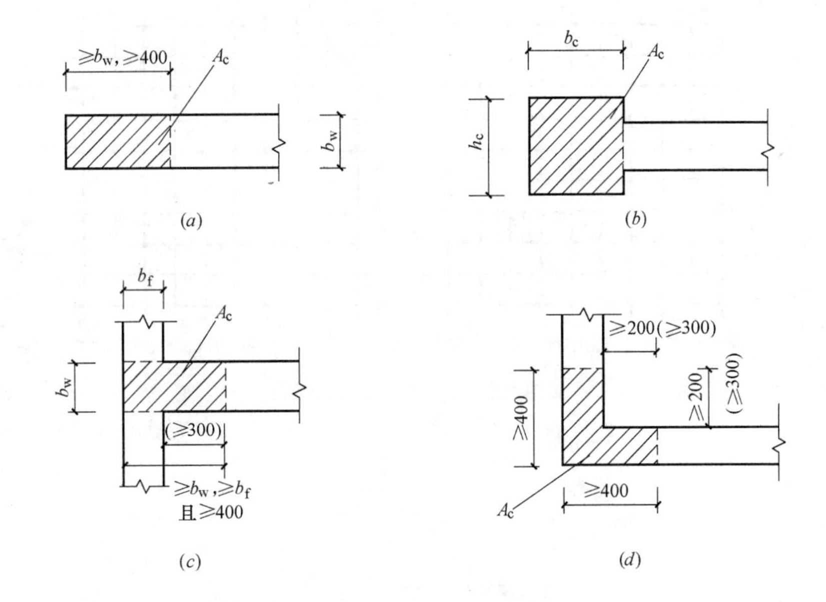

图 2-78 构造边缘构件

（*a*）构造边缘暗柱；（*b*）构造边缘端柱；（*c*）构造边缘翼墙（括号中数值用于高层建筑）；（*d*）构造边缘转角墙（括号中数值用于高层建筑）

界分段注写。墙柱根部标高系指基础顶面标高（部分框支剪力墙结构则为框支梁顶面标高）。

③ 各段墙柱的纵向钢筋和箍筋，注写值应与在表中绘制的截面配筋图对应一致。纵向钢筋注总配筋值；墙柱箍筋的注写方式与柱箍筋相同。

（3）墙身识图要点

1）墙身识图要点：注意墙身与墙柱及墙梁的位置关系。

2）在剪力墙身表中表达的内容：

① 墙身编号（含水平与竖向分布钢筋的排数）。

② 各段墙身起止标高，自墙身根部往上以变截面位置或截面未变但配筋改变处为界分段注写。墙身根部标高系指基础顶面标高（部分框支剪力墙结构则为框支梁顶面标高）。

③ 水平分布钢筋、竖向分布钢筋和拉筋的具体数值。注写数值为一排水平分布钢筋和竖向分布钢筋的规格与间距，具体设置几排已经在墙身编号后面表达。

拉筋应注明布置方式“矩形”或“梅花”布置，用于剪力墙分布钢筋的拉结，见图 2-79（图中，a 为竖向分布钢筋间距，b 为水平分布钢筋间距）。

（4）墙梁识图要点

1）墙梁的识图要点为：墙梁标高与墙身标高的关系，见图 2-80。

图 2-80 中，通过对照连梁表与结构层高标高表，就能得出各层的连梁 LL2 的标高位置。

2）墙梁的分类及编号见表 2-19。

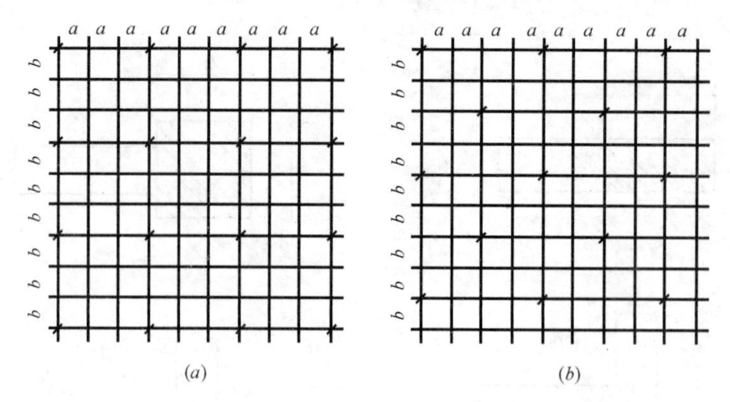

(*a*) (*b*)

图 2-79 拉结筋设置示意

（*a*）拉结筋@3*a*3*b* 矩形（*a*≤200mm、*b*≤200mm）；（*b*）拉结筋@4*a*4*b* 梅花（*a*≤150mm、*b*≤150mm）

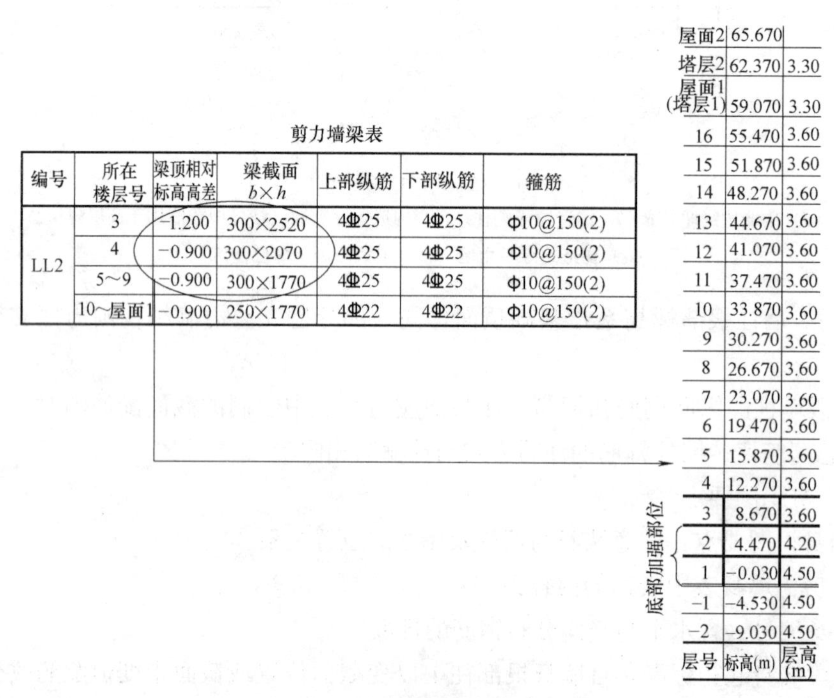

剪力墙梁表

编号	所在楼层号	梁顶相对标高高差	梁截面 $b\times h$	上部纵筋	下部纵筋	箍筋
LL2	3	-1.200	300×2520	4Φ25	4Φ25	Φ10@150(2)
	4	-0.900	300×2070	4Φ25	4Φ25	Φ10@150(2)
	5~9	-0.900	300×1770	4Φ25	4Φ25	Φ10@150(2)
	10~屋面1	-0.900	250×1770	4Φ22	4Φ22	Φ10@150(2)

层号	标高(m)	层高(m)
屋面2	65.670	
塔层2	62.370	3.30
屋面1（塔层1）	59.070	3.30
16	55.470	3.60
15	51.870	3.60
14	48.270	3.60
13	44.670	3.60
12	41.070	3.60
11	37.470	3.60
10	33.870	3.60
9	30.270	3.60
8	26.670	3.60
7	23.070	3.60
6	19.470	3.60
5	15.870	3.60
4	12.270	3.60
3	8.670	3.60
2	4.470	4.20
1	-0.030	4.50
-1	-4.530	4.50
-2	-9.030	4.50

图 2-80 墙梁表的识图要点

墙梁编号 **表 2-19**

墙梁类型	代号	序号
连梁	LL	××
连梁(对角暗撑配筋)	LL(JC)	××
连梁(交叉斜筋配筋)	LL(JX)	××
连梁(集中对角斜筋配筋)	LL(DX)	××
连梁(跨高比不小于 5)	LLk	××
暗梁	AL	××
边框梁	BKL	××

注：1. 在具体工程中，当某些墙身需设置暗梁或边框梁时，宜在剪力墙平法施工图中绘制暗梁或边框梁的平面布置图并编号，以明确其具体位置。

2. 跨高比不小于 5 的连梁按框架梁设计时，代号为 LLk。

3）在剪力墙梁表中表达的内容：

① 墙梁编号。

② 墙梁所在楼层号。

③ 墙梁顶面标高高差，系指相对于墙梁所在结构层楼面标高的高差值，高于者为正值，低于者为负值，当无高差时不注。

④ 墙梁截面尺寸 $b \times h$，上部纵筋，下部纵筋和箍筋的具体数值。

⑤ 当连梁设有对角暗撑时［代号为 LL（JC）××］，注写暗撑的截面尺寸（箍筋外皮尺寸）；注写一根暗撑的全部纵筋，并标注×2 表明有两根暗撑相互交叉；注写暗撑箍筋的具体数值。

⑥ 当连梁设有交叉斜筋时［代号为 LL（JX）××］，注写连梁一侧对角斜筋的配筋值，并标注×2 表明对称设置；注写对角斜筋在连梁端部设置的拉筋根数、强度级别及直径，并标注×4 表示四个角都设置；注写连梁一侧折线筋配筋值，并标注×2 表明对称设置。

⑦ 当连梁设有集中对角斜筋时［代号为 LL（DX）××］，注写一条对角线上的对角斜筋，并标注×2 表明对称设置。

⑧ 跨高比不小于 5 的连梁，按框架梁设计时（代号为 LLk××），采用平面注写方式，注写规则同框架梁，可采用适当比例单独绘制，也可与剪力墙平法施工图合并绘制。

墙梁侧面纵筋的配置，当墙身水平分布钢筋满足连梁、暗梁及边框梁的梁侧面纵向构造钢筋的要求时，该筋配置同墙身水平分布钢筋，表中不注，施工按标准构造详图的要求即可。当墙身水平分布钢筋不满足连梁、暗梁及边框梁的梁侧面纵向构造钢筋的要求时，应在表中补充注明梁侧面纵筋的具体数值；当为 LLk 时，平面注写方式以大写字母“N”打头。梁侧面纵向钢筋在支座内锚固要求同连梁中受力钢筋。

2.4.3 梁构件施工图制图规则

1. 梁构件平法表达方式

梁平法施工图是在梁平面布置图上采用平面注写方式或截面注写方式表达，平面注写方式在实际工程中应用较广，故本书主要讲解平面注写方式。

平面注写方式是在梁平面布置图上，分别在不同编号的梁中各选一根梁，在其上注写截面尺寸和配筋具体数值的方式来表达梁平法施工图，如图 2-81 所示。

平面注写包括集中标注与原位标注，如图 2-82 所示。集中标注表达梁的通用数值，原位标注表达梁的特殊数值。当集中标注中的某项数值不适用于梁的某部位时，则将该项数值原位标注，施工时，原位标注取值优先。

2. 梁构件集中标注识图

梁构件集中标注包括编号、截面尺寸、箍筋、上部通长筋或架立筋、下部通长筋、侧部构造或受扭钢筋这五项必注内容及一项选注值（集中标注可以从梁的任意一跨引出），如图 2-83 所示。

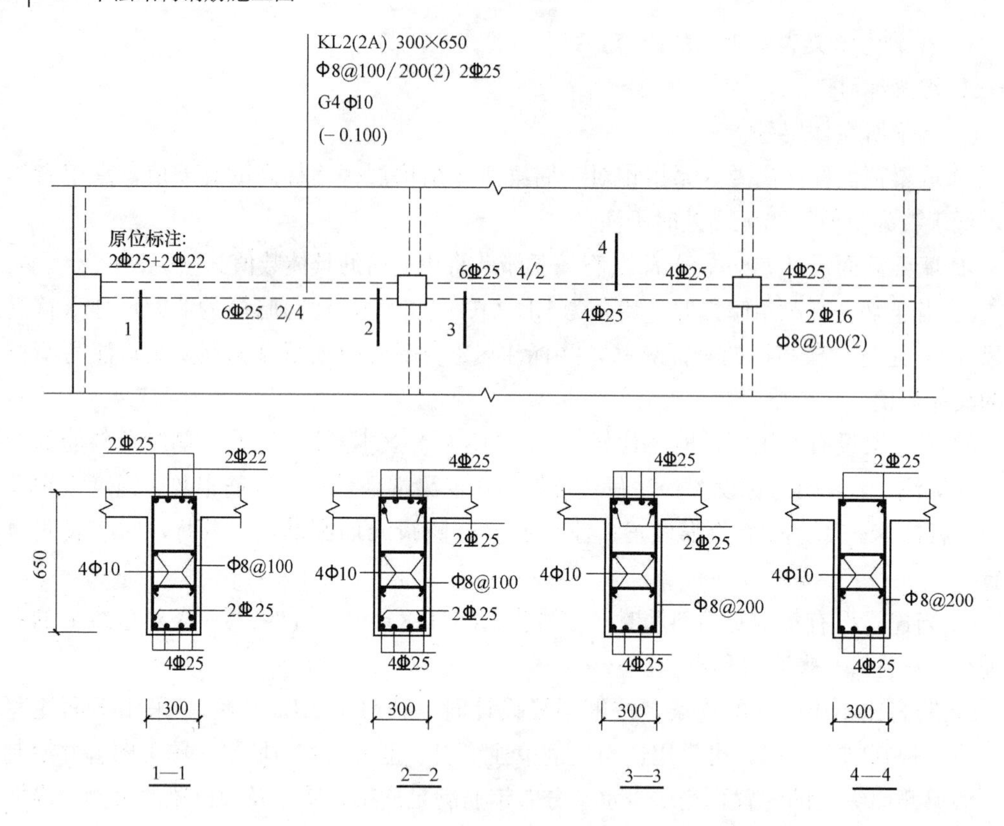

图 2-81 梁构件平面注写方式

注：图中四个梁截面是采用传统表示方法绘制，用于对比按平面注写方式表达的同样内容。实际采用平面注写方式表达时，不需绘制梁截面配筋图和图中的相应截面号。

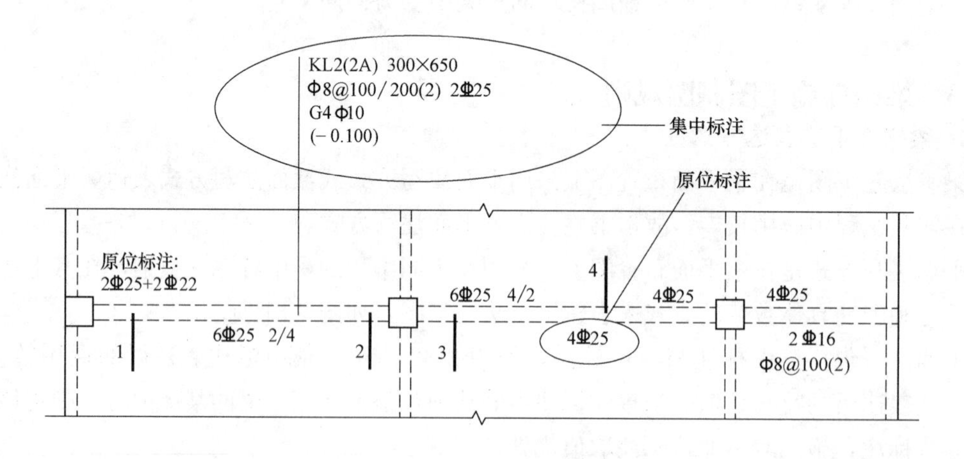

图 2-82 梁构件的集中标注与原位标注

（1）梁编号

梁编号由“代号”、“序号”、“跨数及是否带有悬挑”三项组成，如图 2-84 所示，其具体表示方法见表 2-20。

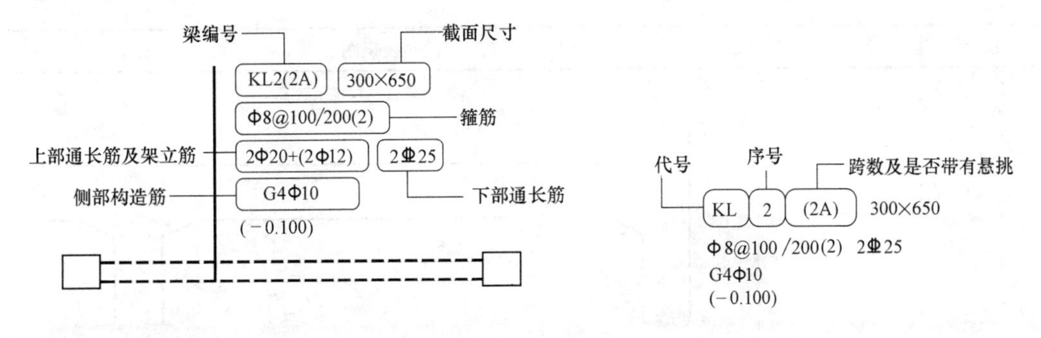

图 2-83 梁构件集中标注示意图　　　图 2-84 梁构件编号平法标注

梁编号 **表 2-20**

梁类型	代号	序号	跨数及是否带有悬挑
楼层框架梁	KL	××	(××)、(××A)或(××B)
楼层框架扁梁	KBL	××	(××)、(××A)或(××B)
屋面框架梁	WKL	××	(××)、(××A)或(××B)
非框架梁	L	××	(××)、(××A)或(××B)
框支梁	KZL	××	(××)、(××A)或(××B)
托柱转换梁	TZL	××	(××)、(××A)或(××B)
悬挑梁	XL	××	(××)、(××A)或(××B)
井字梁	JZL	××	(××)、(××A)或(××B)

注：1. (××A) 为一端有悬挑，(××B) 为两端有悬挑，悬挑不计入跨数。
2. 楼层框架扁梁节点核心区代号 KBH。
3. 非框架梁 L、井字梁 JZL 表示端支座为铰接；当非框架梁 L、井字梁 JZL 端支座上部纵筋为充分利用钢筋的抗拉强度时，在梁代号后加“g”。

【例 2-19】 KL7 (5A) 表示第 7 号框架梁，5 跨，一端有悬挑。

【例 2-20】 L9 (7B) 表示第 9 号非框架梁，7 跨，两端有悬挑。

【例 2-21】 Lg7 (5) 表示第 7 号非框架梁，5 跨，端支座上部纵筋为充分利用钢筋的抗拉强度。

(2) 梁截面尺寸

梁构件截面尺寸平法识图见表 2-21。

梁构件截面尺寸识图 **表 2-21**

情况	表示方法	说明及识图要点
等截面	$b \times h$	宽×高，注意梁高是指含板厚在内的梁高度 楼板 h 注意梁高是含板厚的高度 b

续表

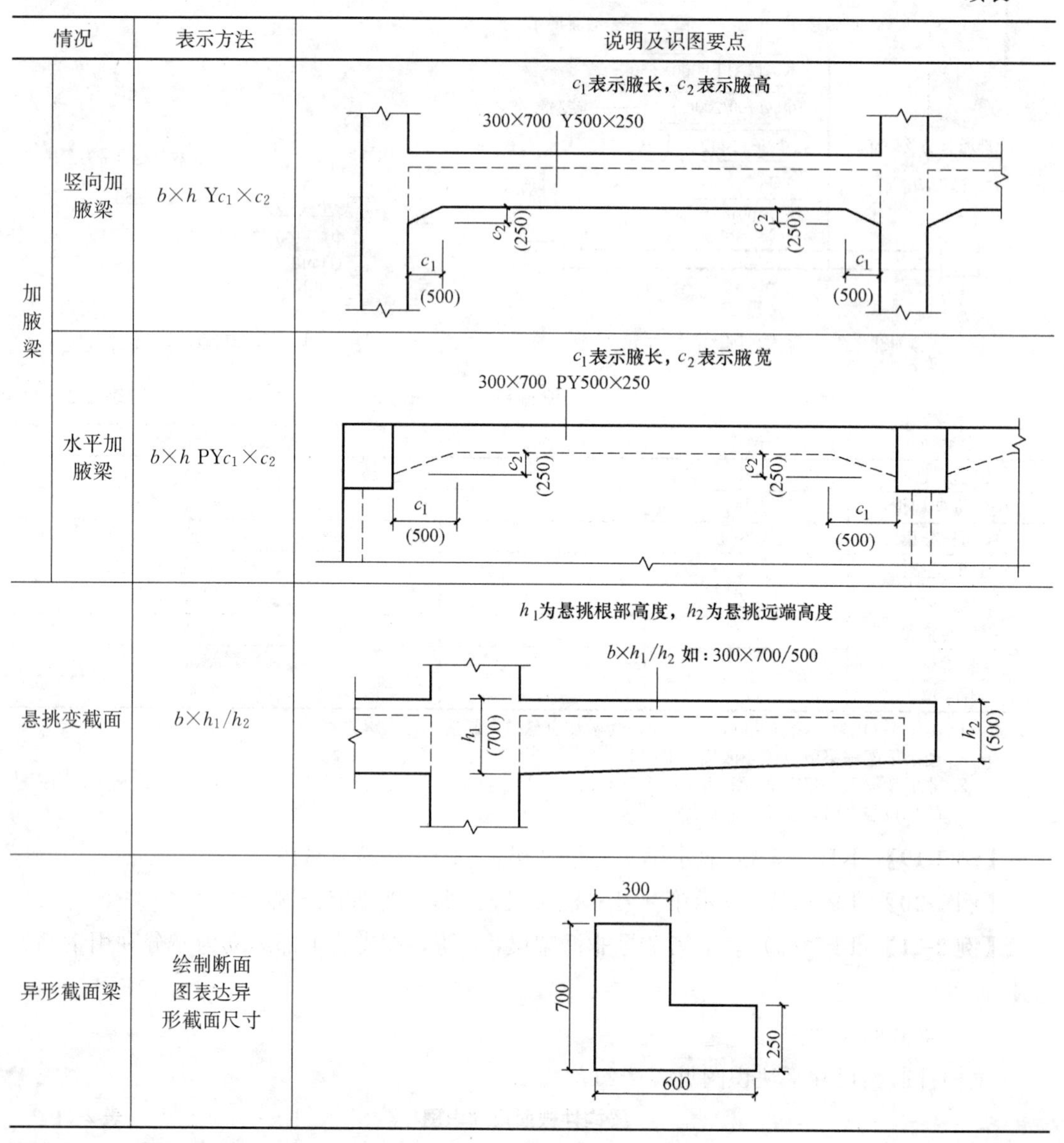

情况		表示方法	说明及识图要点
加腋梁	竖向加腋梁	$b \times h$ Y$c_1 \times c_2$	c_1表示腋长，c_2表示腋高 300×700 Y500×250 c_2 (250)　c_1 (500)
	水平加腋梁	$b \times h$ PY$c_1 \times c_2$	c_1表示腋长，c_2表示腋宽 300×700 PY500×250 c_2 (250)　c_1 (500)
悬挑变截面		$b \times h_1/h_2$	h_1为悬挑根部高度，h_2为悬挑远端高度 $b \times h_1/h_2$ 如：300×700/500 h_1 (700)　h_2 (500)
异形截面梁		绘制断面图表达异形截面尺寸	300　700　250　600

（3）梁箍筋

梁箍筋包括钢筋级别、直径、加密区与非加密区间距及肢数，该项为必注值。箍筋加密区与非加密区的不同间距及肢数需用斜线“/”分隔；当梁箍筋为同一种间距及肢数时，则不需用斜线；当加密区与非加密区的箍筋肢数相同时，则将肢数注写一次；箍筋肢数应写在括号内。加密区范围见相应抗震等级的标准构造详图。

【例 2-22】 ϕ10@100/200（4），表示箍筋为 HPB300 钢筋，直径为 10mm，加密区间距为 100mm，非加密区间距为 200mm，均为四肢箍。

【例 2-23】 ϕ8@100（4）/150（2），表示箍筋为 HPB300 钢筋，直径为 8mm，加密区间距为 100mm，四肢箍；非加密区间距为 150mm，两肢箍。

非框架梁、悬挑梁、井字梁采用不同的箍筋间距及肢数时，也用斜线“/”将其分隔开来。注写时，先注写梁支座端部的箍筋（包括箍筋的箍数、钢筋级别、直径、间距与肢数），在斜线后注写梁跨中部分的箍筋间距及肢数。

【例 2-24】 13ϕ10@150/200（4），表示箍筋为 HPB300 钢筋，直径为 10mm；梁的两端各有 13 个四肢箍，间距为 150mm；梁跨中部分间距为 200mm，四肢箍。

【例 2-25】 18ϕ12@150（4）/200（2），表示箍筋为 HPB300 钢筋，直径为 12mm；梁的两端各有 18 个四肢箍，间距为 150mm；梁跨中部分，间距为 200mm，双肢箍。

（4）梁上部通长筋或架立筋配置

梁上部通长筋或架立筋配置（通长筋可为相同或不通知经采用搭接连接、机械连接或焊接的钢筋），该项为必注值。所注规格与根数应根据结构受力要求及箍筋肢数等构造要求而定。当同排纵筋中既有通长筋又有架立筋时，应用加号“+”将通长筋和架立筋相联。注写时需将角部纵筋写在加号的前面，架立筋写在加号后面的括号内，以示不同直径及与通长筋的区别。当全部采用架立筋时，则将其写入括号内。

【例 2-26】 2Φ22 用于双肢箍；2Φ22+（4ϕ12）用于六肢箍，其中 2Φ22 为通长筋，4ϕ12 为架立筋。

（5）梁下部通长筋

当梁的上部纵筋和下部纵筋为全跨相同，且多数跨配筋相同时，此项可加注下部纵筋的配筋值，用分号“；”将上部与下部纵筋的配筋值分隔开来表达。少数跨不同者，则将该项数值原位标注。

【例 2-27】 3Φ22；3Φ20 表示梁的上部配置 3Φ22 的通长筋，梁的下部配置 3Φ20 的通长筋。

（6）梁侧面纵向构造钢筋或受扭钢筋配置

当梁腹板高度 $h_w \geqslant 450$mm 时，需配置纵向构造钢筋，所注规格与根数应符合规范规定。此项注写值以大写字母 G 打头，接续注写设置在梁两个侧面的总配筋值且对称配置。

【例 2-28】 G 4ϕ12，表示梁的两个侧面共配置 4ϕ12 的纵向构造钢筋，每侧各配置 2ϕ12。

当梁侧面需配置受扭纵向钢筋时，此项注写值以大写字母 N 打头，接续注写配置在梁两个侧面的总配筋值，且对称配置。受扭纵向钢筋应满足梁侧面纵向构造钢筋的间距要求，且不再重复配置纵向构造钢筋。

【例 2-29】 N 6Φ22，表示梁的两个侧面共配置 6Φ22 的受扭纵向钢筋，每侧各配置3Φ22。

注：1. 当为梁侧面构造钢筋时，其搭接与锚固长度可取为 15d。

2. 当为梁侧面受扭纵向钢筋时，其搭接长度为 l_l 或 l_{lE}，锚固长度为 l_a 或 l_{aE}；其锚固方式同框架梁下部纵筋。

（7）梁顶面标高高差

梁顶面标高高差，系指相对于结构层楼面标高的高差值，对于位于结构夹层的梁，则指相对于结构夹层楼面标高的高差。有高差时，需将其写入括号内，无高差时不注。

注：当某梁的顶面高于所在结构层的楼面标高时，其标高高差为正值，反之为负值。

3. 梁构件原位标注识图

（1）梁支座上部纵筋

梁支座上部纵筋，该部位含通长筋在内的所有纵筋，如图 2-85 所示。

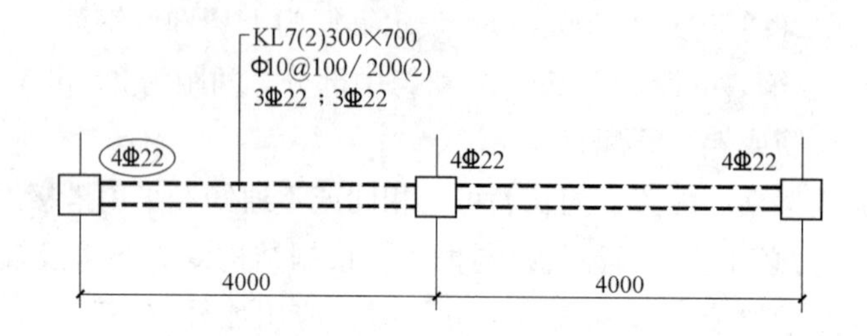

图 2-85 认识梁支座上部纵筋

注：4Φ22 是指该位置共有 4 根直径 22 的钢筋，其中包括集中标注中的上部通长筋，另外 1 根就是支座负筋。

梁支座上部纵筋识图见表 2-22。

梁支座上部纵筋识图 **表 2-22**

图例	识图	标准说明
KL6(2) 300×500 Φ8@100/200(2) 4Φ25；2Φ25 6Φ25 4/2 4000	上下两排，上排 4Φ25 是上部通长筋，下排 2Φ25 是支座负筋	当上部纵筋多于一排时，用斜线“/”将各排纵筋自上而下分开
KL6(2) 300×500 Φ8@100/200(2) 4Φ25；2Φ25 6Φ25 4/2	中间支座两边配筋均为上下两排，上排 4Φ25 是上部通长筋，下排 2Φ25 是支座负筋	当梁中间支座两边的上部纵筋相同时，可仅在支座的一边标注配筋值，另一边省去不注
KL6(2) 300×500 Φ8@100/200(2) 4Φ25；2Φ25 4Φ25 6Φ25 4/2	图中，2 支座左侧标注 4Φ25 全部是通长筋，右侧的 6Φ25，上排 4 根为通筋，下排 2 根为支座负筋	当梁中间支座两边的上部纵筋不同时，须在支座两边分别标注

续表

图例	识图	标准说明
KL6(2) 300×500 Φ8@100/200(2) 4Φ25；2Φ25 4Φ25+2Φ20	其中2Φ25是集中标注的上部通长筋，2Φ20是支座负筋	当同排纵筋有两种直径时，用加号“+”将两种直径的纵筋相联，注写时将角部纵筋写在前面

（2）梁下部纵筋

1）当下部纵筋多于一排时，用斜线“/”将各排纵筋自上而下分开。

2）当同排纵筋有两种直径时，用加号“+”将两种直径的纵筋相联，注写时角筋写在前面。

3）当梁下部纵筋不全部伸入支座时，将梁支座下部纵筋减少的数量写在括号内。

4）当梁的集中标注中已分别注写了梁上部和下部均为通长的纵筋值时，则不需在梁下部重复做原位标注。

5）当梁设置竖向加腋时，加腋部位下部斜纵筋应在支座下部以Y打头注写在括号内（图2-86），图集中框架梁竖向加腋结构适用于加腋部位参与框架梁计算，其他情况设计者应另行给出构造。当梁设置水平加腋时，水平加腋内上、下部斜纵筋应在加腋支座上部以Y打头注写在括号内，上下部斜纵筋之间用“/”分隔（图2-87）。

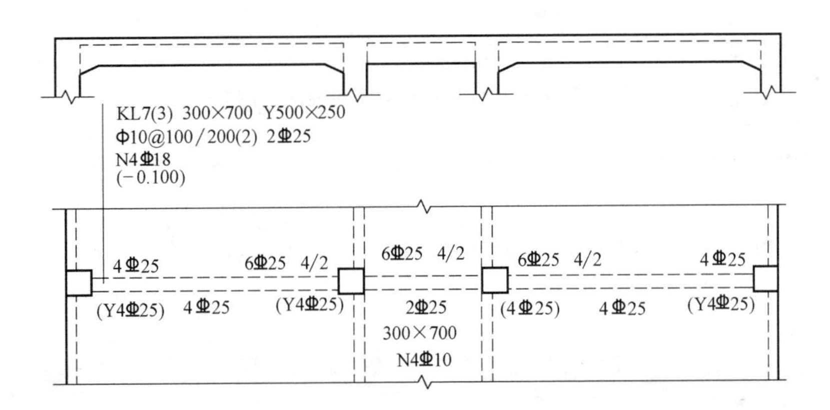

图2-86 梁竖向加腋平面注写方式

（3）原位标注修正内容

当在梁上集中标注的内容（即梁截面尺寸、箍筋、上部通长筋或架立筋，梁侧面纵向构造钢筋或受扭纵向钢筋，以及梁顶面标高高差中的某一项或几项数值）不适用于某跨或某悬挑部分时，则将其不同数值原位标注在该跨或该悬挑部位，施工时应按原位标注数值取用。

当在多跨梁的集中标注中已注明加腋，而该梁某跨的根部却不需要加腋时，则应在该

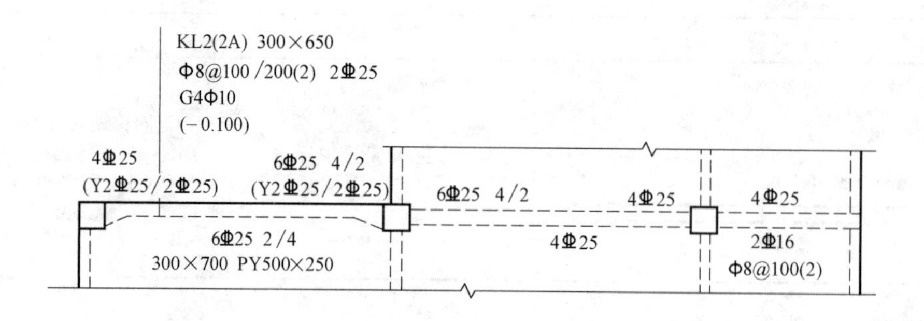

图 2-87 梁水平加腋平面注写方式

跨原位标注等截面的 $b \times h$，以修正集中标注中的加腋信息，如图 2-55 所示。

（4）附加箍筋或吊筋

将其直接画在平面图中的主梁上，用线引注总配筋值（附加箍筋的肢数注在括号内），如图 2-88 所示。当多数附加箍筋或吊筋相同时，可在梁平法施工图上统一注明；少数与统一注明值不同时，再原位引注。

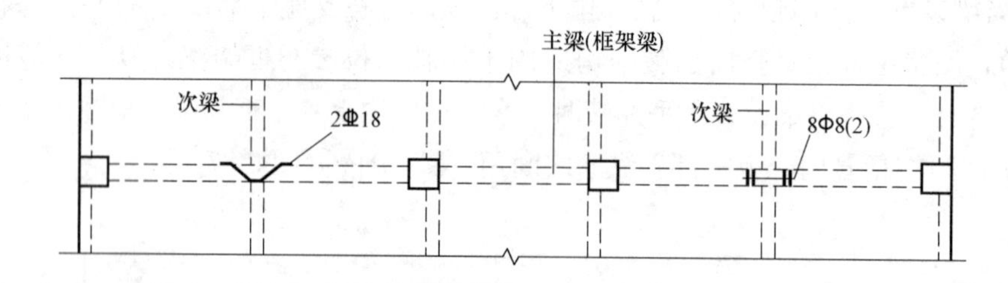

图 2-88 附加箍筋和吊筋的画法示例

1）附加箍筋。附加箍筋的平法标注，见图 2-89，表示每边各加 3 根，共 6 根附加箍筋，双肢箍。

通常情况下，在主次梁相交，附加箍筋构造和附加吊筋构造只取其中之一，一般同时采用。

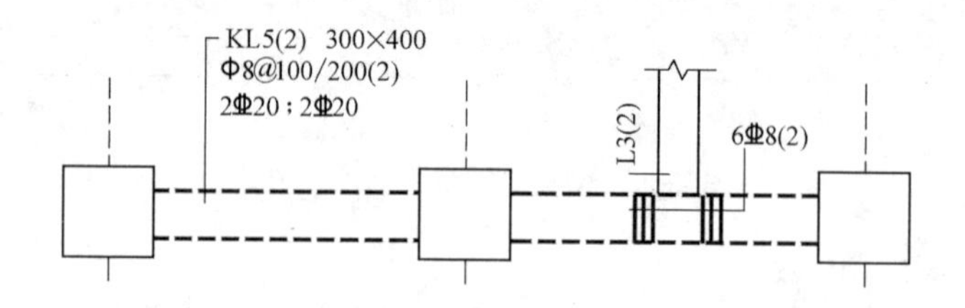

图 2-89 附加箍筋平法标注

2）附加吊筋。附加吊筋的平法标注，见图 2-90，表示 2 根直径 14mm 的吊筋。

3）悬挑端配筋信息。悬挑端若与梁集中标注的配筋信息不同，则在原位进行标注，见图 2-91。

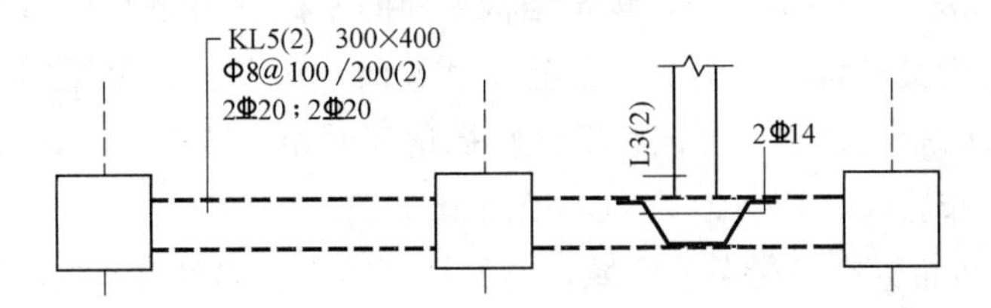

图 2-90　附加吊筋平法标注

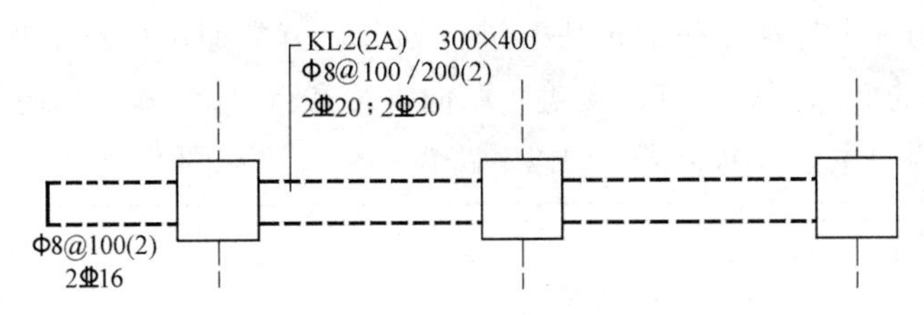

图 2-91　悬挑端配筋信息

2.4.4　板构件施工图制图规则

1. 有梁楼盖板平法识图

（1）有梁楼盖平法施工图的表示方法

1）有梁楼盖板平法施工图，是在楼面板和屋面板布置图上，采用平面注写的表达方式。板平面注写主要包括板块集中标注和板支座原位标注。

板构件的平面表达方式如图 2-92 所示。

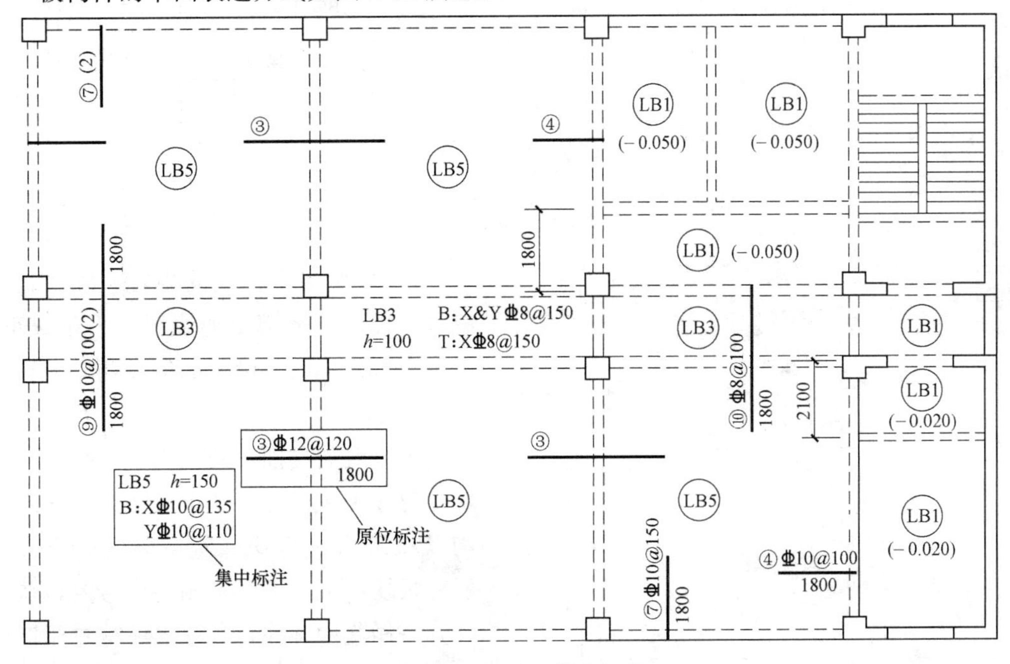

图 2-92　板平面表达方式

2）为方便设计表达和施工识图，规定结构平面的坐标方向如下：

① 当两向轴网正交布置时，图面从左至右为 X 向，从下至上为 Y 向；

② 当轴网转折时，局部坐标方向顺轴网转折角度做相应转折；

③ 当轴网向心布置时，切向为 X 向，径向为 Y 向。

此外，对于平面布置比较复杂的区域，例如轴网转折交界区域、向心布置的核心区域等，其平面坐标方向应由设计者另行规定并且在图上明确表示。

（2）板块集中标注识图

有梁楼盖板的集中标注，按“板块”进行划分，就类似前面章节讲解筏形基础时的“板区”。“板块”的概念：对于普通楼盖，两向（X 和 Y 两个方向）均以一跨为一板块；对于密肋楼盖，两向主梁（框架梁）均以一跨为一板块，见图 2-93。

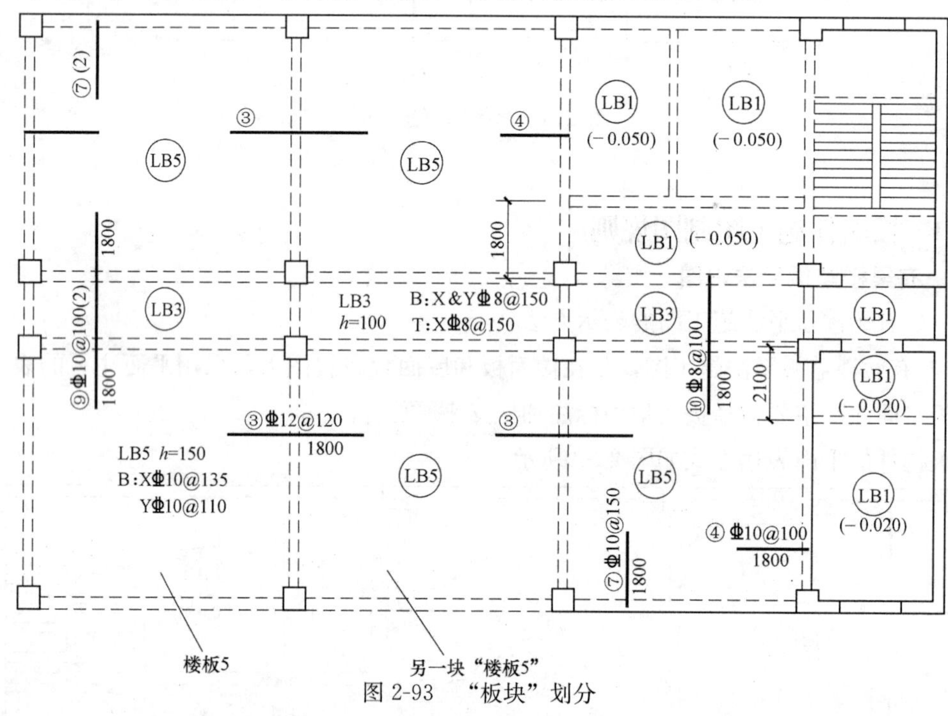

图 2-93 “板块”划分

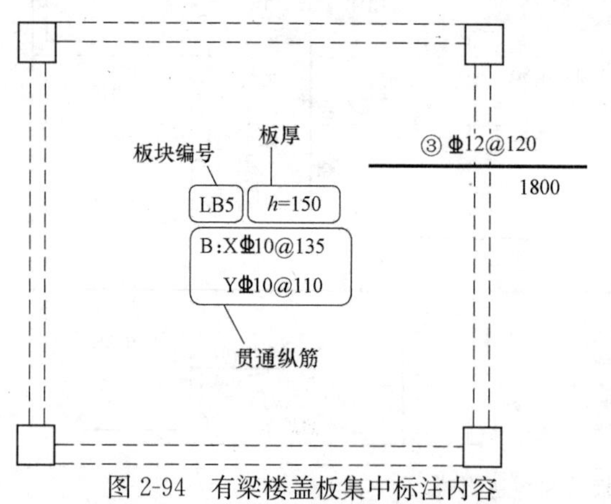

图 2-94 有梁楼盖板集中标注内容

1）板块集中标注的内容包括：板块编号、板厚、上部贯通纵筋，下部纵筋，以及当板面标高不同时的标高高差，如图 2-94 所示。

对于普通楼面，两向均以一跨为一板块；对于密肋楼盖，两向主梁（框架梁）均以一跨为一板块（非主梁密肋不计）。所有板块应逐一编号，相同编号的板块可择其一做集中标注，其他仅注写置于圆圈内的板编号，以及当板面标高不同时的标高高差。

板块编号应符合表 2-23 的规定。

板块编号 **表 2-23**

板类型	代号	序号
楼面板	LB	××
屋面板	WB	××
悬挑板	XB	××

板厚注写为 h=×××（h 为垂直于板面的厚度）；当悬挑板的端部改变截面厚度时，用斜线分隔根部与端部的高度值，注写为 h=×××/×××；当设计已在图注中统一注明板厚时，此项可不注。

纵筋按板块的下部纵筋和上部贯通纵筋分别注写（当板块上部不设贯通纵筋时则不注），并以 B 代表下部纵筋，以 T 代表上部贯通纵筋，B&T 代表下部与上部；X 向纵筋以 X 打头，Y 向纵筋以 Y 打头，两向纵筋配置相同时则以 X&Y 打头。

当为单向板时，分布筋可不必注写，而在图中统一注明。

当在某些板内（例如在悬挑板 XB 的下部）配置有构造钢筋时，则 X 向以 Xc，Y 向以 Yc 打头注写。

当 Y 向采用放射配筋时（切向为 X 向，径向为 Y 向），设计者应注明配筋间距的定位尺寸。

当纵筋采用两种规格钢筋“隔一布一”方式时，表达为Φxx/yy@×××，表示直径为 xx 的钢筋和直径为 yy 的钢筋二者之间间距为×××，直径 xx 的钢筋的间距为×××的 2 倍，直径 yy 的钢筋的间距为×××的 2 倍。

板面标高高差是指相对于结构层楼面标高的高差，应将其注写在括号内，并且有高差则注，无高差则不注。

2）同一编号板块的类型、板厚和纵筋均应相同，但是板面标高、跨度、平面形状以及板支座上部非贯通纵筋可以不同，若同一编号板块的平面形状可为矩形、多边形及其他形状等。施工预算时，应根据其实际平面形状，分别计算各块板的混凝土与钢材用量。

设计与施工应注意：单向或双向连续板的中间支座上部同向贯通纵筋，不应在支座位置连接或分别锚固。当相邻两跨的板上部贯通纵筋配置相同，且跨中部位有足够空间连接时，可在两跨任意一跨的跨中连接部位连接；当相邻两跨的上部贯通纵筋配置不同时，应将配置较大者越过其标注的跨数终点或起点伸至相邻跨的跨中连接区域连接。

设计应注意板中间支座两侧上部纵筋的协调配置，施工及预算应按具体设计和相应标准构造要求实施。等跨与不等跨板上部纵筋的连接有特殊要求时，其连接部位及方式应由设计者注明。对于梁板式转换层楼板，板下部纵筋在支座内的锚固长度不应小于 l_a。

当悬挑板需要考虑竖向地震作用时，下部纵筋伸入支座内长度不应小于 l_{aE}。

（3）板支座原位标注识图

1）板支座原位标注的内容包括：板支座上部非贯通纵筋和悬挑板上部受力钢筋。

板支座原位标注的钢筋，应在配置相同跨的第一跨表达（当在梁悬挑部位单独配置时则在原位表达）。在配置相同跨的第一跨（或梁悬挑部位），垂直于板支座（梁或墙）绘制一段适宜长度的中粗实线（当该筋通长设置在悬挑板或短跨板上部时，实线段应画至对边或贯通短跨），以该线段代表支座上部非贯通纵筋，并在线段上方注写钢筋编号（例如①、②等）、配筋值、横向连续布置的跨数（注写在括号内，并且当为一跨时可不注），以及是否横向布置到梁的悬挑端。

板支座上部非贯通筋自支座中线向跨内的伸出长度，注写在线段的下方位置。

当中间支座上部非贯通纵筋向支座两侧对称伸出时，可仅在支座一侧线段下方标注伸出长度，另一侧不注，如图 2-95 所示。

当向支座两侧非对称伸出时，应分别在支座两侧线段下方注写伸出长度，如图 2-96 所示。

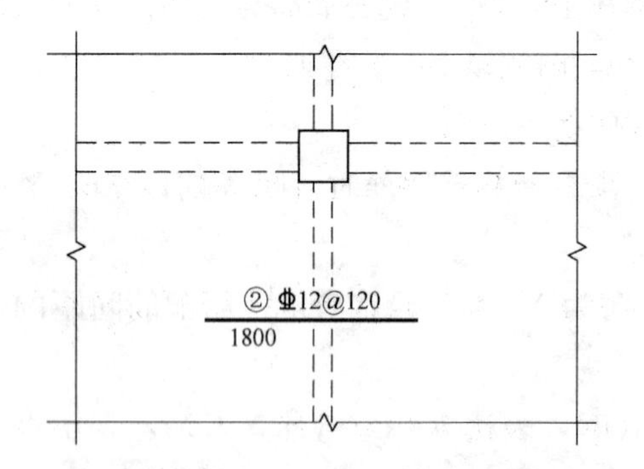

图 2-95　板支座上部非贯通筋对称伸出

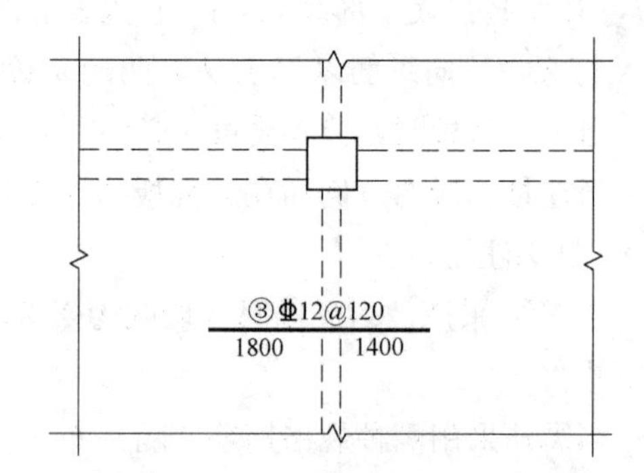

图 2-96　板支座上部非贯通筋非对称伸出

对线段画至对边贯通全跨或贯通全悬挑长度的上部通长纵筋，贯通全跨或伸出至全悬挑一侧的长度值不注，只注明非贯通筋另一侧的伸出长度值，如图 2-97 所示。

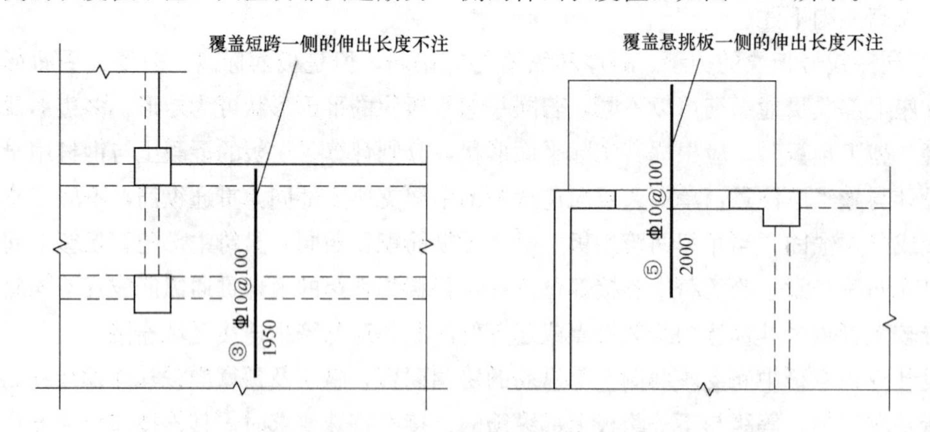

图 2-97　板支座上部非贯通筋贯通全跨或伸至悬挑端

当板支座为弧形，支座上部非贯通纵筋呈放射状分布时，设计者应注明配筋间距的度量位置并加注“放射分布”四字，必要时应补绘平面配筋图，如图 2-98 所示。

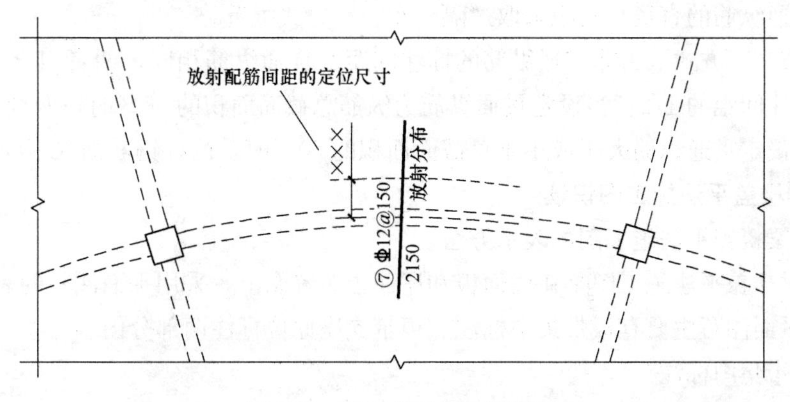

图 2-98 弧形支座处放射配筋

关于悬挑板的注写方式如图 2-99 所示。当悬挑板端部厚度不小于 150mm 时，设计者应指定板端部封边构造方式。当采用 U 形钢筋封边时，尚应指定 U 形钢筋的规格、直径。

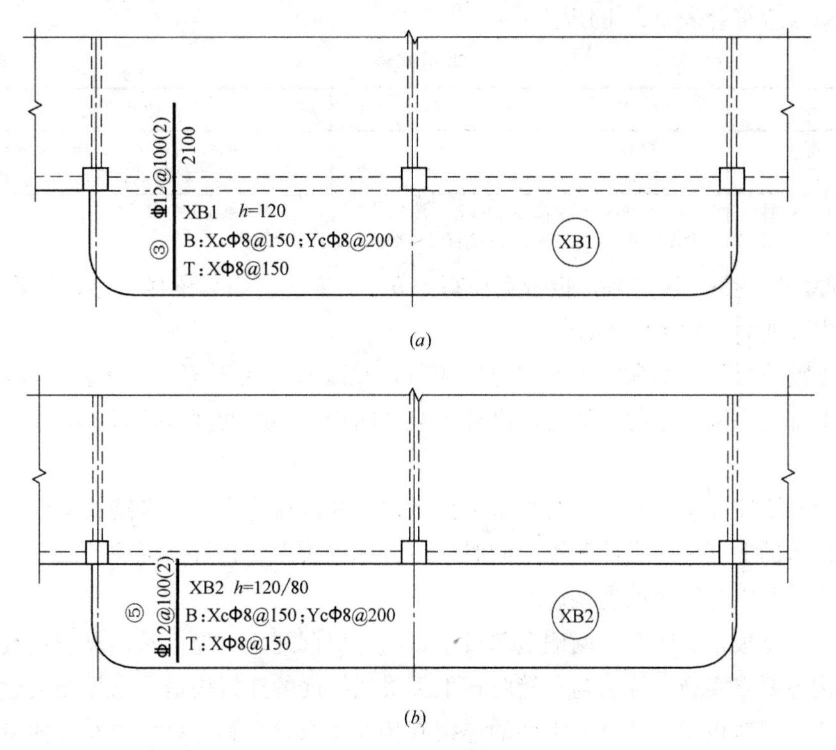

图 2-99 悬挑板支座非贯通筋

在板平面布置图中，不同部位板支座上部非贯通纵筋及悬挑板上部受力钢筋，可仅在一个部位注写，对其他相同者则仅需在代表钢筋的线段上注写编号及按本条规则注写横向连续布置的跨数即可。

此外，与板支座上部非贯通纵筋垂直且绑扎在一起的构造钢筋或分布钢筋，应由设计者在图中注明。

2）当板的上部已配置有贯通纵筋，但需增配板支座上部非贯通纵筋时，应结合已配置的同向贯通纵筋的直径与间距采取“隔一布一”方式配置。

“隔一布一”方式，为非贯通纵筋的标注间距与贯通纵筋相同，两者组合后的实际间距为各自标注间距的1/2。当设定贯通纵筋为纵筋总截面面积的50%时，两种钢筋应取相同直径；当设定贯通纵筋大于或小于总截面面积的50%时，两种钢筋则取不同直径。

2. 无梁楼盖平法施工图识读

（1）无梁楼盖平法施工图的表示方法

1）无梁楼盖平法施工图是在楼面板和屋面板布置图上，采用平面注写的表达方式。

2）板平面注写主要有板带集中标注、板带支座原位标注两部分内容。

（2）板带集中标注

1）集中标注应在板带贯通纵筋配置相同跨的第一跨（X向为左端跨，Y向为下端跨）注写。相同编号的板带可择其一做集中标注，其他仅注写板带编号（注在圆圈内）。

板带集中标注的具体内容为：板带编号，板带厚及板带宽和贯通纵筋。

板带编号应符合表2-24的规定。

板带编号 **表2-24**

板带类型	代号	序号	跨数及有无悬挑
柱上板带	ZSB	××	(××)、(××A)或(××B)
跨中板带	KZB	××	(××)、(××A)或(××B)

注：1. 跨数按柱网轴线计算（两相邻柱轴线之间为一跨）。
2.（××A）为一端有悬挑，（××B）为两端有悬挑，悬挑不计入跨数。

板带厚注写为h=×××，板带宽注写为b=×××。当无梁楼盖整体厚度和板带宽度已在图中注明时，此项可不注。

贯通纵筋按板带下部和板带上部分别注写，并以B代表下部，T代表上部，B&T代表下部和上部。当采用放射配筋时，设计者应注明配筋间距的度量位置，必要时补绘配筋平面图。

设计与施工应注意：相邻等跨板带上部贯通纵筋应在跨中1/3净跨长范围内连接；当同向连续板带的上部贯通纵筋配置不同时，应将配置较大者越过其标注的跨数终点或起点伸至相邻跨的跨中连接区域连接。

设计应注意板带中间支座两侧上部贯通纵筋的协调配置，施工及预算应按具体设计和相应标准构造要求实施。等跨与不等跨板上部贯通纵筋的连接构造要求见相关标准构造详图；当具体工程对板带上部纵向钢筋的连接有特殊要求时，其连接部位及方式应由设计者注明。

2）当局部区域的板面标高与整体不同时，应在无梁楼盖的板平法施工图上注明板面标高高差及分布范围。

（3）板带支座原位标注

1）板带支座原位标注的具体内容为：板带支座上部非贯通纵筋。

以一段与板带同向的中粗实线段代表板带支座上部非贯通纵筋；对柱上板带，实线段贯穿柱上区域绘制；对跨中板带：实线段横贯柱网轴线绘制。在线段上注写钢筋编号（例如①、②等)、配筋值及在线段的下方注写自支座中线向两侧跨内的伸出长度。

当板带支座非贯通纵筋自支座中线向两侧对称伸出时，其伸出长度可仅在一侧标注；当配置在有悬挑端的边柱上时，该筋伸出到悬挑尽端，设计不注。当支座上部非贯通纵筋呈放射分布时，设计者应注明配筋间距的定位位置。

不同部位的板带支座上部非贯通纵筋相同者，可仅在一个部位注写，其余则在代表非贯通纵筋的线段上注写编号。

2）当板带上部已经配有贯通纵筋，但需增加配置板带支座上部非贯通纵筋时，应结合已配同向贯通纵筋的直径与间距，采取“隔一布一”的方式配置。

（4）暗梁的表示方法

1）暗梁平面注写包括暗梁集中标注、暗梁支座原位标注两部分内容。施工图中在柱轴线处画中粗虚线表示暗梁。

2）暗梁集中标注包括暗梁编号、暗梁截面尺寸（箍筋外皮宽度×板厚)、暗梁箍筋、暗梁上部通长筋或架立筋四部分内容。暗梁编号应符合表 2-25 的规定。

暗梁编号 **表 2-25**

构件类型	代号	序号	跨数及有无悬挑
暗梁	AL	××	(××)、(××A)或(××B)

注：1. 跨数按柱网轴线计算（两相邻柱轴线之间为一跨)。
2.（××A）为一端有悬挑，（××B）为两端有悬挑，悬挑不计入跨数。

3）暗梁支座原位标注包括梁支座上部纵筋、梁下部纵筋。当在暗梁上集中标注的内容不适用于某跨或某悬挑端时，则将其不同数值标注在该跨或该悬挑端，施工时按原位注写取值。

4）当设置暗梁时，柱上板带及跨中板带标注方式与板带集中标注和板支座原位标注的内容一致。柱上板带标注的配筋仅设置在暗梁之外的柱上板带范围内。

5）暗梁中纵向钢筋连接、锚固及支座上部纵筋伸出长度等要求同轴线处柱上板带中纵向钢筋。

3. 楼板相关构造平法施工图识读

（1）楼板相关构造类型与表示方法

1）楼板相关构造的平法施工图设计是在板平法施工图上采用直接引注方式表达。

2）楼板相关构造编号应符合表 2-26 的规定。

楼板相关构造类型与编号 **表 2-26**

构造类型	代号	序号	说明
纵筋加强带	JQD	××	以单向加强纵筋取代原位置配筋
后浇带	HJD	××	有不同的留筋方式
柱帽	ZM×	××	适用于无梁楼盖
局部升降板	SJB	××	板厚及配筋与所在板相同；构造升降高度≤300mm

续表

构造类型	代号	序号	说明
板加腋	JY	××	腋高与腋宽可选注
板开洞	BD	××	最大边长或直径＜1000mm；加强筋长度有全跨贯通和自洞边锚固两种
板翻边	FB	××	翻边高度≤300mm
角部加强筋	Crs	××	以上部双向非贯通加强钢筋取代原位置的非贯通配筋
悬挑板阴角附加筋	Cis	××	板悬挑阴角上部斜向附加钢筋
悬挑板阳角放射筋	Ces	××	板悬挑阳角上部放射筋
抗冲切箍筋	Rh	××	通常用于无柱帽无梁楼盖的柱顶
抗冲切弯起筋	Rb	××	

（2）楼板相关构造直接引注

1）纵筋加强带 JQD 的引注。纵筋加强带的平面形状及定位由平面布置图表达，加强带内配置的加强贯通纵筋等由引注内容表达。

纵筋加强带设单向加强贯通纵筋，取代其所在位置板中原配置的同向贯通纵筋。根据受力需要，加强贯通纵筋可在板下部配置，也可在板下部和上部均设置。纵筋加强带的引注如图 2-100 所示。

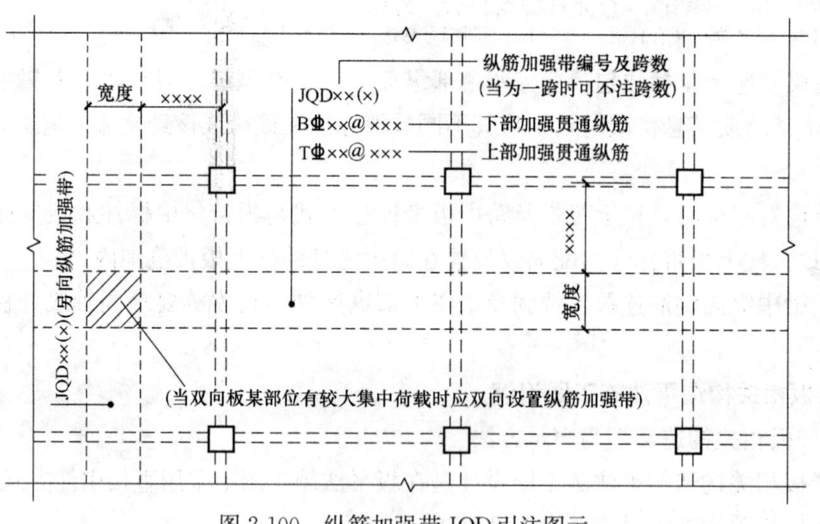

图 2-100　纵筋加强带 JQD 引注图示

当板下部和上部均设置加强贯通纵筋，而板带上部横向无配筋时，加强带上部横向配筋应由设计者注明。

当将纵筋加强带设置为暗梁形式时应注写箍筋，其引注如图 2-101 所示。

2）后浇带 HJD 的引注。后浇带的平面形状以及定位由平面布置图表达，后浇带留筋方式等由引注内容表达，包括：

① 后浇带编号以及留筋方式代号。后浇带的两种留筋方式，分别为：贯通和 100%搭接。

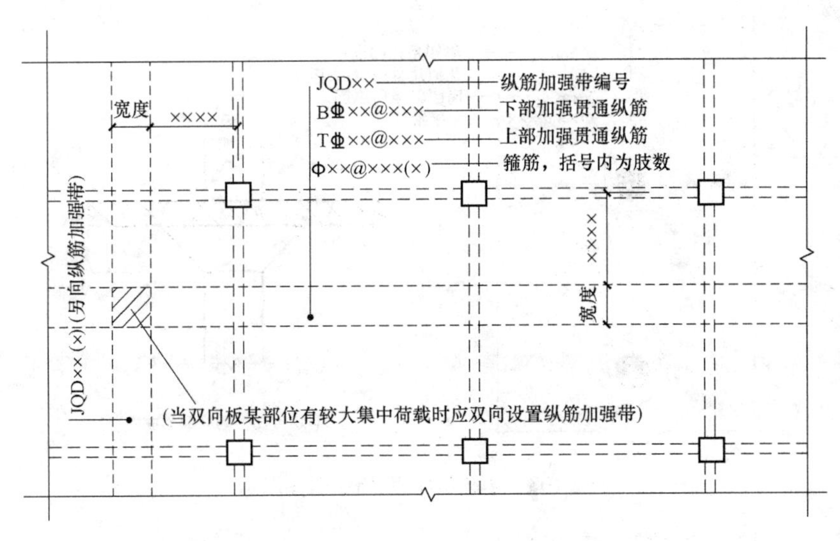

图 2-101　纵筋加强带 JQD 引注图示（暗梁形式）

② 后浇混凝土的强度等级 C××。宜采用补偿收缩混凝土，设计应注明相关施工要求。

③ 当后浇带区域留筋方式或后浇混凝土强度等级不一致时，设计者应在图中注明与图示不一致的部位及做法。

后浇带引注如图 2-102 所示。

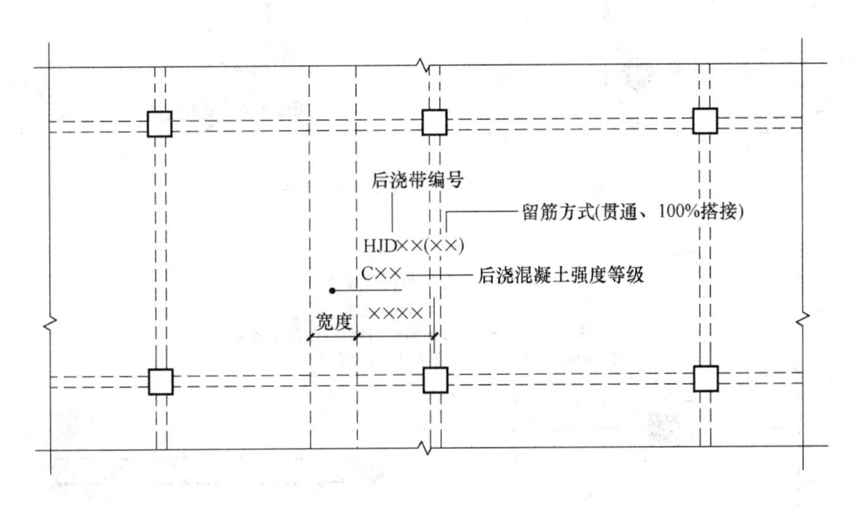

图 2-102　后浇带 HJD 引注图示

贯通钢筋的后浇带宽度通常取大于或等于 800mm；100％搭接钢筋的后浇带宽度通常取 800mm 与（l_l＋60 或 l_{lE}＋60）的较大值（l_l、l_{lE}分别为受拉钢筋搭接长度、受拉钢筋抗震搭接长度）。

3）柱帽 ZM×的引注见图 2-103～图 2-106。柱帽的平面形状包括矩形、圆形或多边形等，其平面形状由平面布置图表达。

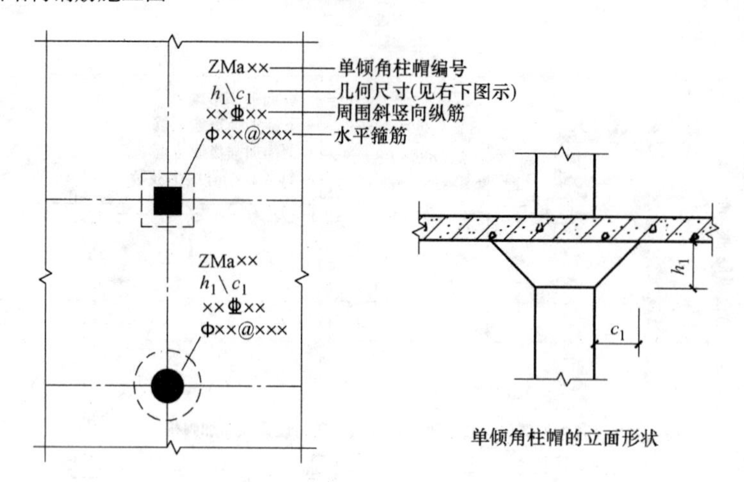

图 2-103 单倾角柱帽 ZMa 引注图示

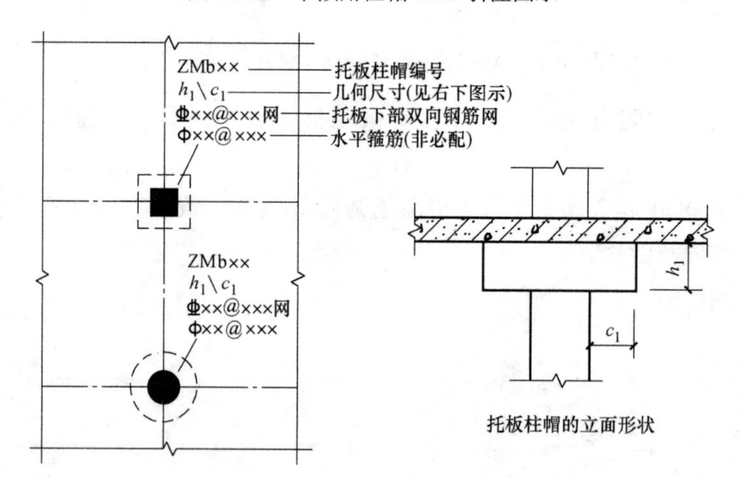

图 2-104 托板柱帽 ZMb 引注图示

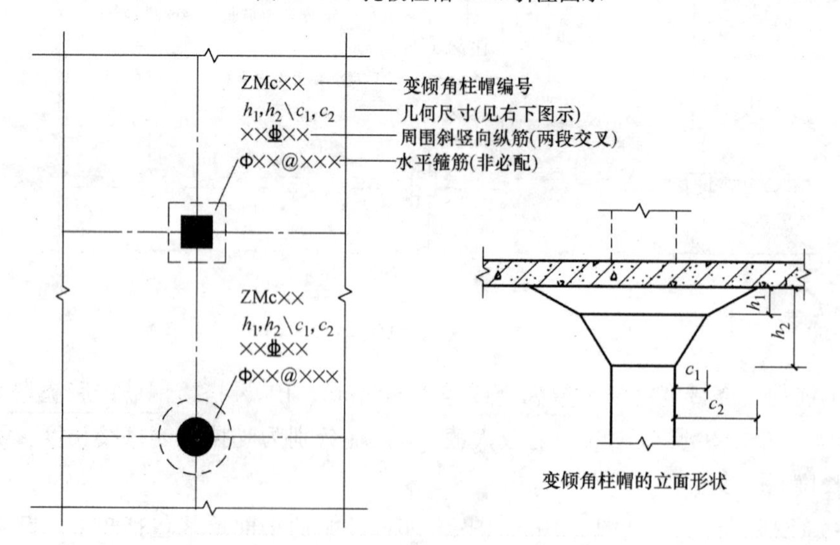

图 2-105 变倾角柱帽 ZMc 引注图示

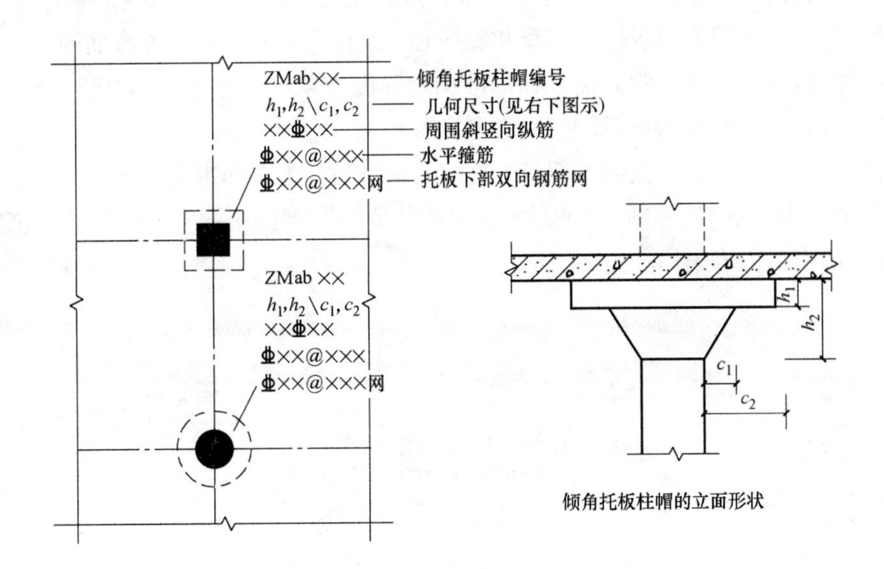

图 2-106　倾角托板柱帽 ZMab 引注图示

柱帽的立面形状有单倾角柱帽 ZMa（图 2-103）、托板柱帽 ZMb（图 2-104）、变倾角柱帽 ZMc（图 2-105）和倾角托板柱帽 ZMab（图 2-106）等，其立面几何尺寸和配筋由具体的引注内容表达。图中 c_1、c_2 当 X、Y 方向不一致时，应标注（$c_{1,X}$，$c_{1,Y}$）、（$c_{2,X}$，$c_{2,Y}$）。

4）局部升降板 SJB 的引注见图 2-107。局部升降板的平面形状及定位由平面布置图表达，其他内容由引注内容表达。

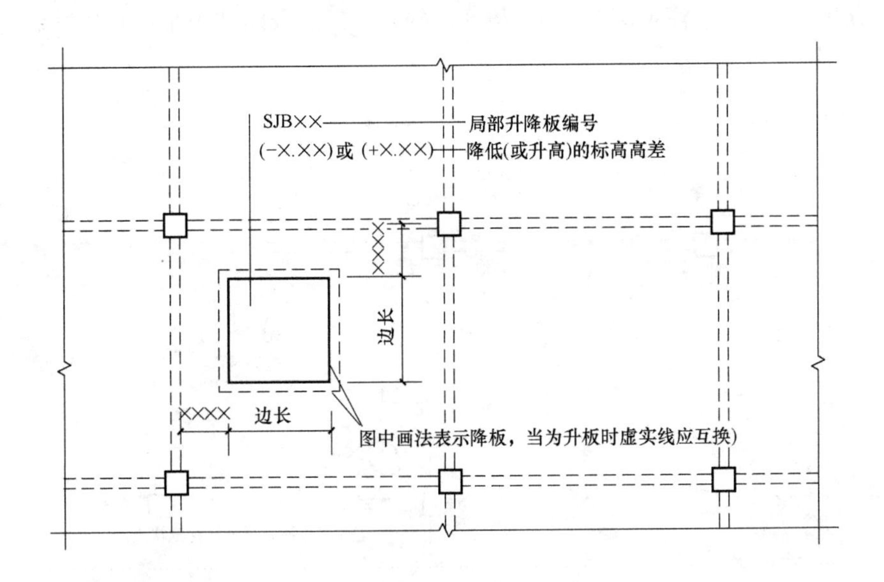

图 2-107　局部升降板 SJB 引注图示

局部升降板的板厚、壁厚和配筋，在标准构造详图中取与所在板块的板厚和配筋相同，设计不注；当采用不同板厚、壁厚和配筋时，设计应补充绘制截面配筋图。

局部升降板升高与降低的高度，在标准构造详图中限定为小于或等于 300mm；当高度大于 300mm 时，设计应补充绘制截面配筋图。

设计应注意：局部升降板的下部与上部配筋均应设计为双向贯通纵筋。

5）板加腋 JY 的引注见图 2-108。板加腋的位置与范围由平面布置图表达，腋宽、腋高及配筋等由引注内容表达。

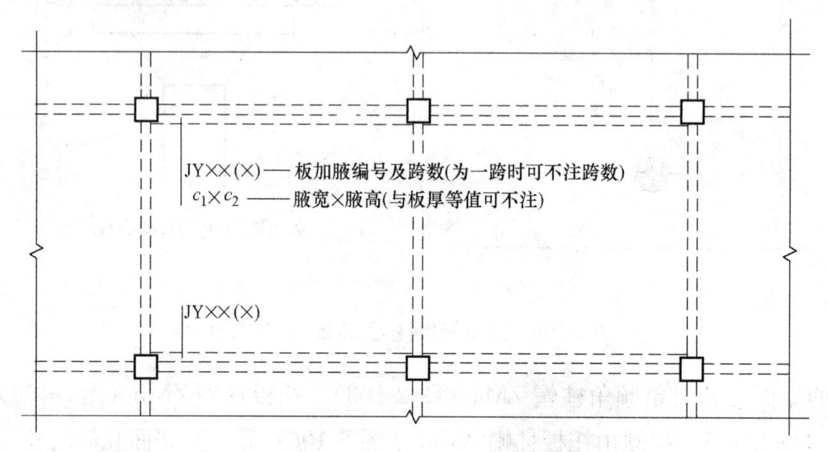

图 2-108 板加腋 JY 引注图示

当为板底加腋时，腋线应为虚线；当为板面加腋时，腋线应为实线；当腋宽与腋高同板厚时，设计不注。加腋配筋按标准构造，设计不注；当加腋配筋与标准构造不同时，设计应补充绘制截面配筋图。

6）板开洞 BD 的引注见图 2-109。板开洞的平面形状及定位由平面布置图表达，洞的几何尺寸等由引注内容表达。

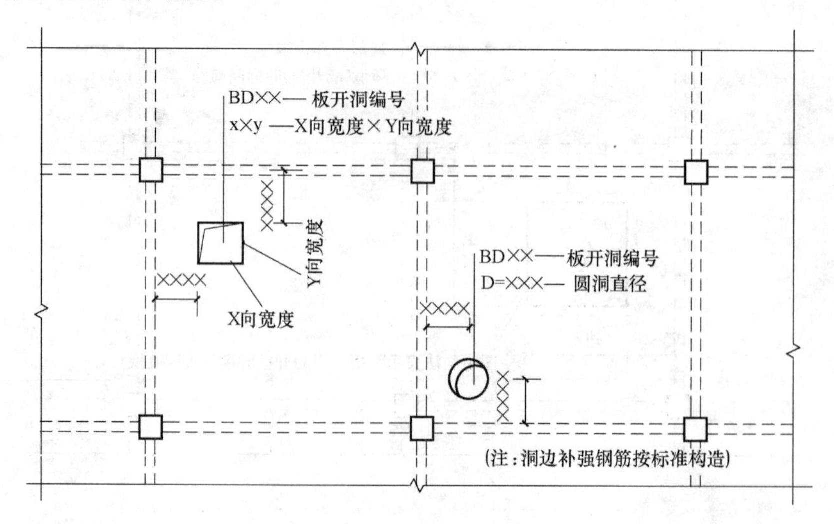

图 2-109 板开洞 BD 引注图示

当矩形洞口边长或圆形洞口直径小于或等于 1000mm，并且当洞边无集中荷载作用时，洞边补强钢筋可按标准构造的规定设置，设计不注；当洞口周边加强钢筋不伸至支座时，应在图中画出所有加强钢筋，并且标注不伸至支座的钢筋长度。当具体工程所需要的补强钢筋与标准构造不同时，设计应加以注明。

当矩形洞口边长或圆形洞口直径大于 1000mm，或虽小于或等于 1000mm 但是洞边有集中荷载作用时，设计应根据具体情况采取相应的处理措施。

7）板翻边 FB 的引注见图 2-110。板翻边可为上翻也可为下翻，翻边尺寸等在引注内容中表达，翻边高度在标准构造详图中为小于或等于 300mm。当翻边高度大于 300mm 时，由设计者自行处理。

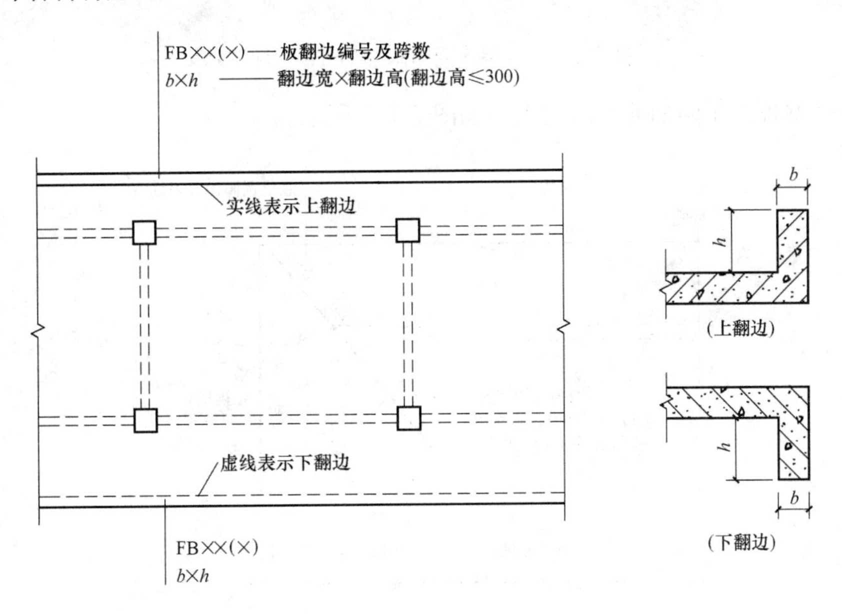

图 2-110　板翻边 FB 引注图示

8）角部加强筋 Crs 的引注如图 2-111所示。角部加强筋一般用于板块角区的上部，根据规范规定的受力要求选择配置。角部加强筋将在其分布范围内取代原配置的板支座上部非贯通纵筋，且当其分布范围内配有板上部贯通纵筋时则间隔布置。

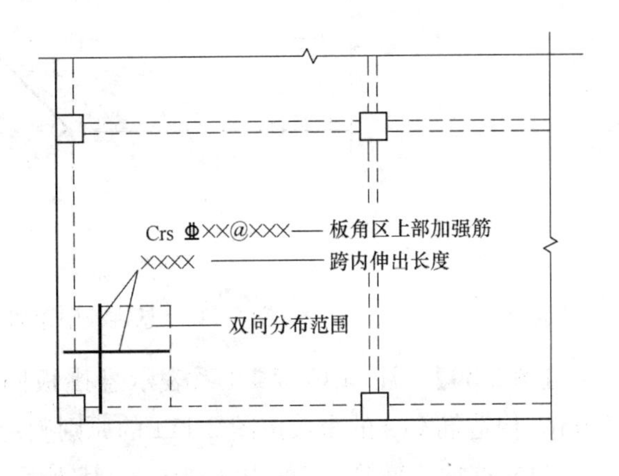

图 2-111　角部加强筋 Crs 引注图示

9）悬挑板阴角附加筋 Cis 的引注见图 2-112。悬挑板阴角附加筋系指在悬挑板的阴角部位斜放的附加钢筋，该附加钢筋设置在板上部悬挑受力钢筋的下面。

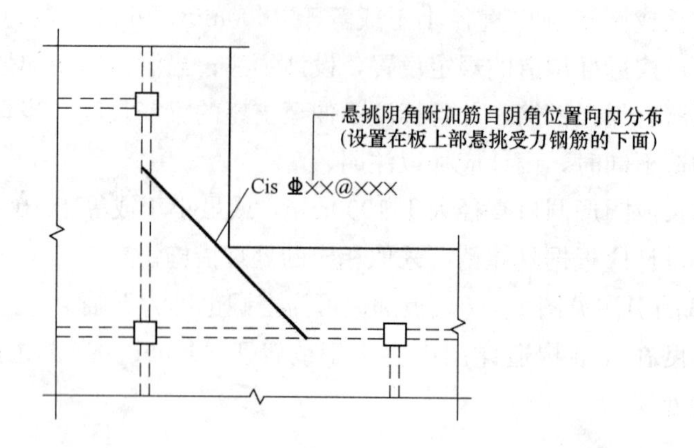

图 2-112 悬挑板阴角附加筋 Cis 引注图示

10）悬挑板阳角附加筋 Ces 的引注如图 2-113 所示。

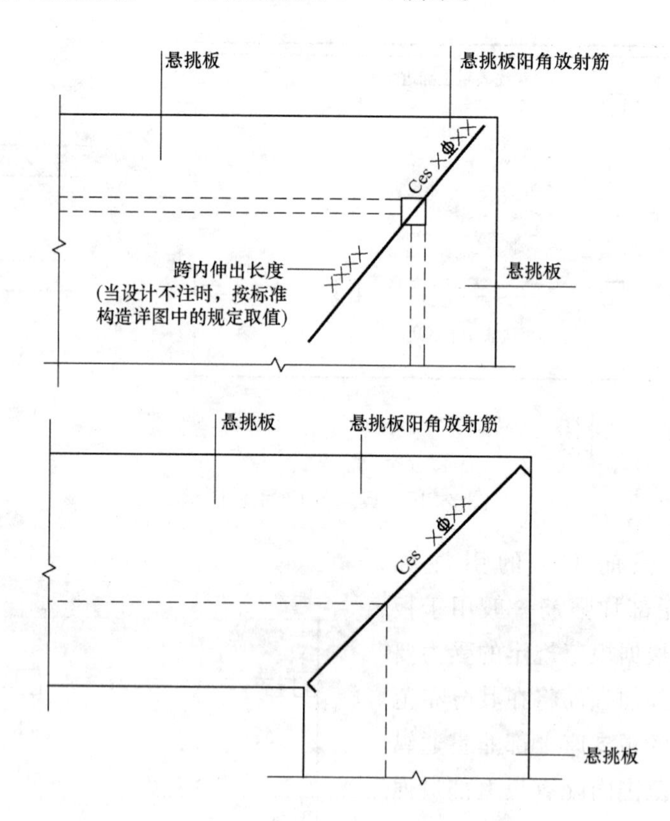

图 2-113 悬挑板阳角附加筋 Ces 引注图示

【例 2-30】 注写 Ces7⏀8 系表示悬挑板阳角放射筋为 7 根 HRB400 钢筋，直径为 8mm。构造筋 Ces 的个数按图 2-114 的原则确定，其中 $a \leqslant 200$mm。

11）抗冲切箍筋 Rh 的引注如图 2-115 所示。抗冲切箍筋一般在无柱帽无梁楼盖的柱顶部位设置。

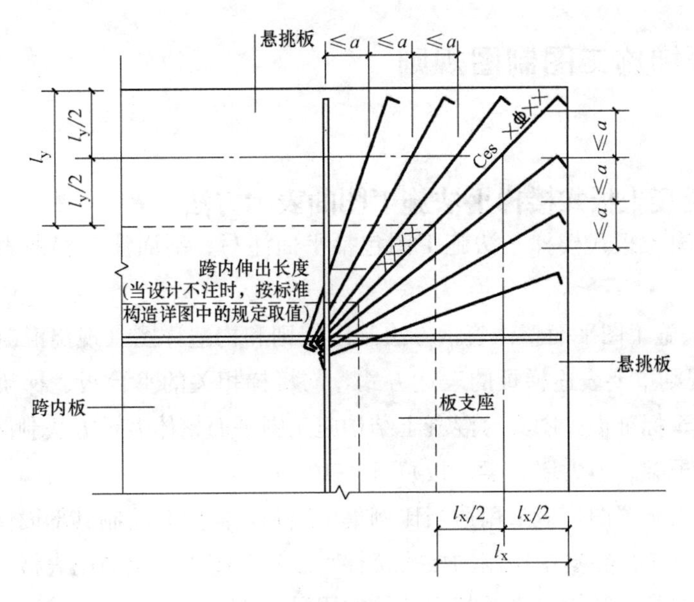

图 2-114 悬挑板阳角放射筋 Ces

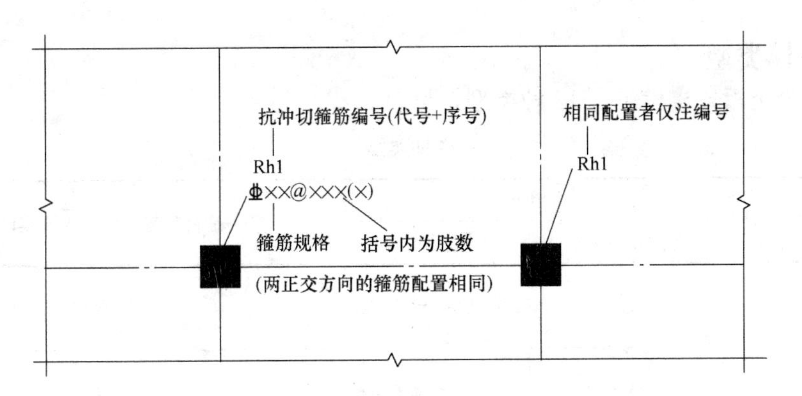

图 2-115 抗冲切箍筋 Rh 引注图示

12）抗冲切弯起筋 Rb 的引注如图 2-116 所示。抗冲切弯起筋一般也在无柱帽无梁楼盖的柱顶部位设置。

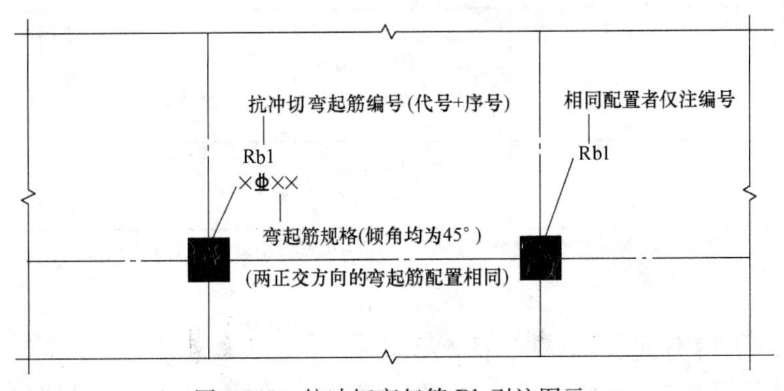

图 2-116 抗冲切弯起筋 Rb 引注图示

2.5 板式楼梯施工图制图规则

2.5.1 现浇混凝土板式楼梯平法施工图的表示方法

（1）现浇混凝土板式楼梯平法施工图包括平面注写、剖面注写和列表注写三种表达方式。

《混凝土结构施工图平面整体表示方法制图规则和构造详图（现浇混凝土板式楼梯）》16G101-2 制图规则主要表述梯板的表达方式，与楼梯相关的平台板、梯梁、梯柱的注写方式参见国家建筑标准设计图集《混凝土结构施工图平面整体表示方法制图规则和构造详图（现浇混凝土框架、剪力墙、梁、板）》16G101-1。

（2）楼梯平面布置图，应采用适当比例集中绘制，需要时绘制其剖面图。

（3）为方便施工，在集中绘制的板式楼梯平法施工图中，应当用表格或其他方式注明各结构层的楼面标高、结构层高及相应的结构层号。

2.5.2 楼梯类型

现浇混凝土板式楼梯包含 12 种类型，见表 2-27。

楼梯类型 表 2-27

梯板代号	适用范围		是否参与结构整体抗震计算
	抗震构造措施	适用结构	
AT	无	剪力墙、砌体结构	不参与
BT			
CT	无	剪力墙、砌体结构	不参与
DT			
ET	无	剪力墙、砌体结构	不参与
FT			
GT	无	剪力墙、砌体结构	不参与
ATa	有	框架结构、框剪结构中框架部分	不参与
ATb			不参与
ATc			参与
CTa	有	框架结构、框剪结构中框架部分	不参与
CTb			不参与

注：ATa、CTa 低端设滑动支座支承在梯梁上；ATb、CTb 低端设滑动支座支承在挑板上。

2.5.3 平面注写方式

（1）平面注写方式，系在楼梯平面布置图上注写截面尺寸和配筋具体数值的方式来表达楼梯施工图。包括集中标注和外围标注。

（2）楼梯集中标注的内容有五项，具体规定如下：

1）梯板类型代号与序号，如 AT××。

2）梯板厚度。注写方式为 h=×××。当为带平板的梯板且梯段板厚度和平板厚度不同时，可在梯段板厚度后面括号内以字母 P 打头注写平板厚度。

3）踏步段总高度和踏步级数，之间以“/”分隔。

4）梯板支座上部纵筋，下部纵筋，之间以“；”分隔。

5）梯板分布筋，以 F 打头注写分布钢筋具体值，该项也可在图中统一说明。

6）对于 ATc 型楼梯尚应注明梯板两侧边缘构件纵向钢筋及箍筋。

（3）楼梯外围标注的内容，包括楼梯间的平面尺寸、楼层结构标高、层间结构标高、楼梯的上下方向、梯板的平面几何尺寸、平台板配筋、梯梁及梯柱配筋等。

（4）各类型梯板的平面注写要求见表 2-28。

各类型梯板的平面注写要求 **表 2-28**

梯板类型	注写要求	适用条件
AT 型楼梯	AT 型楼梯平面注写方式如图 2-117 所示。其中：集中注写的内容有 5 项，第 1 项为梯板类型代号与序号 AT××；第 2 项为梯板厚度 h；第 3 项为踏步段总高度 H_s/踏步级数(m+1)；第 4 项为上部纵筋及下部纵筋；第 5 项为梯板分布筋。设计示例如图 2-118 所示	两梯梁之间的矩形梯板全部由踏步段构成，即踏步段两端均以梯梁为支座。凡是满足该条件的楼梯均可为 AT 型，如：双跑楼梯、双分平行楼梯和剪刀楼梯
BT 型楼梯	BT 型楼梯平面注写方式如图 2-119 所示。其中：集中注写的内容有 5 项，第 1 项为梯板类型代号与序号 BT××；第 2 项为梯板厚度 h；第 3 项为踏步段总高度 H_s/踏步级数(m+1)；第 4 项为上部纵筋及下部纵筋；第 5 项为梯板分布筋。设计示例如图 2-120 所示	两梯梁之间的矩形梯板由低端平板和踏步段构成，两部分的一端各自以梯梁为支座。凡是满足该条件的楼梯均可为 BT 型，如：双跑楼梯、双分平行楼梯和剪刀楼梯
CT 型楼梯	CT 型楼梯平面注写方式如图 2-121 所示。其中：集中注写的内容有 5 项，第 1 项为梯板类型代号与序号 CT××；第 2 项为梯板厚度 h；第 3 项为踏步段总高度 H_s/踏步级数(m+1)；第 4 项为上部纵筋及下部纵筋；第 5 项为梯板分布筋。设计示例如图 2-122 所示	两梯梁之间的矩形梯板由踏步段和高端平板构成，两部分的一端各自以梯梁为支座。凡是满足该条件的楼梯均可为 CT 型，如：双跑楼梯、双分平行楼梯和剪刀楼梯
DT 型楼梯	DT 型楼梯平面注写方式如图 2-123 所示。其中：集中注写的内容有 5 项，第 1 项为梯板类型代号与序号 DT××；第 2 项为梯板厚度 h；第 3 项为踏步段总高度 H_s/踏步级数(m+1)；第 4 项为上部纵筋及下部纵筋；第 5 项为梯板分布筋。设计示例如图 2-124 所示	两梯梁之间的矩形梯板由低端平板、踏步段和高端平板构成，高、低端平板的一端各自以梯梁为支座。凡是满足该条件的楼梯均可为 DT 型，如：双跑楼梯、双分平行楼梯和剪刀楼梯
ET 型楼梯	ET 型楼梯平面注写方式如图 2-125 所示。其中：集中注写的内容有 5 项，第 1 项为梯板类型代号与序号 ET××；第 2 项为梯板厚度 h；第 3 项为踏步段总高度 H_s/踏步级数(m_l+m_h+2)；第 4 项为上部纵筋；下部纵筋；第 5 项为梯板分布筋。设计示例如图 2-126 所示	两梯梁之间的矩形梯板由低端踏步段、中位平板和高端踏步段构成，高、低端踏步段的一端各自以梯梁为支座。凡是满足该条件的楼梯均可为 ET 型

续表

梯板类型	注写要求	适用条件
FT 型楼梯	FT 型楼梯平面注写方式如图 2-127 与图 2-128 所示。其中：集中注写的内容有 5 项：第 1 项梯板类型代号与序号 FT××；第 2 项梯板厚度 h，当平板厚度与梯板厚度不同时，板厚标注方式应符合相关规定的内容；第 3 项踏步段总高度 H_s/踏步级数(m+1)；第 4 项梯板上部纵筋及下部纵筋；第 5 项梯板分布筋（梯板分布钢筋也可在平面图中注写或统一说明）。原位注写的内容为楼层与层间平板上、下部横向配筋	1)矩形梯板由楼层平板、两跑踏步段与层间平板三部分构成，楼梯间内不设置梯梁 2)楼层平板及层间平板均采用三边支承，另一边与踏步段相连 3)同一楼层内各踏步段的水平长相等，高度相等(即等分楼层高度)。凡是满足以上条件的可为 FT 型，如：双跑楼梯
GT 型楼梯	GT 型楼梯平面注写方式如图 2-129 与图 2-130 所示。其中：集中注写的内容有 5 项：第 1 项梯板类型代号与序号 GT××；第 2 项梯板厚度 h，当平板厚度与梯板厚度不同时，板厚标注方式应符合相关规定的内容；第 3 项踏步段总高度 H_s/踏步级数(m+1)；第 4 项梯板上部纵筋及下部纵筋；第 5 项梯板分布筋（梯板分布钢筋也可在平面图中注写或统一说明）。原位注写的内容为楼层与层间平板上部纵向与横向配筋	1)楼梯间设置楼层梯梁，但不设置层间梯梁；矩形梯板由两跑踏步段与层间平台板两部分构成 2)层间平台板采用三边支承，另一边与踏步段的一端相连，踏步段的另一端以楼层梯梁为支座 3)同一楼层内各踏步段的水平长度相等高度相等(即等分楼层高度)。凡是满足以上要求的可为 GT 型，如双跑楼梯，双分楼梯等
ATa 型楼梯	ATa 型楼梯平面注写方式如图 2-131 所示。其中：集中注写的内容有 5 项，第 1 项为梯板类型代号与序号 ATa××；第 2 项为梯板厚度 h；第 3 项为踏步段总高度 H_s/踏步级数(m+1)；第 4 项为上部纵筋及下部纵筋；第 5 项为梯板分布筋	两梯梁之间的矩形梯板由踏步段构成，即踏步段两端均以梯梁为支座，且梯板低端支承处做成滑动支座，滑动支座直接落在梯梁上。框架结构中，楼梯中间平台通常设梯柱、梁，中间平台可与框架柱连接
ATb 型楼梯	ATb 型楼梯平面注写方式如图 2-132 所示。其中：集中注写的内容有 5 项，第 1 项为梯板类型代号与序号 ATb××；第 2 项为梯板厚度 h；第 3 项为踏步段总高度 H_s/踏步级数(m+1)；第 4 项为上部纵筋及下部纵筋；第 5 项为梯板分布筋	两梯梁之间的矩形梯板全部由踏步段构成，即踏步段两端均以梯梁为支座，且梯板低端支承处做成滑动支座，滑动支座直接落在挑板上。框架结构中，楼梯中间平台通常设梯柱、梁，中间平台可与框架柱连接
ATc 型楼梯	ATc 型楼梯平面注写方式如图 2-133、图 2-134 所示。其中：集中注写的内容有 6 项，第 1 项为梯板类型代号与序号 ATc××；第 2 项为梯板厚度 h；第 3 项为踏步段总高度 H_s/踏步级数(m+1)；第 4 项为上部纵筋及下部纵筋；第 5 项为梯板分布筋；第 6 项为边缘构件纵筋及箍筋	两梯梁之间的矩形梯板全部由踏步段构成，即踏步段两端均以梯梁为支座。框架结构中，楼梯中间平台通常设梯柱、梯梁，中间平台可与框架柱连接(2 个梯柱形式)或脱开(4 个梯柱形式)
CTa 型楼梯	CTa 型楼梯平面注写方式如图 2-135 所示。其中：集中注写的内容有 6 项，第 1 项为梯板类型代号与序号 CTa××；第 2 项为梯板厚度 h；第 3 项为梯板水平段厚度 h_t；第 4 项为踏步段总高度 H_s/踏步级数(m+1)；第 5 项为上部纵筋及下部纵筋；第 6 项为梯板分布筋	两梯梁之间的矩形梯板由踏步段和高端平板构成，高端平板宽应≤3 个踏步宽，两部分的一端各自以梯梁为支座，且梯板低端支承处做成滑动支座，滑动支座直接落在梯梁上。框架结构中，楼梯中间平台通常设梯柱、梁，中间平台可与框架柱连接

续表

梯板类型	注写要求	适用条件
CTb 型楼梯	CTb 型楼梯平面注写方式如图 2-136 所示。其中：集中注写的内容有 6 项，第 1 项为梯板类型代号与序号 CTb××；第 2 项为梯板厚度 h；第 3 项为梯板水平段厚度 h_t；第 4 项为踏步段总高度 H_s/踏步级数($m+1$)；第 5 项为上部纵筋及下部纵筋；第 6 项为梯板分布筋	两梯梁之间的矩形梯板由踏步段和高端平板构成，高端平板宽应≤3 个踏步宽，两部分的一端各自以梯梁为支座，且梯板低端支承处做成滑动支座，滑动支座直接落在挑板上。框架结构中，楼梯中间平台通常设梯柱、梁，中间平台可与框架柱连接

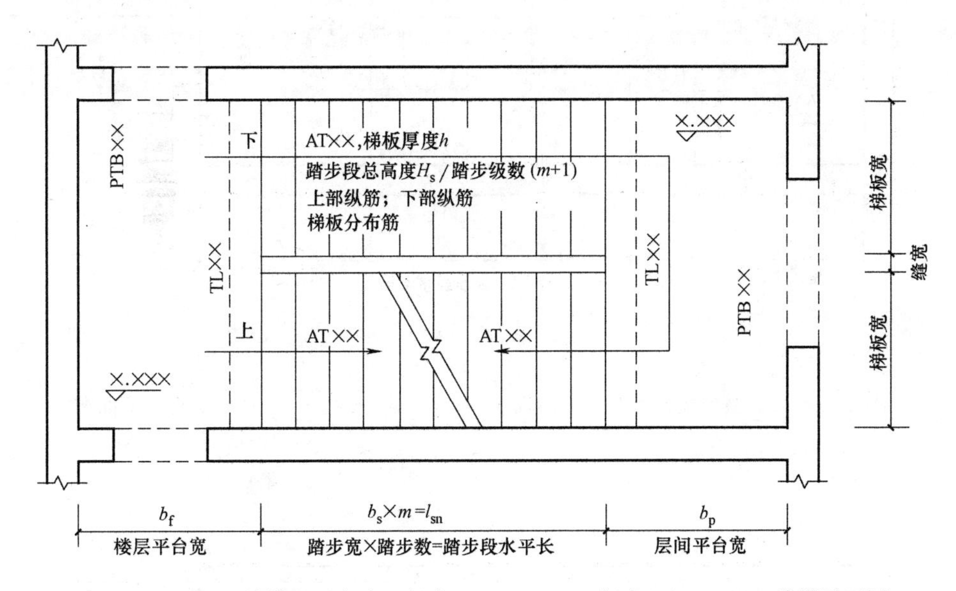

图 2-117 AT 型楼梯注写方式：标高×.×××m～标高×.×××m 楼梯平面图

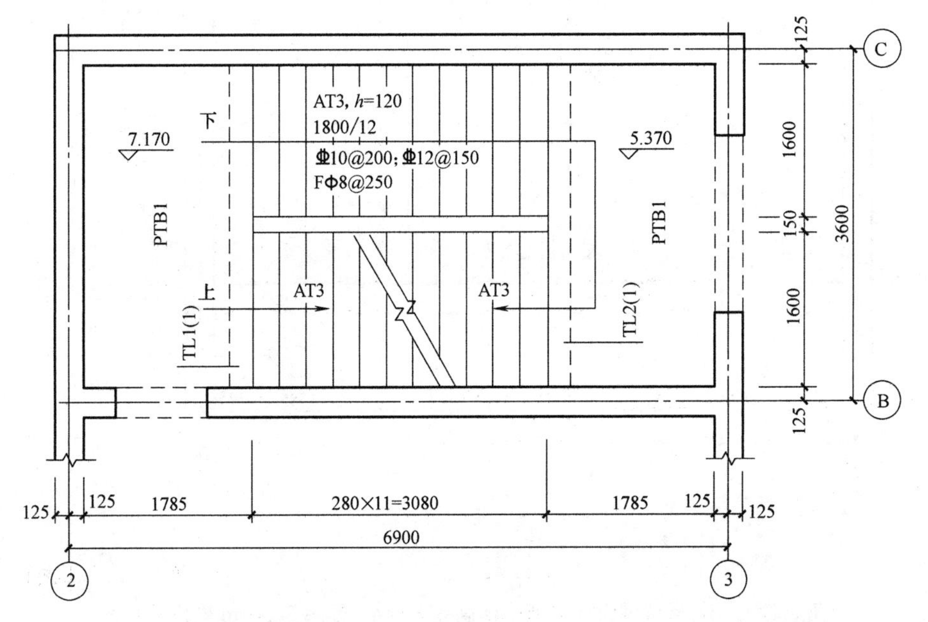

图 2-118 AT 型楼梯设计示例：标高 5.370m～标高 7.170m 楼梯平面图

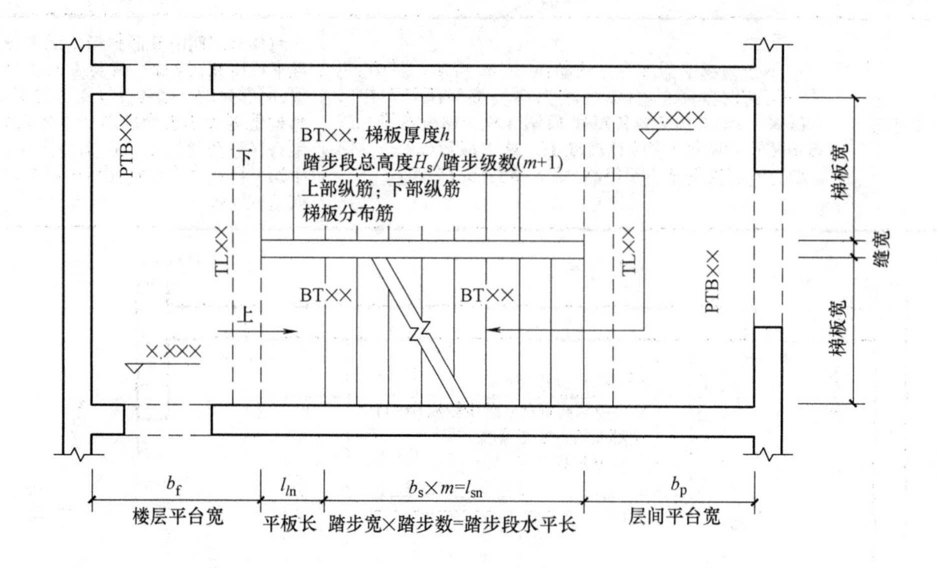

图 2-119　BT 型楼梯注写方式：标高×.×××m～标高×.×××m 楼梯平面图

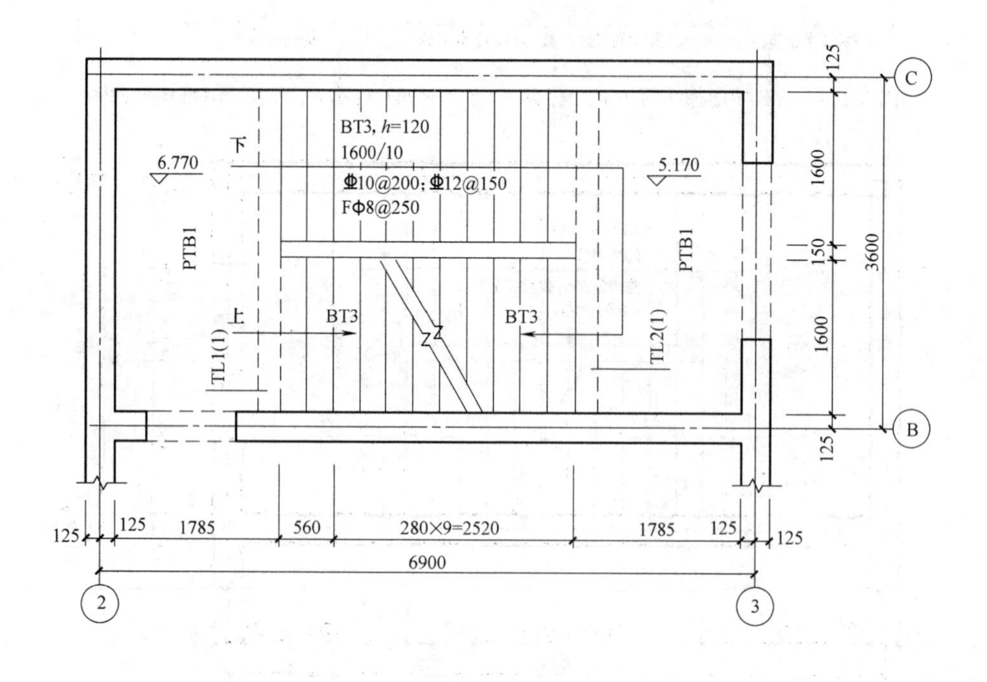

图 2-120　BT 型楼梯设计示例：标高 5.170m～标高 6.770m 楼梯平面图

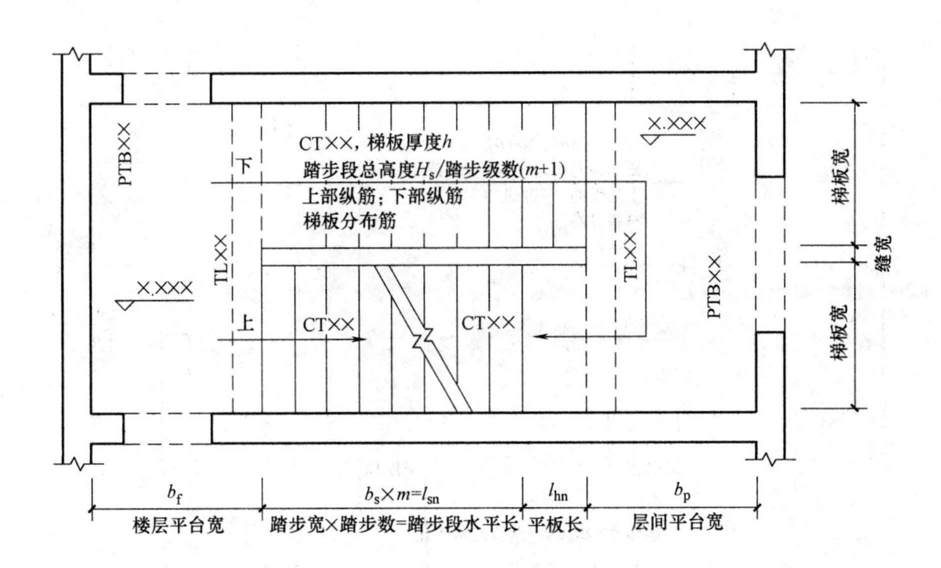

图 2-121 CT 型楼梯注写方式：标高×.×××m～标高×.×××m 楼梯平面图

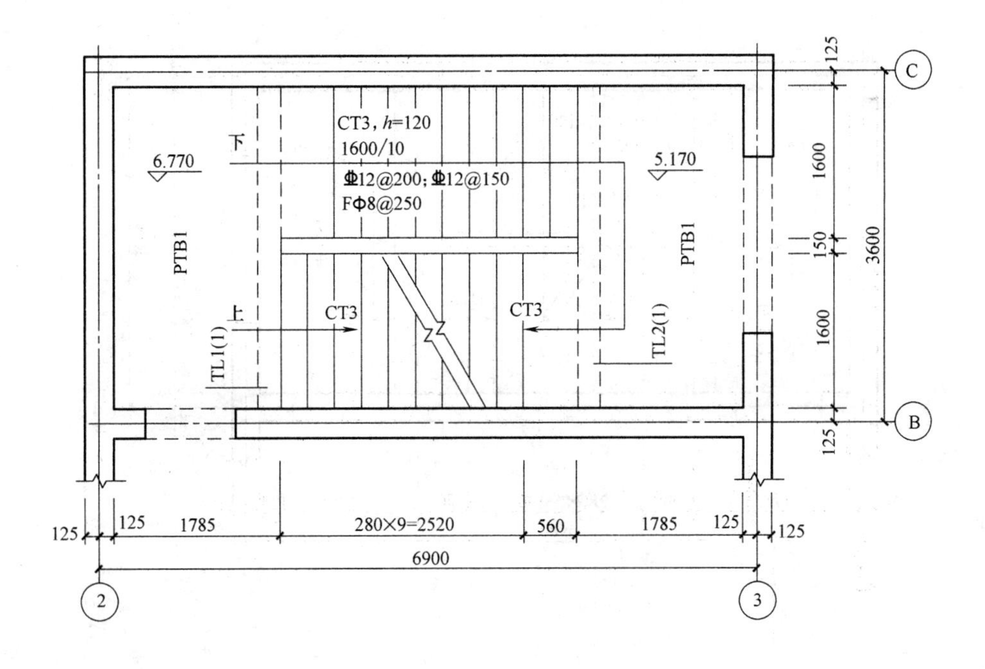

图 2-122 CT 型楼梯设计示例：标高 5.170m～标高 6.770m 楼梯平面图

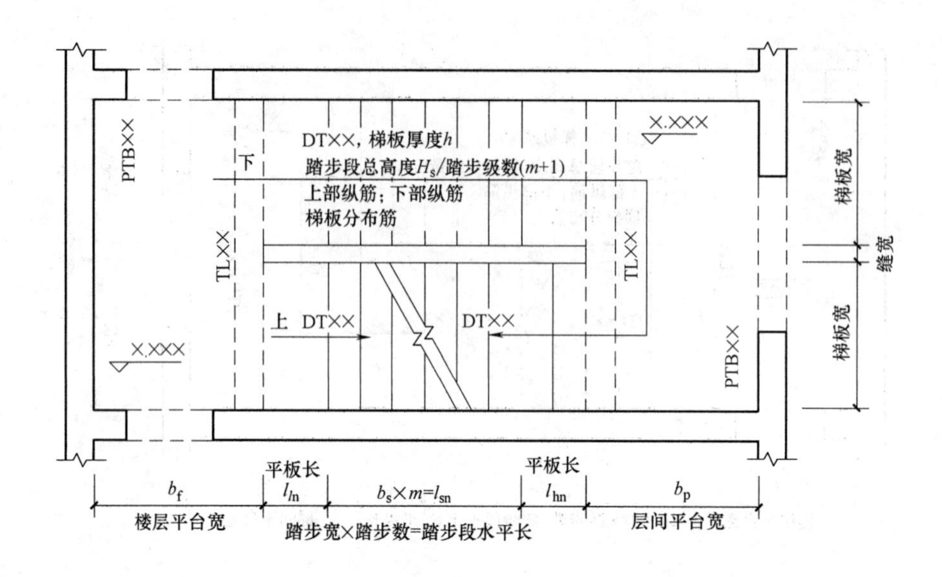

图 2-123 DT 型楼梯注写方式：标高×.×××m～标高×.×××m 楼梯平面图

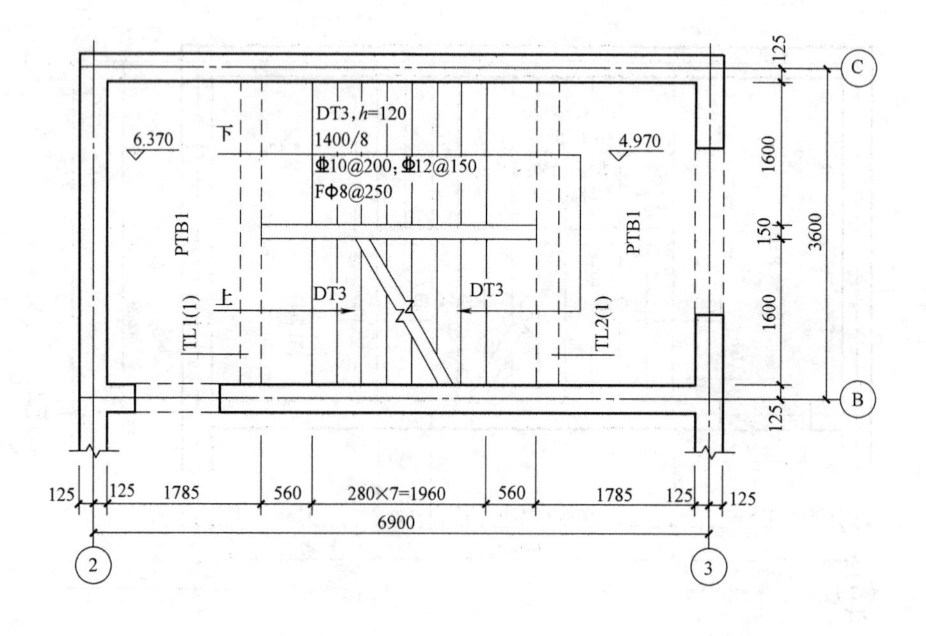

图 2-124 DT 型楼梯设计示例：标高 4.970m～标高 6.370m 楼梯平面图

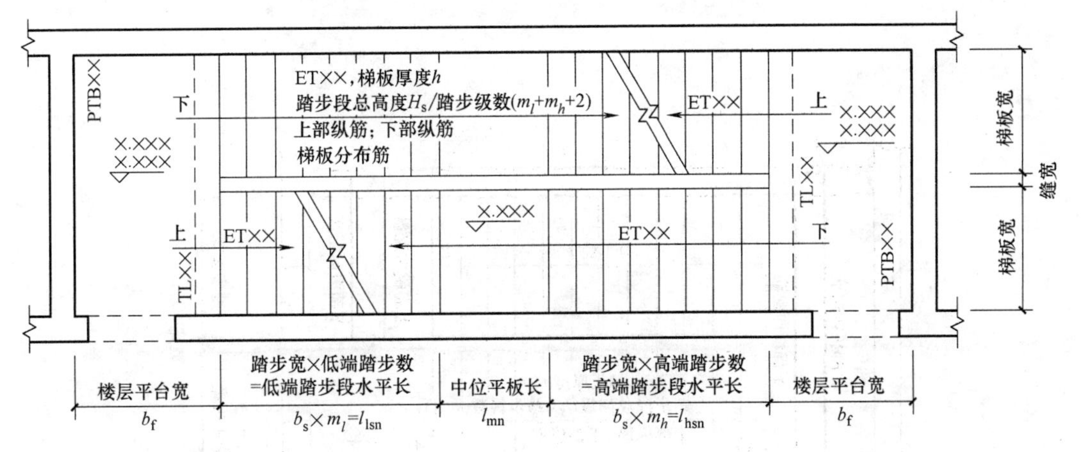

图 2-125 ET 型楼梯注写方式：标高×.×××m～标高×.×××m 楼梯平面图

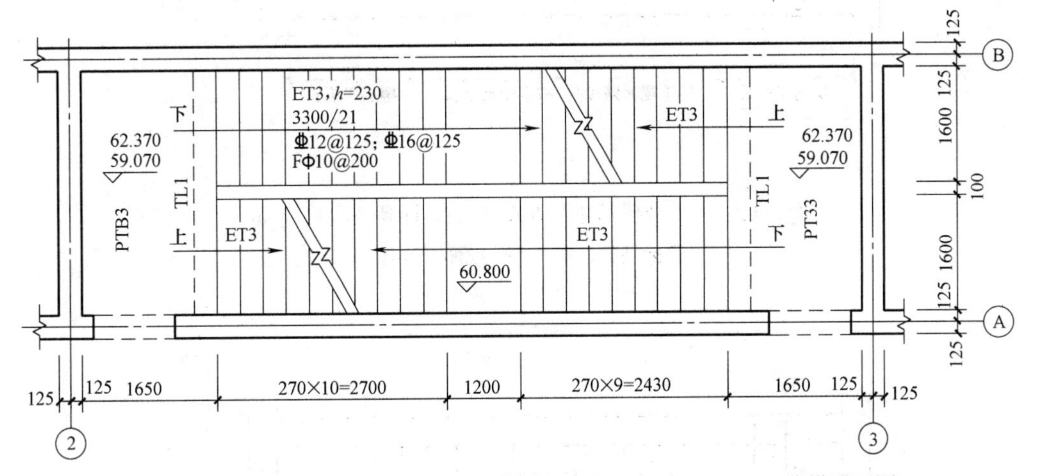

图 2-126 ET 型楼梯设计示例：标高 59.070m～标高 62.370m 楼梯平面图

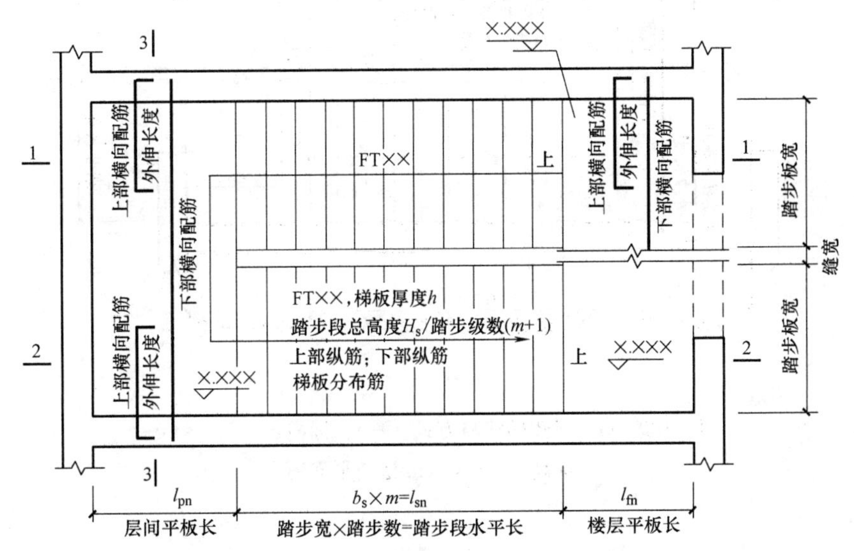

图 2-127 FT 型楼梯注写方式（一）：标高×.×××m～标高×.×××m 楼梯平面图

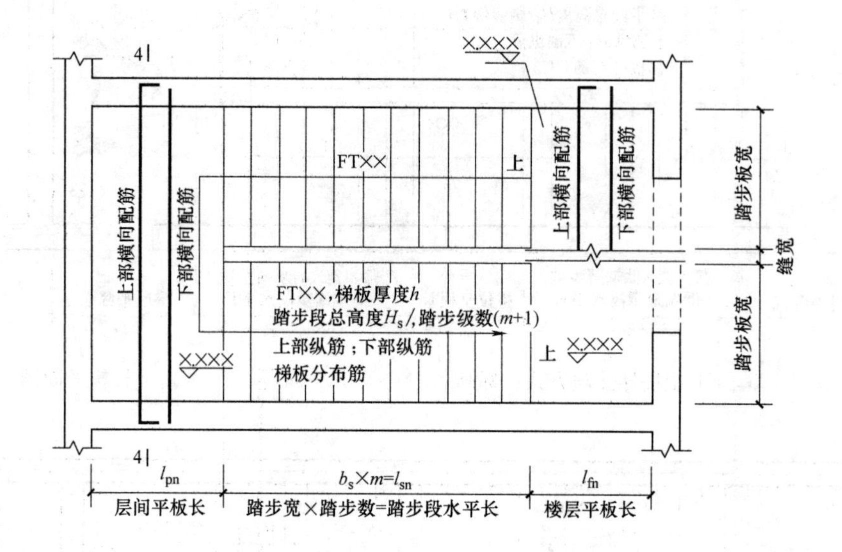

图 2-128 FT 型楼梯注写方式（二）：标高×.×××m～标高×.×××m 楼梯平面图

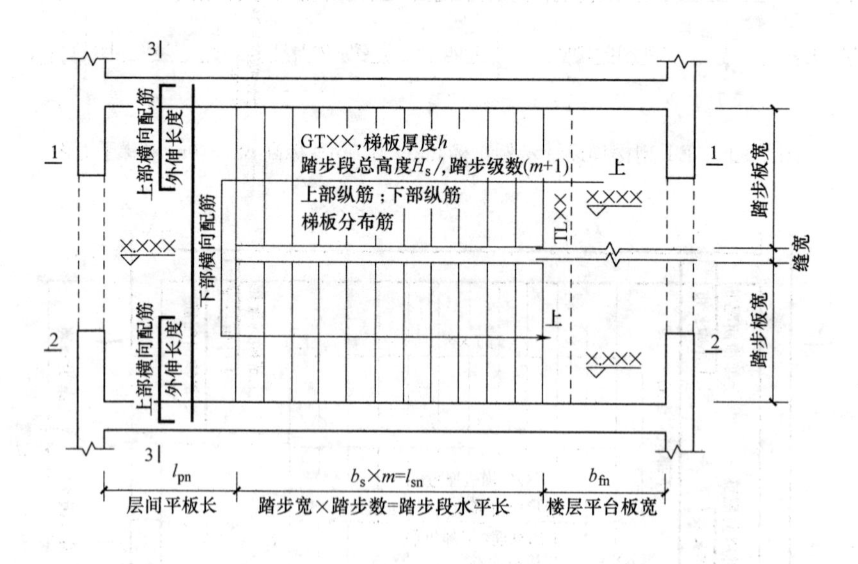

图 2-129 GT 型楼梯注写方式（一）：标高×.×××m～标高×.×××m 楼梯平面图

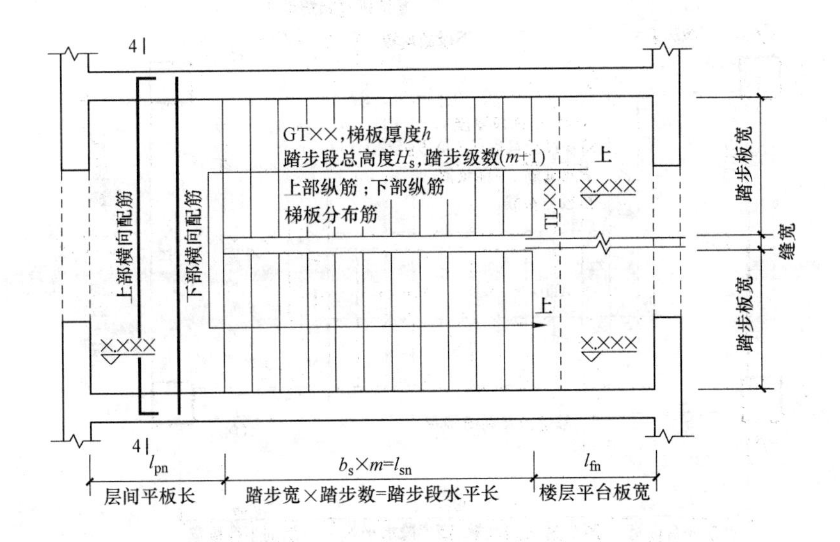

图 2-130　GT 型楼梯注写方式（二）：标高×.×××m～标高×.×××m 楼梯平面图

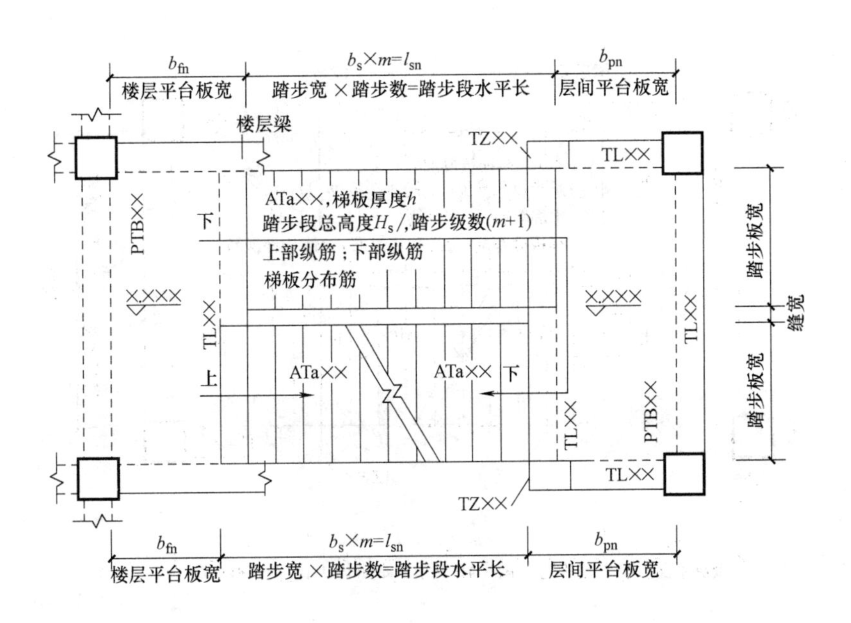

图 2-131　ATa 型楼梯注写方式：标高×.×××m～标高×.×××m 楼梯平面图

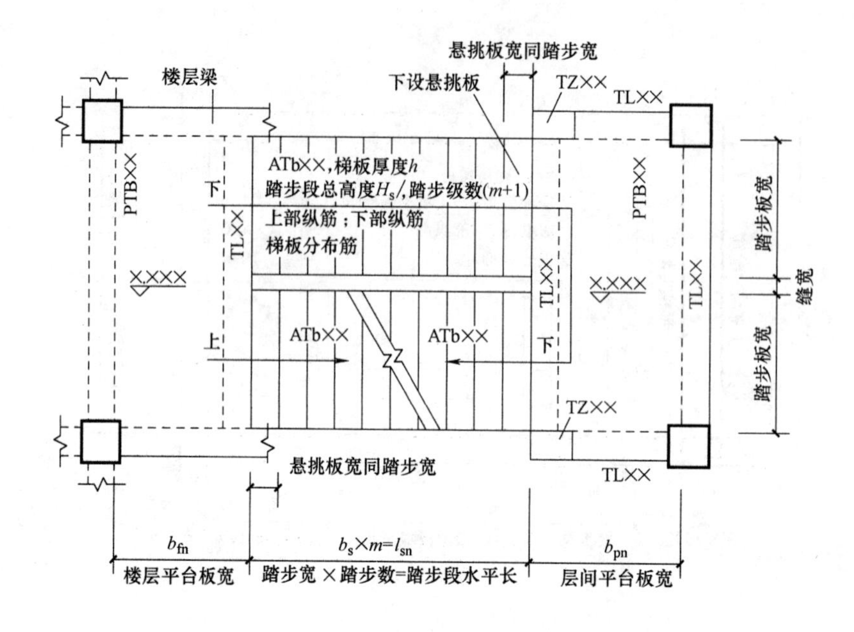

图 2-132　ATb 型楼梯注写方式：标高×.×××m～标高×.×××m 楼梯平面图

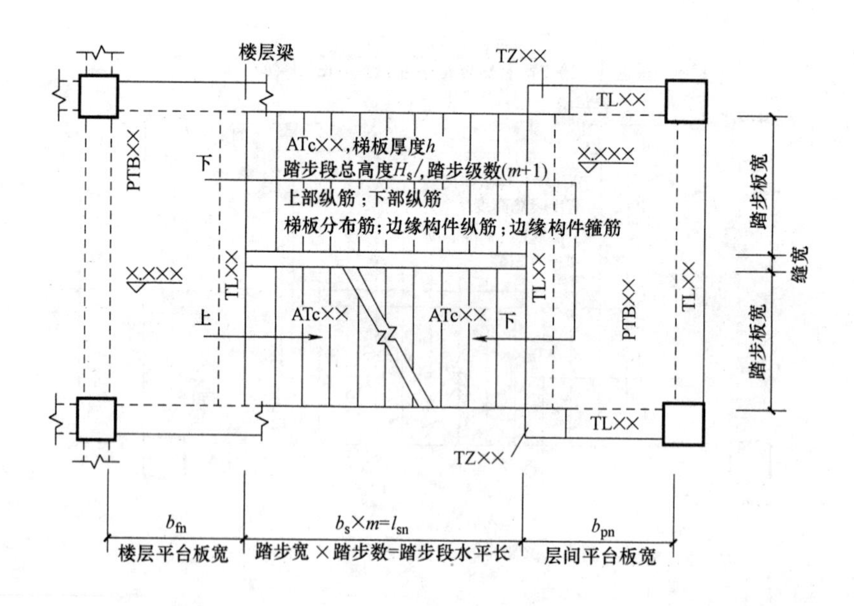

图 2-133　ATc 型楼梯注写方式（一）：标高×.×××m～标高×.×××m 楼梯平面图
（楼梯休息平台与主体结构整体连接）

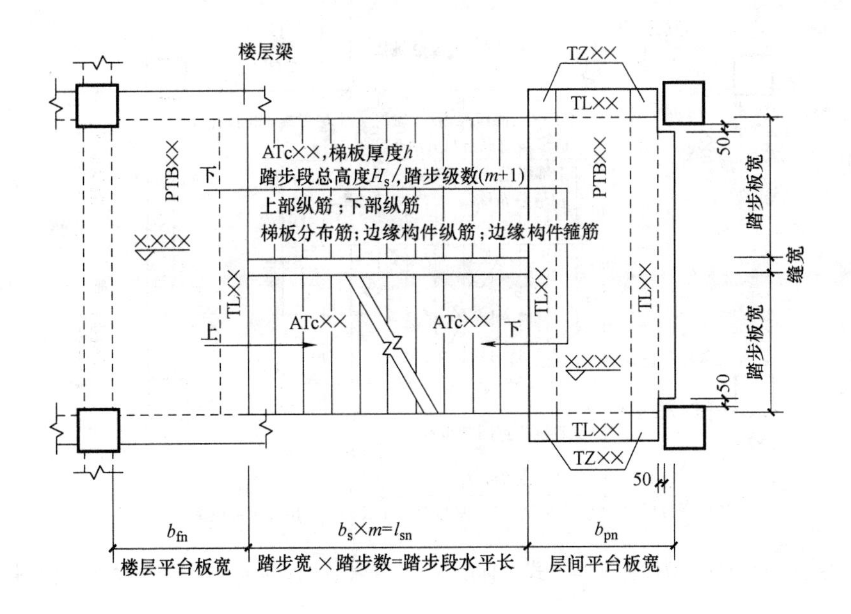

图 2-134　ATc 型楼梯注写方式（一）：标高×.×××m～标高×.×××m 楼梯平面图（楼梯休息平台与主体结构脱开连接）

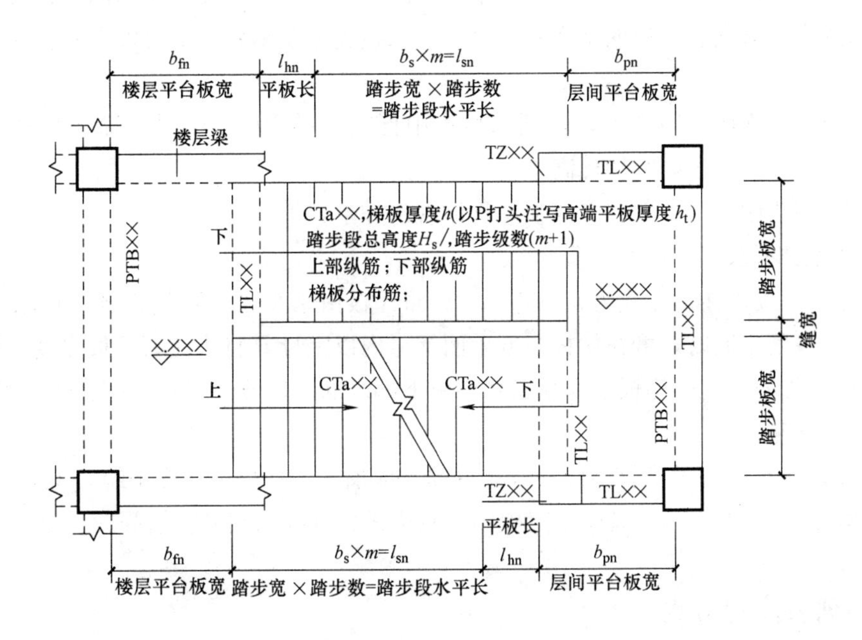

图 2-135　CTa 型楼梯注写方式：标高×.×××m～标高×.×××m 楼梯平面图

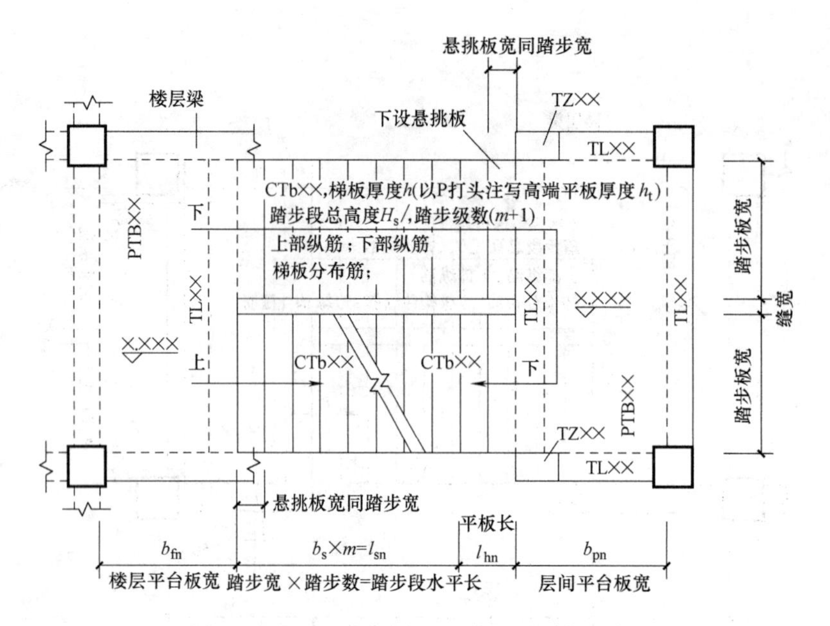

图 2-136 CTb 型楼梯注写方式：标高×.×××m～标高×.×××m 楼梯平面图

2.5.4 剖面注写方式

（1）剖面注写方式需在楼梯平法施工图中绘制楼梯平面布置图和楼梯剖面图，注写方式分平面注写、剖面注写两部分。

（2）楼梯平面布置图注写内容，包括楼梯间的平面尺寸、楼层结构标高、层间结构标高、楼梯的上下方向、梯板的平面几何尺寸、梯板类型及编号、平台板配筋、梯梁及梯柱配筋等。

（3）楼梯剖面图注写内容，包括梯板集中标注、梯梁梯柱编号、梯板水平及竖向尺寸、楼层结构标高、层间结构标高等。

（4）梯板集中标注的内容有四项，具体规定如下：

1）梯板类型及编号，如 AT××。

2）梯板厚度。注写方式为 $h=$×××。当梯板由踏步段和平板构成，且踏步段梯板厚度和平板厚度不同时，可在梯板厚度后面括号内以字母 P 打头注写平板厚度。

3）梯板配筋。注明梯板上部纵筋和梯板下部纵筋，用分号“;”将上部与下部纵筋的配筋值分隔开来。

4）梯板分布筋。以 F 打头注写分布钢筋具体值，该项也可在图中统一说明。

5）对于 ATc 型楼梯，尚应注明梯板两侧边缘构件纵向钢筋及箍筋。

2.5.5 列表注写方式

（1）列表注写方式，系用列表方式注写梯板截面尺寸和配筋具体数值的方式来表达楼梯施工图。

（2）列表注写方式的具体要求同剖面注写方式，仅将剖面注写方式中的梯板集中标注中的梯板配筋注写项改为列表注写项即可。

梯板列表格式见表 2-29。

梯板几何尺寸和配筋　　表 2-29

梯板编号	踏步段总高度/踏步级数	板厚 h	上部纵向钢筋	下部纵向钢筋	分布筋

注：对于 ATc 型楼梯，尚应注明梯板两侧边缘构件纵向钢筋及箍筋。

3 基础构件

3.1 独立基础

3.1.1 独立基础底板配筋计算

独立基础底板配筋构造适用于普通独立基础、杯口独立基础，其配筋构造如图 3-1 所示。

1. *X* 向钢筋

$$长度=x-2c \tag{3-1}$$

$$根数=\frac{y-2\times\min\left(75,\frac{s'}{2}\right)}{s'}+1 \tag{3-2}$$

式中 c——钢筋保护层的最小厚度（mm）；

$\min\left(75,\frac{s'}{2}\right)$——$X$ 向钢筋起步距离（mm）；

s'——X 向钢筋间距（mm）。

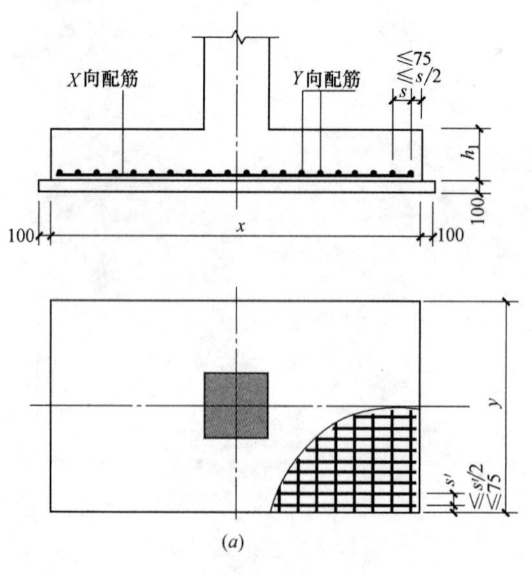

图 3-1 独立基础底板配筋构造

（*a*）阶形

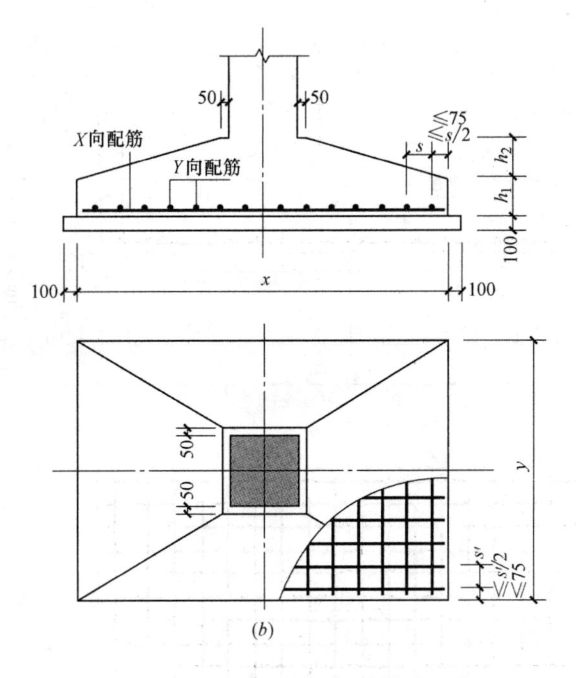

图 3-1　独立基础底板配筋构造（续）

（b）坡形

2. Y 向钢筋

$$长度 = y - 2c \tag{3-3}$$

$$根数 = \frac{x - 2 \times \min\left(75, \frac{s}{2}\right)}{s} + 1 \tag{3-4}$$

式中　　　c——钢筋保护层的最小厚度（mm）；

$\min\left(75, \frac{s}{2}\right)$——$Y$ 向钢筋起步距离（mm）；

s——Y 向钢筋间距（mm）。

除此之外，也可看出，独立基础底板双向交叉钢筋布置时，短向设置在上，长向设置在下。

3.1.2　独立基础底板配筋长度缩减 10%的钢筋计算

1. 对称独立基础构造

底板配筋长度缩减 10%的对称独立基础构造如图 3-2 所示。

当对称独立基础底板的长度不小于 2500mm 时，各边最外侧钢筋不缩减；除了外侧钢筋外，两项其他底板配筋可以缩减 10%，即取相应方向底板长度的 0.9 倍。因此，可得出下列计算公式：

$$外侧钢筋长度 = x - 2c \text{ 或 } y - 2c \tag{3-5}$$

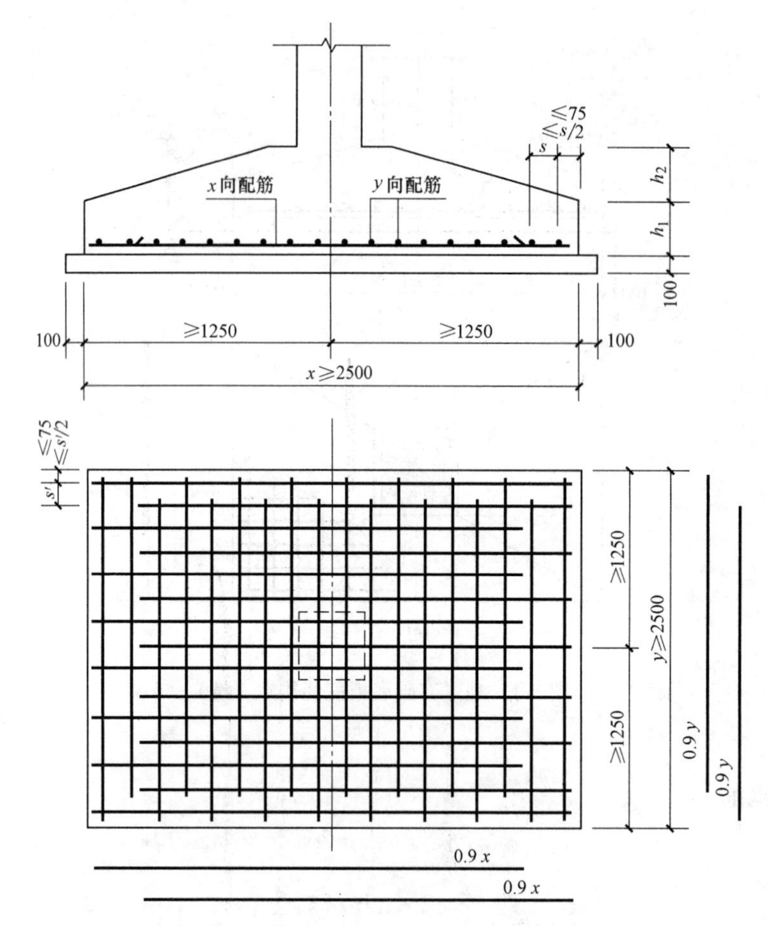

图 3-2 对称独立基础底板配筋长度缩减 10%构造

$$其他钢筋长度=0.9x 或=0.9y \tag{3-6}$$

式中 c——钢筋保护层的最小厚度（mm）。

2. 非对称独立基础

底板配筋长度缩减 10%的非对称独立基础构造，如图 3-3 所示。

当非对称独立基础底板的长度不小于 2500mm 时，各边最外侧钢筋不缩减；对称方向（图中 y 向）中部钢筋长度缩减 10%；非对称方向（图中 x 向）：当基础某侧从柱中心至基础底板边缘的距离小于 1250mm 时，该侧钢筋不缩减；当基础某侧从柱中心至基础底板边缘的距离不小于 1250mm 时，该侧钢筋隔一根缩减一根。因此，可得出以下计算公式：

$$外侧钢筋(不缩减)长度=x-2c 或 y-2c \tag{3-7}$$

$$对称方向中部钢筋长度=0.9y \tag{3-8}$$

非对称方向：

$$中部钢筋长度=x-2c \tag{3-9}$$

在缩减时：

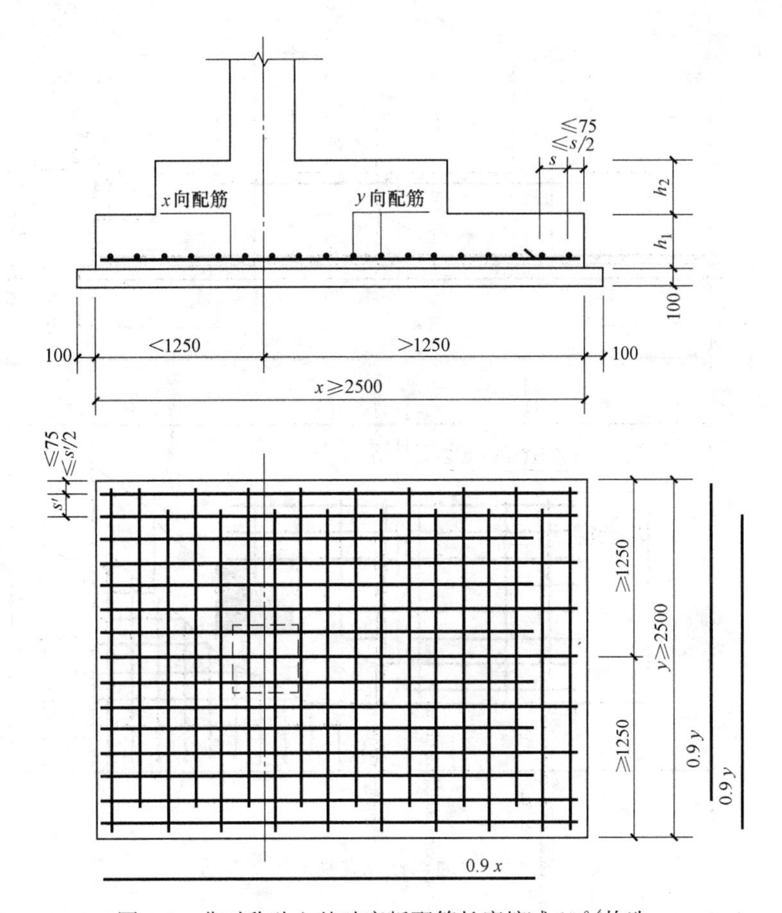

图 3-3 非对称独立基础底板配筋长度缩减10%构造

$$中部钢筋长度=0.9y \tag{3-10}$$

式中 c——钢筋保护层的最小厚度（mm）。

3.1.3 多柱独立基础底板顶部钢筋计算

1. 双柱独立基础底板顶部钢筋构造

双柱独立基础底板顶部钢筋，由纵向受力筋和横向分布筋组成，如图 3-4 所示。

（1）纵向受力筋

1）布置在柱宽度范围内纵向受力筋

$$长度=柱内侧边起算+两端锚固 \tag{3-11}$$

2）布置在柱宽度范围以外的纵向受力筋

$$长度=柱中心线起算+两端锚固 \tag{3-12}$$

根数由设计标注。

（2）横向分布筋

长度=纵向受力筋布置范围长度+两端超出受力筋外的长度(取构造长度150mm)

(3-13)

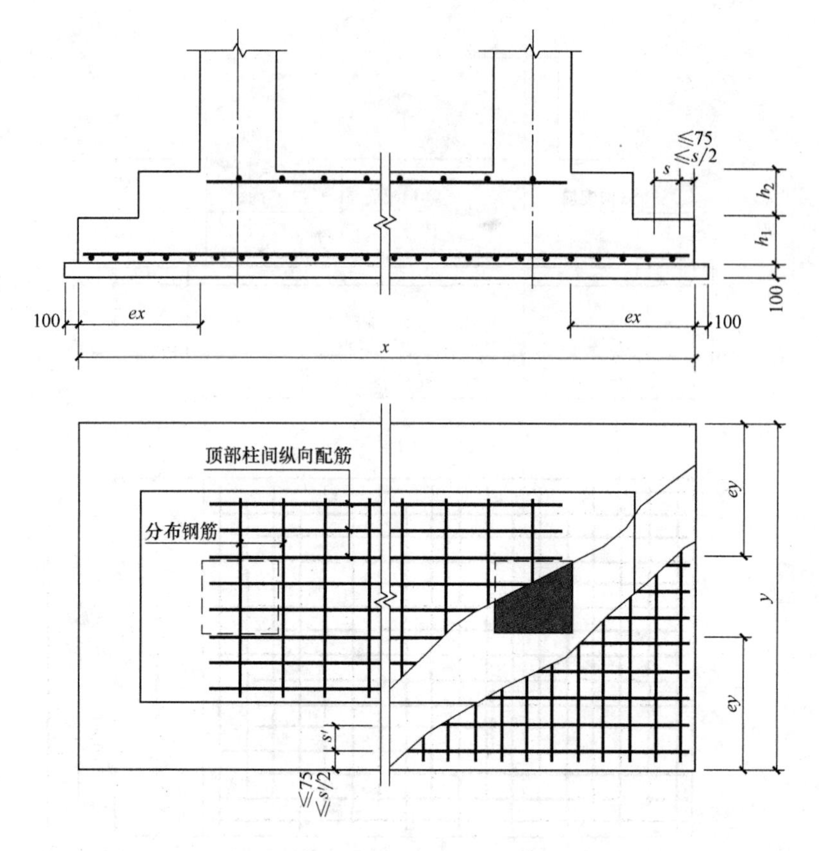

图 3-4 普通双柱独立基础顶部配筋

横向分布筋根数在纵向受力筋的长度范围布置，起步距离取“分布筋间距/2”。

2. 四柱独立基础底板顶部钢筋构造

四柱独立基础底板顶部钢筋，由纵向受力筋和横向分布筋组成，如图 3-5 所示。

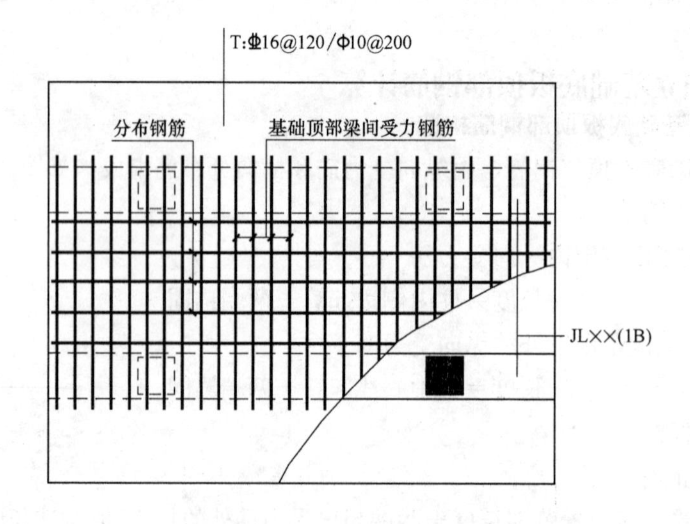

图 3-5 四柱独立基础顶部钢筋构造

（1）纵向受力筋

$$长度=基础顶部纵向宽度-两端保护层 \tag{3-14}$$

$$根数=(基础顶部横向宽度-起步距离)/间距+1 \tag{3-15}$$

（2）横向分布筋

$$长度=基础顶部横向宽度-两端保护层 \tag{3-16}$$

根数在两根基础梁之间布置。

3.2 条形基础

3.2.1 条形基础底板钢筋构造

1. 条形基础底板配筋构造

（1）条形基础十字交接基础底板：条形基础十字交接基础底板构造如图 3-6 所示。

1）十字交接时，一向受力筋贯通布置，另一向受力筋在交接处伸入 $b/4$ 范围内布置。

2）一向分布筋贯通，另一向分布在交接处与受力筋搭接。

3）当条形基础设有基础梁时，基础底板的分布钢筋在梁宽范围内不设置。

（2）转角梁板端部均有纵向延伸：转角梁板端部均有纵向延伸时，条形基础底板配筋构造如图 3-7 所示。

1）交接处，两向受力筋相互交叉形成钢筋网，分布筋则需要切断，与另一方向受力筋搭接。

2）当条形基础设有基础梁时，基础底板的分布钢筋在梁宽范围内不设置。

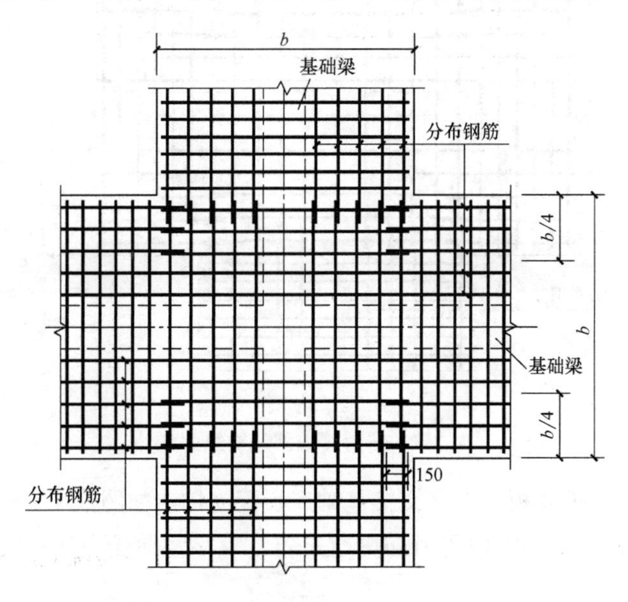

图 3-6 条形基础十字交接基础底板构造

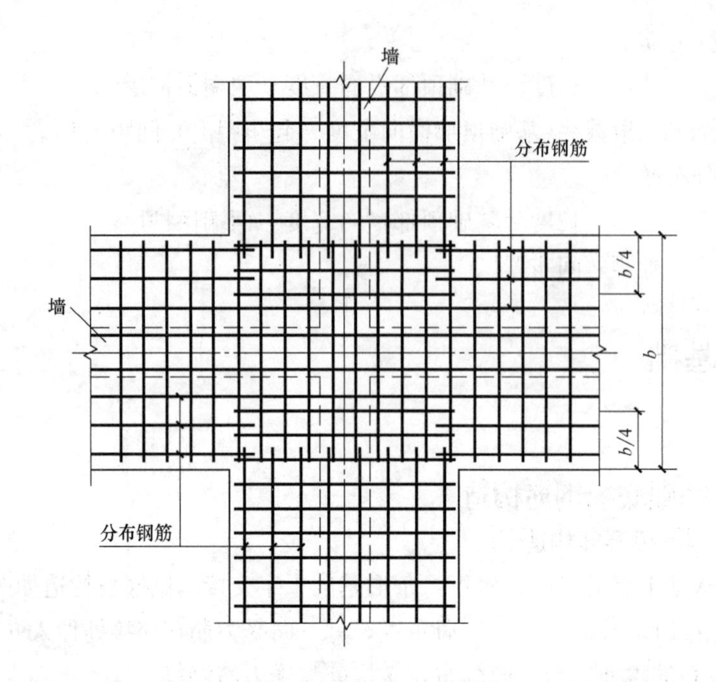

图 3-6 条形基础十字交接基础底板构造（续）

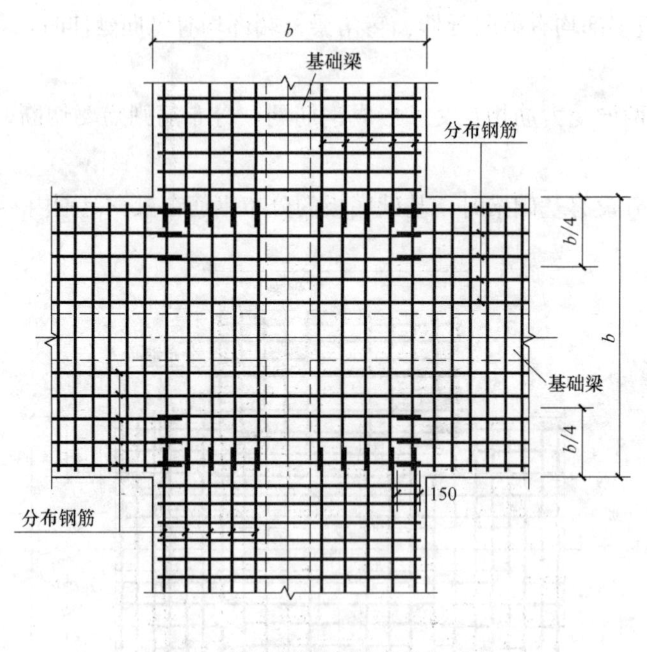

图 3-7 转角梁端部均有纵向延伸

（3）丁字交接基础底板：丁字交接基础底板配筋构造如图 3-8 所示。

1）丁字交接时，丁字横向受力筋贯通布置，丁字竖向受力筋在交接处伸入 $b/4$ 范围内布置。

2）一向分布筋贯通，另一向分布在交接处与受力筋搭接。

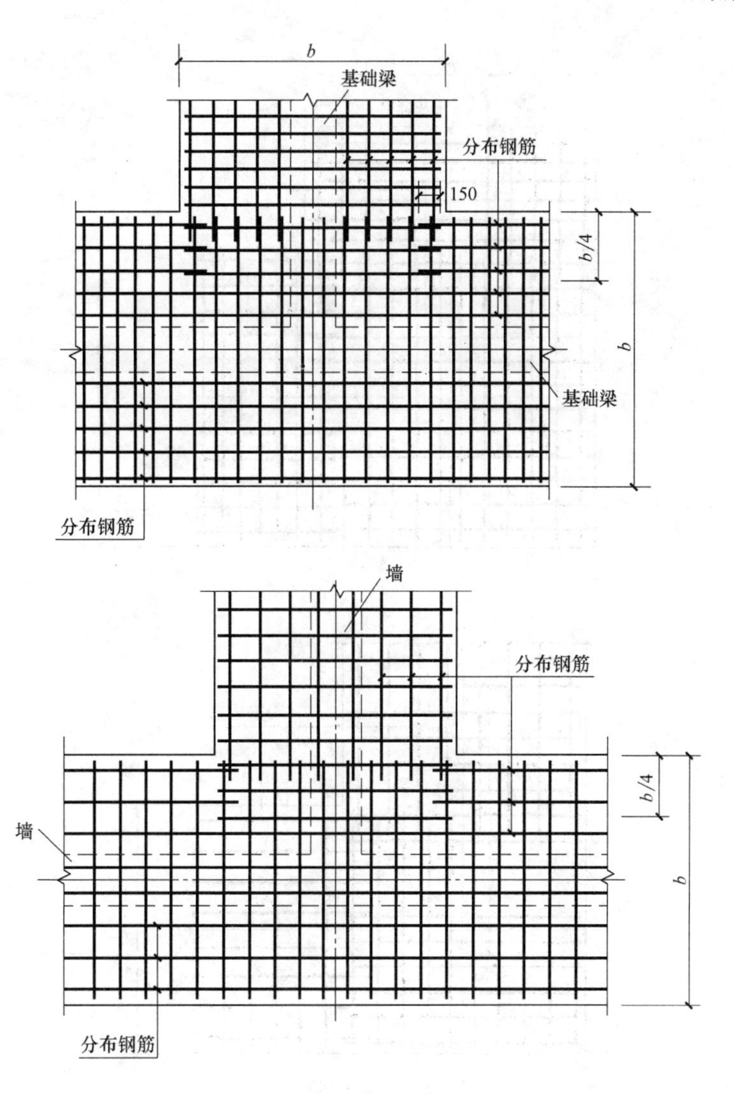

图 3-8　丁字交接基础底板配筋构造

3）当条形基础设有基础梁时，基础底板的分布钢筋在梁宽范围内不设置。

（4）转角梁板端部无纵向延伸：转角梁板端部无纵向延伸时，条形基础底板配筋构造如图 3-9 所示。

1）交接处，两向受力筋相互交叉形成钢筋网，分布筋则需要切断，与另一方向受力筋搭接，搭接长度为 150mm。

2）当条形基础设有基础梁时，基础底板的分布钢筋在梁宽范围内不设置。

2. 条形基础底板配筋长度减短 10%构造

条形基础底板配筋长度减短 10%构造，如图 3-10 所示。

底板交接区的受力钢筋和无交接底板时端部第一根钢筋不应减短。

3. 条形基础底板不平构造

条形基础底板不平钢筋构造，如图 3-11～图 3-13 所示。

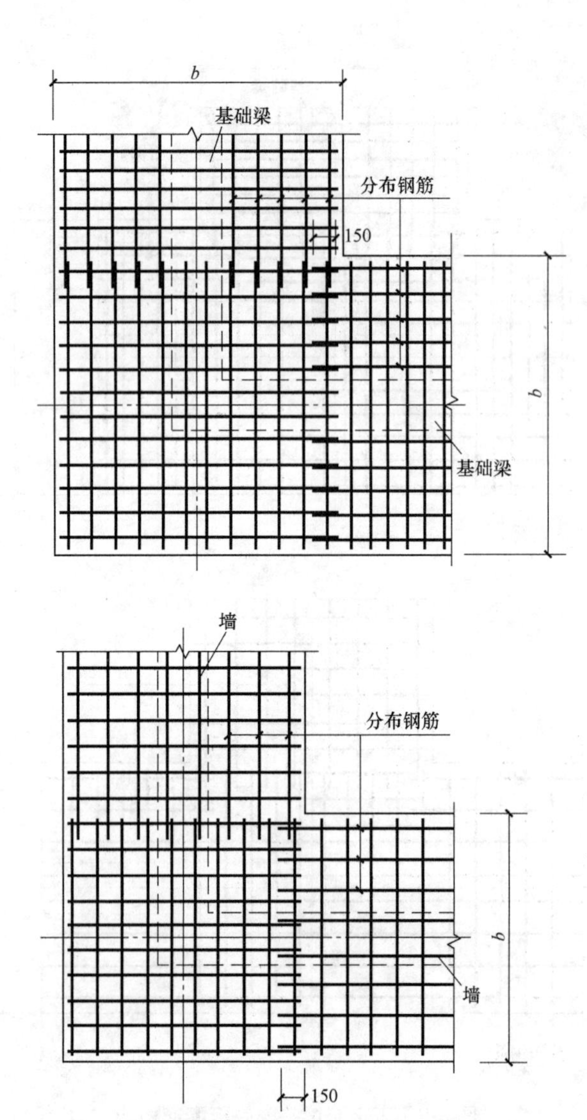

图 3-9 转角梁板端部无纵向延伸

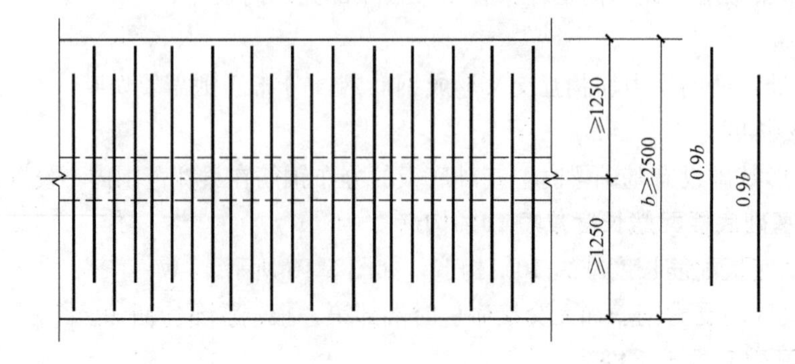

图 3-10 条形基础底板配筋长度减短 10%构造

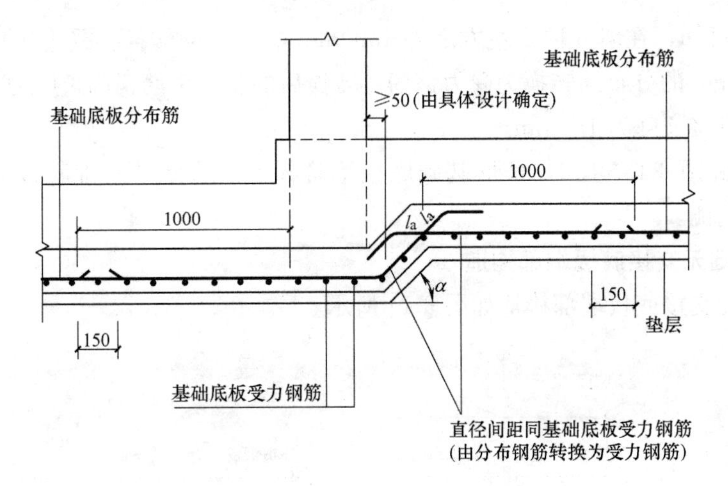

图 3-11 柱下条形基础底板板底不平钢筋构造
(板底高差坡度 α 取 45°或按设计)

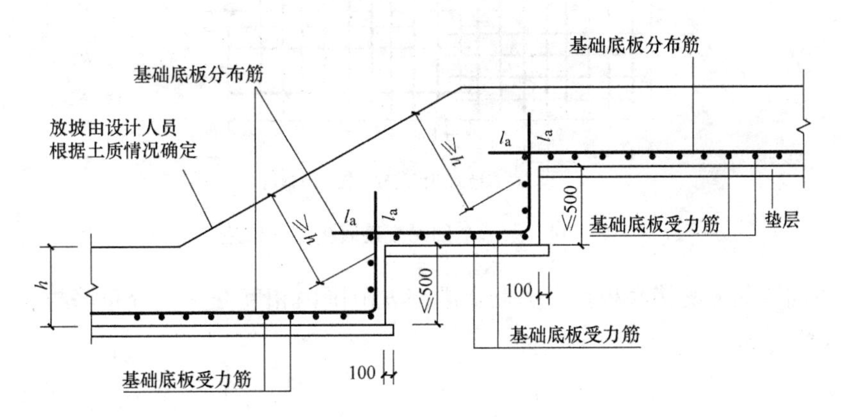

图 3-12 墙下条形基础底板板底不平钢筋构造(一)

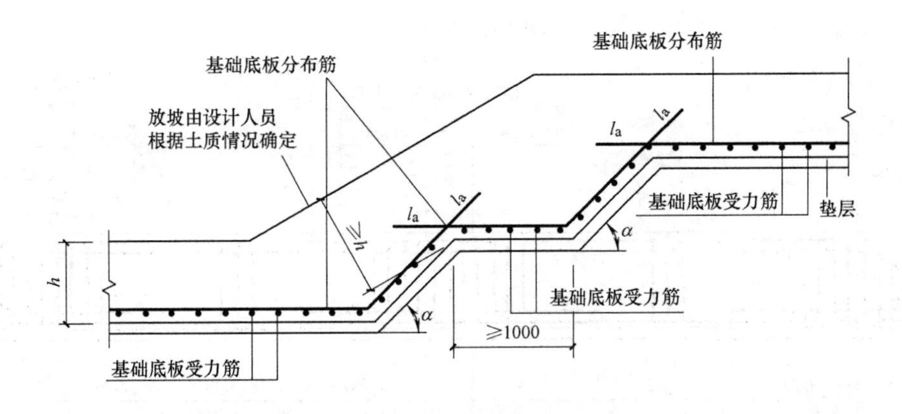

图 3-13 墙下条形基础底板板底不平钢筋构造(二)
(板底高差坡度 α 取 45°或按设计)

由图 3-11 可知，在墙（柱）左方之外 1000mm 的分布筋转换为受力钢筋，在右侧上拐点以右 1000mm 的分布筋转换为受力钢筋。转换后的受力钢筋锚固长度为 l_a，与原来的分布筋搭接，搭接长度为 150mm。

由图 3-12 和图 3-13 可知，条形基础底板呈阶梯型上升状，基础底板分布筋垂直上弯，受力筋于内侧。

4. 条形基础无交接底板端部构造

条形基础无交接底板端部构造如图 3-14 所示。

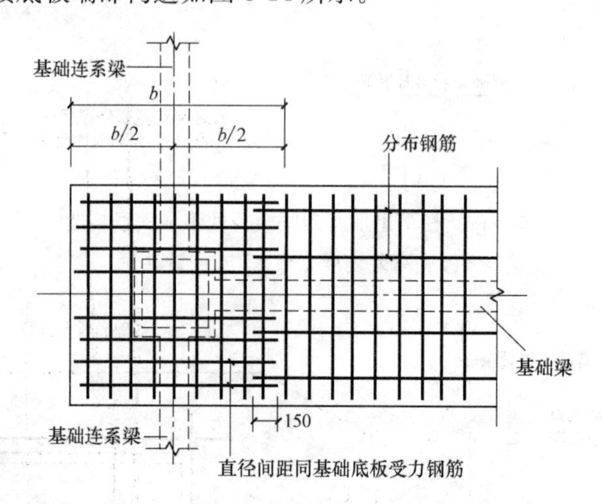

图 3-14 条形基础无交接底板端部构造

条形基础端部无交接底板，受力筋在端部 b 范围内相互交叉，分布筋与受力筋搭接，搭接长度为 150mm。

3.2.2 基础梁钢筋计算

1. 基础梁纵筋计算

（1）基础梁端部无外伸构造，如图 3-15 所示。

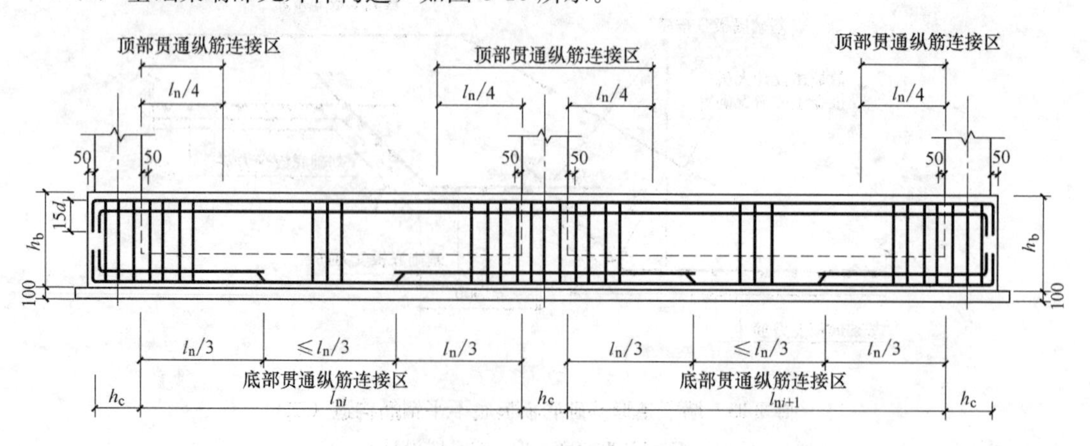

图 3-15 基础主梁无外伸

$$上部贯通筋长度=梁长-2\times c_1+\frac{h_b-2\times c_2}{2} \tag{3-17}$$

$$下部贯通筋长度=梁长-2\times c_1+\frac{h_b-2\times c_2}{2} \tag{3-18}$$

式中 c_1——基础梁端保护层厚度（mm）；

c_2——基础梁上下保护层厚度（mm）；

h_b——基础梁高度。

上部或下部钢筋根数不同时：

$$多出的钢筋长度=梁长-2\times c+左弯折15d+右弯折15d \tag{3-19}$$

式中 c——基础梁保护层厚度（mm，如基础梁端、基础梁底、基础梁顶保护层不同，应分别计算）；

d——钢筋直径（mm）。

（2）基础主梁等截面外伸构造，如图 3-16 所示。

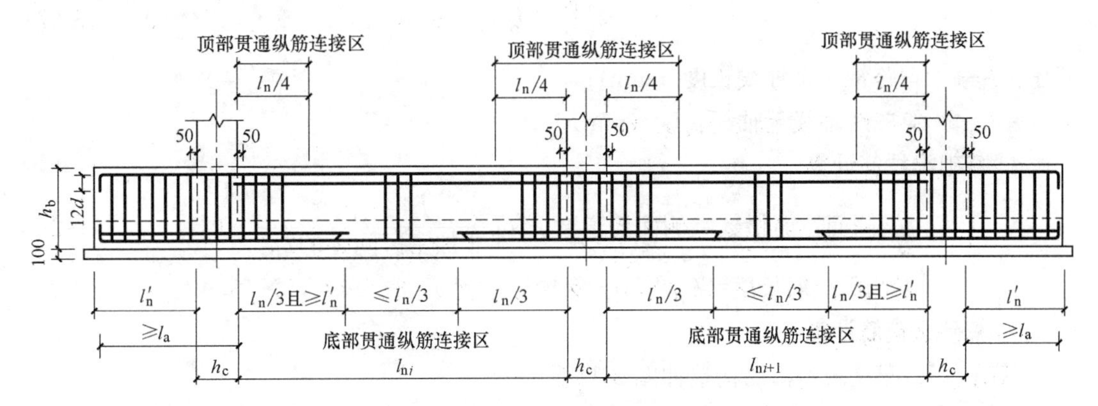

图 3-16 基础主梁等截面外伸构造

$$上部贯通筋长度=梁长-2\times保护层+左弯折12d+右弯折12d \tag{3-20}$$

$$下部贯通筋长度=梁长-2\times保护层+左弯折12d+右弯折12d \tag{3-21}$$

2. 基础主梁非贯通筋计算

（1）基础梁端部无外伸构造，如图 3-15 所示。

$$下部端支座非贯通钢筋长度=0.5h_c+\max\left(\frac{l_n}{3},1.2l_a+h_b+0.5h_c\right)+\frac{h_b-2\times c}{2} \tag{3-22}$$

$$下部多出的端支座非贯通钢筋长度=0.5h_c+\max\left(\frac{l_n}{3},1.2l_a+h_b+0.5h_c\right)+15d \tag{3-23}$$

$$下部中间支座非贯通钢筋长度=\max\left(\frac{l_n}{3},1.2l_a+h_b+0.5h_c\right)\times 2 \tag{3-24}$$

式中 l_n——左跨与右跨之较大值（mm）；

h_b——基础梁截面高度（mm）；

h_c——沿基础梁跨度方向柱截面高度（mm）；

c——基础梁保护层厚度（mm）。

（2）基础主梁等截面外伸构造，如图 3-16 所示。

$$\text{下部端支座非贯通钢筋长度}=\text{外伸长度 }l+\max\left(\frac{l_n}{3},l_n'\right)+12d \tag{3-25}$$

$$\text{下部中间支座非贯通钢筋长度}=\max\left(\frac{l_n}{3},l_n'\right)\times 2 \tag{3-26}$$

3. 基础梁架立筋计算

当梁下部贯通筋的根数小于箍筋的肢数时，在梁的跨中$\frac{1}{3}$跨度范围内必须设置架立筋用来固定箍筋，架立筋与支座负筋搭接 150mm。

$$\text{基础梁首跨架立筋长度}=l_1-\max\left(\frac{l_1}{3},\ 1.2l_a+h_b+0.5h_c\right)-\max\left(\frac{l_1}{3},\ \frac{l_2}{3},\ 1.2l_a+h_b+0.5h_c\right)+2\times 150 \tag{3-27}$$

式中 l_1——首跨轴线至轴线长度（mm）；

l_2——第二跨轴线至轴线长度（mm）。

4. 基础梁拉筋计算

$$\text{梁侧面拉筋根数}=\text{侧面筋道数 }n\times\left(\frac{l_n-50\times 2}{\text{非加密区间距的2倍}}+1\right) \tag{3-28}$$

$$\text{梁侧面拉筋长度}=(\text{梁宽 }b-\text{保护层厚度 }c\times 2)+4d+2\times 11.9d \tag{3-29}$$

5. 基础梁箍筋计算

基础梁 JL 配置两种箍筋构造如图 3-17 所示。

$$\text{根数}=\text{根数1}+\text{根数2}+\frac{\text{梁净长}-2\times 50-(\text{根数1}-1)\times\text{间距1}-(\text{根数2}-1)\times\text{间距2}}{\text{间距3}}-1 \tag{3-30}$$

当设计未标注加密箍筋范围时，箍筋加密区长度 $L_1=\max(1.5\times h_b,\ 500)$。

$$\text{箍筋根数}=2\times\left(\frac{L_1-50}{\text{加密区间距}}+1\right)+\sum\frac{\text{梁宽}-2\times 50}{\text{加密区间距}}-1+\frac{l_n-2\times L_1}{\text{非加密区间距}}-1 \tag{3-31}$$

为了便于计算，箍筋与拉筋弯钩平直段长度按 $10d$ 计算。实际钢筋预算与下料时，应根据箍筋直径和构件是否抗震而定。

$$\text{箍筋预算长度}=(b+h)\times 2-8\times c+2\times 11.9d+8d \tag{3-32}$$

$$\text{箍筋下料长度}=(b+h)\times 2-8\times c+2\times 11.9d+8d-3\times 1.75d \tag{3-33}$$

$$\text{内箍预算长度}=\left[\left(\frac{b-2\times c-D}{n}-1\right)\times j+D\right]\times 2+2\times(h-c)+2\times 11.9d+8d \tag{3-34}$$

$$\text{内箍下料长度}=\left[\left(\frac{b-2\times c-D}{n}-1\right)\times j+D\right]\times 2+2\times(h-c)+2\times 11.9d+8d-3\times 1.75d \tag{3-35}$$

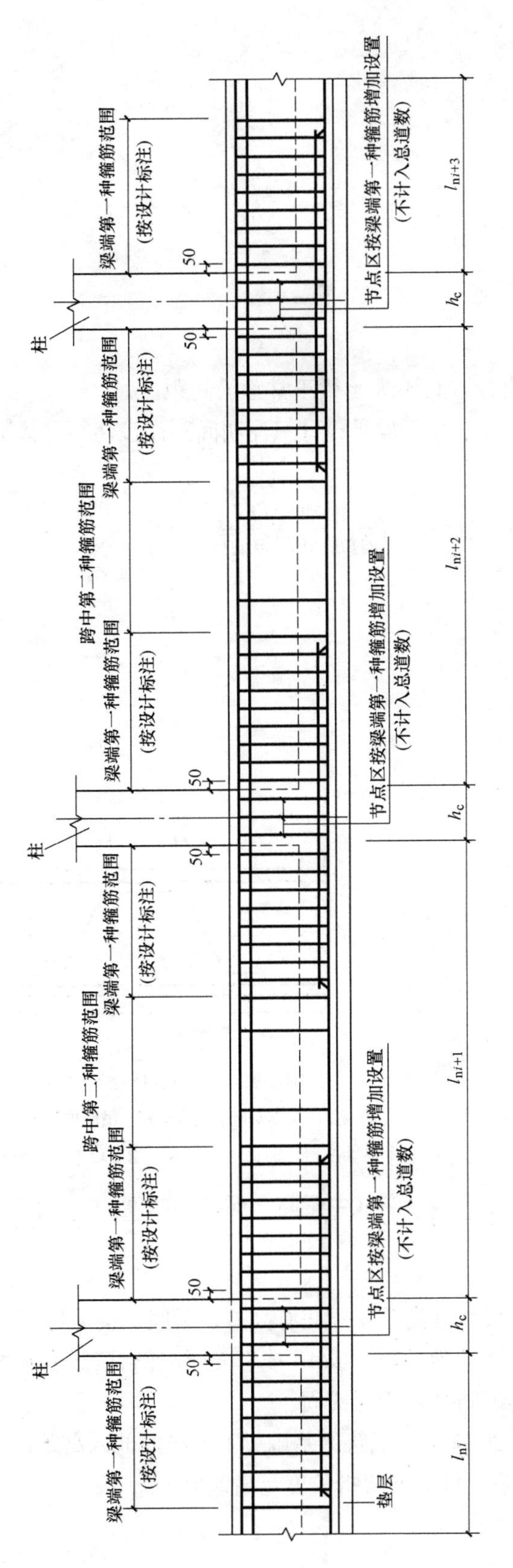

图 3-17 基础梁 JL 配置两种箍筋构造

式中 b——梁宽度（mm）；

c——梁侧保护层厚度（mm）；

D——梁纵筋直径（mm）；

n——梁箍筋肢数；

j——梁内箍包含的主筋孔数；

d——梁箍筋直径（mm）。

6. 基础梁附加箍筋计算

附加箍筋构造如图 3-18 所示。

附加箍筋间距 $8d$（d 为箍筋直径）且不大于梁正常箍筋间距。

附加箍筋根数如果设计注明则按设计，如果设计只注明间距而没注写具体数量则按平法构造，计算如下：

$$附加箍筋根数=2\times\left(\frac{次梁宽度}{附加箍筋间距}+1\right) \tag{3-36}$$

7. 基础梁附加吊筋计算

附加（反扣）吊筋构造如图 3-19 所示。

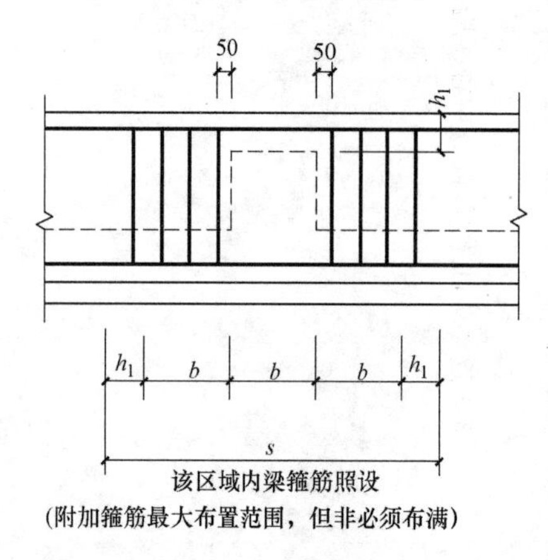

图 3-18 附加箍筋构造

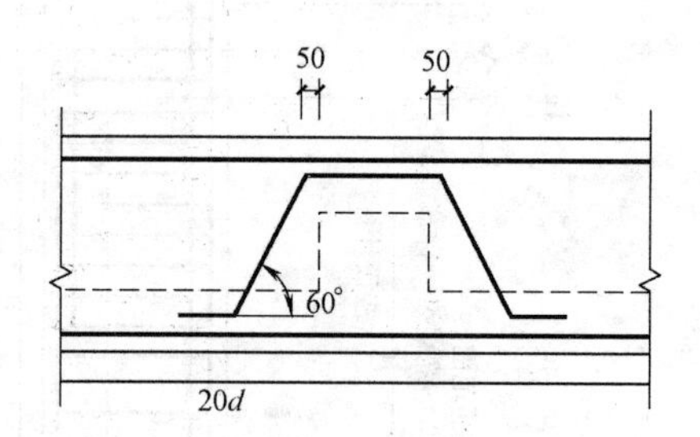

图 3-19 附加（反扣）吊筋构造

（吊筋高度应根据基础梁高度推算，吊筋顶部平直段与基础梁顶部纵筋净跨应满足规范要求，当净跨不足时应置于下一排）

$$附加吊筋长度=次梁宽+2\times50+\frac{2\times(主梁高-保护层厚度)}{\sin45^\circ(60^\circ)}+2\times20d \tag{3-37}$$

8. 变截面基础梁钢筋计算

梁变截面包括以下几种情况：梁顶有高差，梁底有高差，梁底、梁顶均有高差。

如基础梁下部有高差，低跨的基础梁必须做成 45°或者 60°梁底台阶或者斜坡。

如基础梁有高差，不能贯通的纵筋必须相互锚固。

（1）当梁顶有高差时，如图 3-20 所示，低跨的基础梁上部纵筋伸入高跨内一个 l_a：

$$高跨梁上部第一排纵筋弯折长度=高差值+l_a \tag{3-38}$$

（2）当梁底有高差时，如图 3-21 所示：

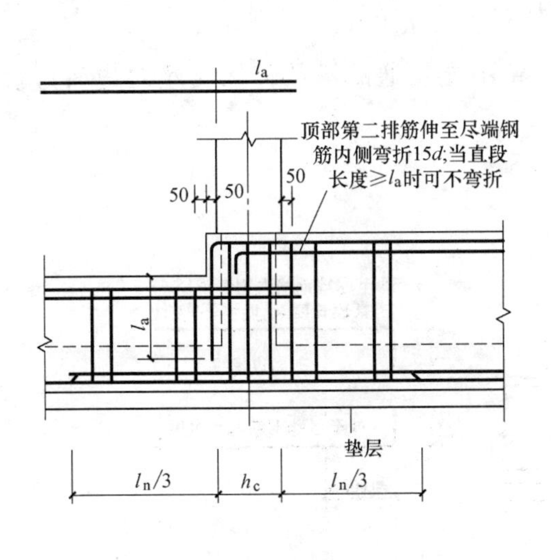

图 3-20 梁顶有高差钢筋构造

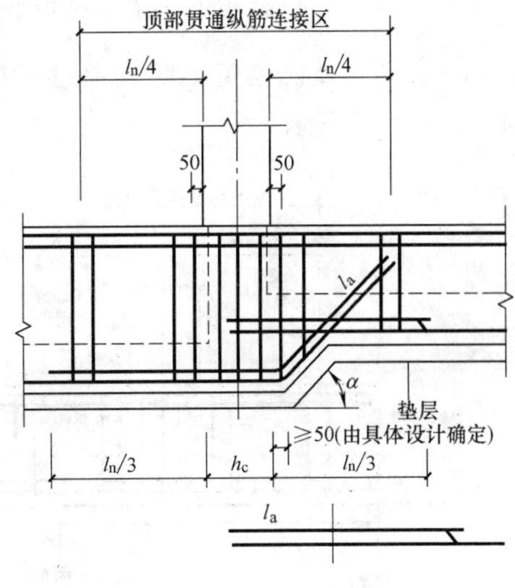

图 3-21 梁底有高差

$$高跨基础梁下部纵筋伸入低跨梁=l_a \tag{3-39}$$

$$低跨梁下部第一排纵筋斜弯折长度=\frac{高差值}{\sin45°(60°)}+l_a \tag{3-40}$$

(3) 当梁底、梁顶均有高差时，如图 3-22 所示，低跨的基础梁上部纵筋伸入高跨内一个 l_a：

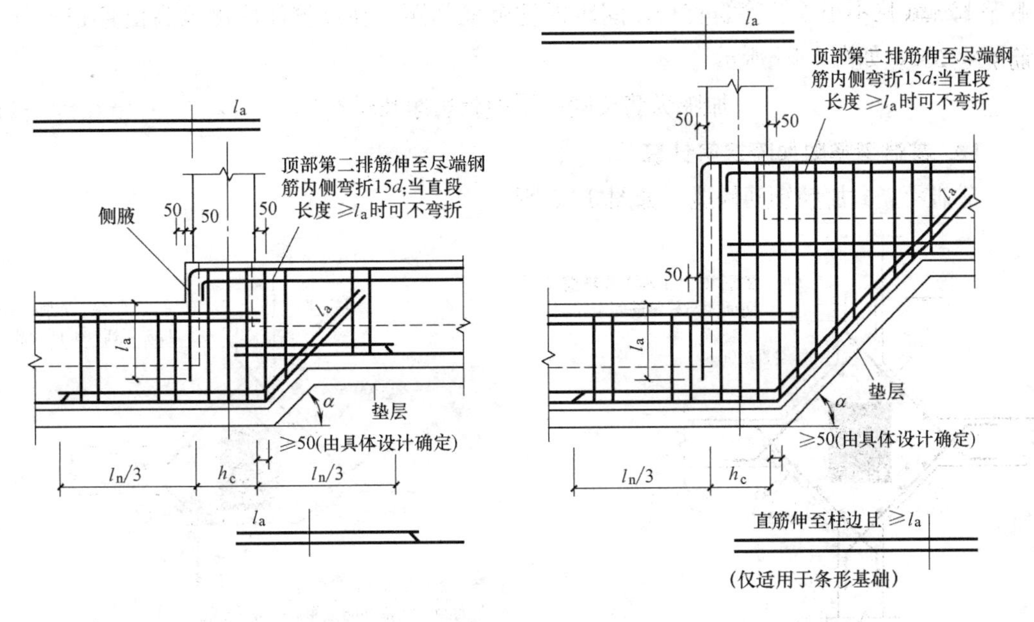

图 3-22 梁底、梁顶均有高差钢筋构造

$$高跨梁上部第一排纵筋弯折长度=高差值+l_a \tag{3-41}$$

$$高跨基础梁下部纵筋伸入低跨内长度=l_a \tag{3-42}$$

$$低跨梁下部第一排纵筋斜弯折长度=\frac{高差值}{\sin 45°(60°)}+l_a \tag{3-43}$$

如支座两边基础梁宽不同或者梁不对齐，将不能拉通的纵筋伸入支座对边后弯折 15d，如图 3-23 所示。

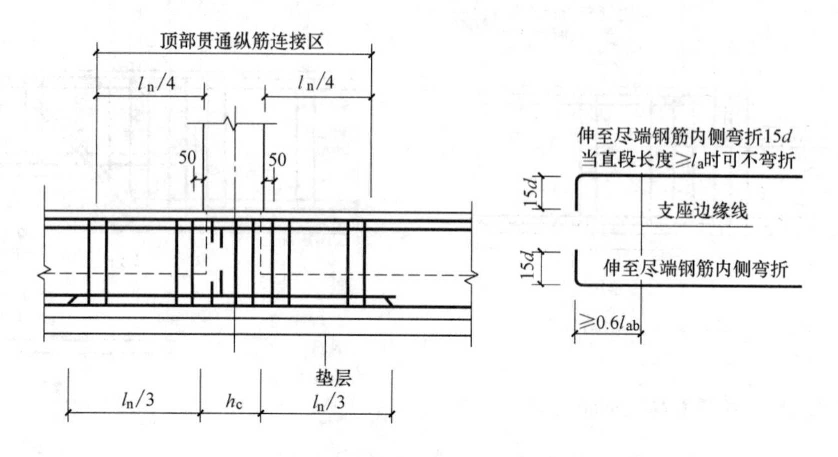

图 3-23 柱两边梁宽不同钢筋构造

如支座两边纵筋根数不同，可以将多出的纵筋伸入支座对边后弯折 15d。

9. 基础梁侧腋钢筋计算

除了基础梁比柱宽且完全形成梁包柱的情形外，基础梁必须加腋，加腋的钢筋直径不小于 12mm 且不小于柱箍筋直径，间距同柱箍筋间距。在加腋筋内侧梁高位置布置分布筋 ϕ8@200，如图 3-24 所示。

$$加腋纵筋长度=\sum 侧腋边净长+2\times l_a \tag{3-44}$$

10. 基础梁竖向加腋钢筋计算

基础梁竖向加腋钢筋构造，如图 3-25 所示。

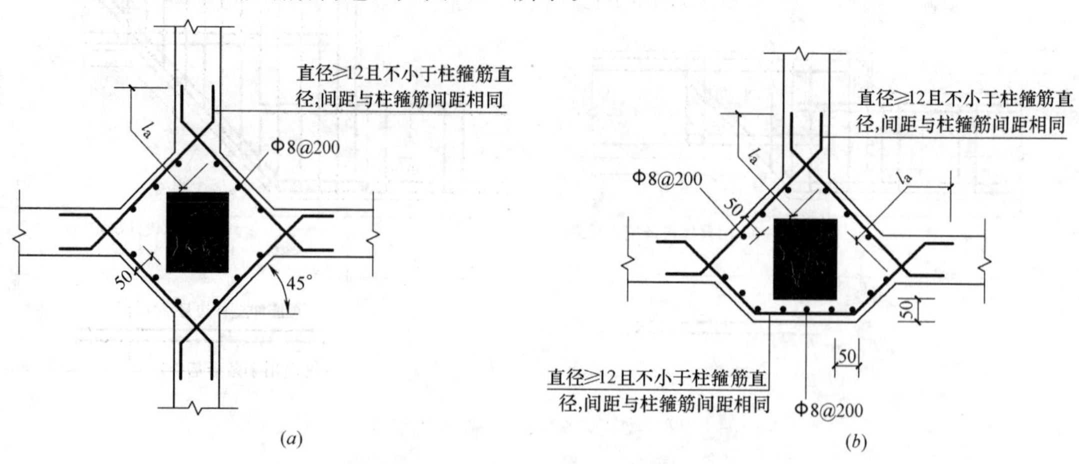

图 3-24 基础梁 JL 与柱结合部侧腋构造

(a) 十字交叉基础梁与柱结合部侧腋构造；(b) 丁字交叉基础梁与柱结合部侧腋构造；

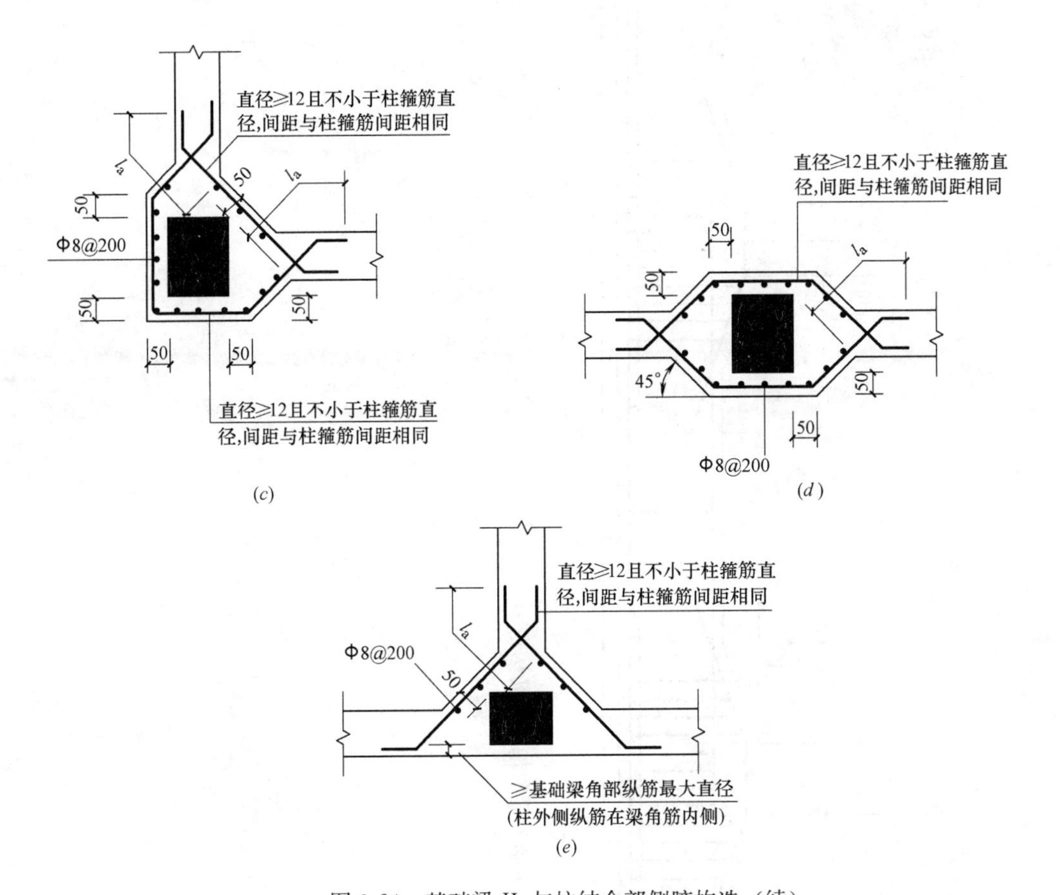

图 3-24 基础梁 JL 与柱结合部侧腋构造（续）

(c) 无外伸基础梁与柱结合部侧腋构造；(d) 基础梁中心穿柱侧腋构造；

(e) 基础梁偏心穿柱与柱结合部侧腋构造

加腋上部斜纵筋根数=梁下部纵筋根数−1（且不少于两根，并插空放置）。其箍筋与梁端部箍筋相同。

$$\text{箍筋根数}=2\times\frac{1.5\times h_b}{\text{加密区间距}}+\frac{l_n-3h_b-2\times c_1}{\text{非加密区间距}}-1 \tag{3-45}$$

$$\text{加腋区箍筋根数}=\frac{c_1-50}{\text{箍筋加密区间距}}+1 \tag{3-46}$$

$$\text{加腋区箍筋理论长度}=2\times b+2\times(2\times h+c_2)-8\times c+2\times 11.9d+8d \tag{3-47}$$

$$\text{加腋区箍筋下料长度}=2\times b+2\times(2\times h+c_2)-8\times c+2\times 11.9d+8d-3\times 1.75d \tag{3-48}$$

$$\text{加腋区箍筋最长预算长度}=2\times(b+h+c_2)-8\times c+2\times 11.9d+8d \tag{3-49}$$

$$\text{加腋区箍筋最长下料长度}=2\times(b+h+c_2)-8\times c+2\times 11.9d+8d-3\times 1.75d \tag{3-50}$$

$$\text{加腋区箍筋最短预算长度}=2\times(b+h)-8\times c+2\times 11.9d+8d \tag{3-51}$$

$$\text{加腋区箍筋最短下料长度}=2\times(b+h)-8\times c+2\times 11.9d+8d-3\times 1.75d \tag{3-52}$$

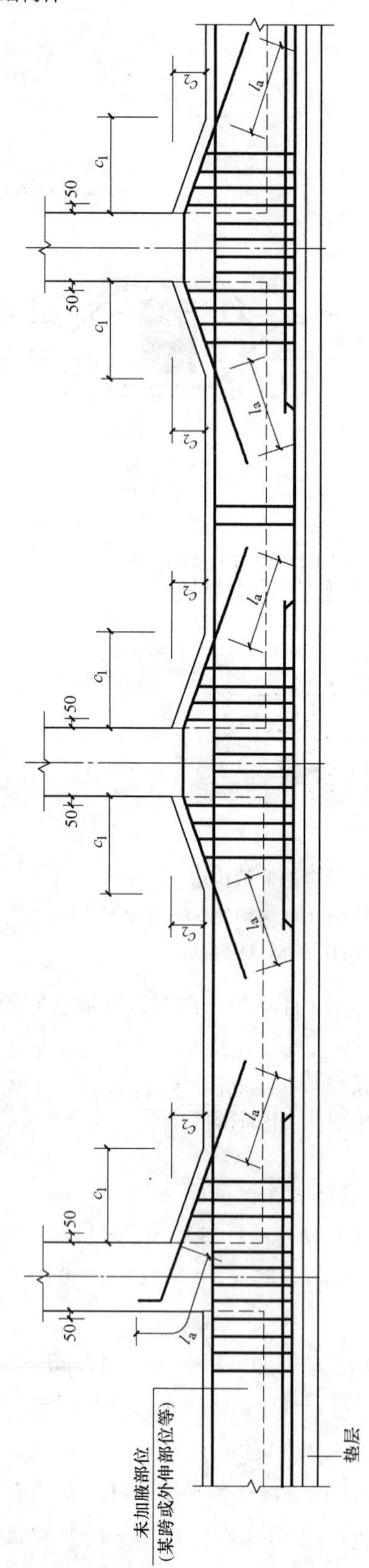

图 3-25 基础梁竖向加腋钢筋构造

$$加腋区箍筋总长缩尺量差=\frac{加腋区箍筋中心线最长长度-加腋区箍筋中心线最短长度}{加腋区箍筋数量}-1 \tag{3-53}$$

$$加腋区箍筋高度缩尺量差=0.5\times\frac{加腋区箍筋中心线最长长度-加腋区箍筋中心线最短长度}{加腋区箍筋数量}-1 \tag{3-54}$$

$$加腋纵筋长度=\sqrt{c_1^2+c_2^2}+2\times l_a \tag{3-55}$$

3.3 筏形基础

3.3.1 基础次梁钢筋计算

1. 基础次梁纵筋计算

基础次梁纵向钢筋与箍筋构造，见图 3-26。其端部外伸部位钢筋构造如图 3-27 所示。

（1）当基础次梁无外伸时

$$上部贯通筋长度=梁净跨长+左\max(12d,0.5h_b)+右\max(12d,0.5h_b) \tag{3-56}$$

$$下部贯通筋长度=梁净跨长+2\times l_a \tag{3-57}$$

（2）当基础次梁外伸时

$$上部贯通筋长度=梁长=2\times保护层厚度+左弯折12d+右弯折12d \tag{3-58}$$

$$下部贯通筋长度=梁长-2\times保护层+左弯折12d+右弯折12d \tag{3-59}$$

2. 基础次梁非贯通筋计算

（1）基础次梁无外伸时

$$下部端支座非贯通钢筋长度=0.5b_b+\max\left(\frac{l_n}{3},1.2l_a+h_b+0.5b_b\right)+12d \tag{3-60}$$

$$下部中间支座非贯通钢筋长度=\max\left(\frac{l_n}{3},1.2l_a+h_b+0.5b_b\right)\times2 \tag{3-61}$$

式中 l_n——左跨和右跨的较大值；

h_b——基础次梁截面高度；

b_b——基础主梁宽度；

c——基础梁保护层厚度。

（2）基础次梁外伸时

$$下部端支座非贯通钢筋长度=外伸长度\ l+\max\left(\frac{l_n}{3},1.2l_a+h_b+0.5b_b\right)+12d \tag{3-62}$$

$$下部端支座非贯通第二排钢筋长度=外伸长度\ l+\max\left(\frac{l_n}{3},1.2l_a+h_b+0.5b_b\right) \tag{3-63}$$

$$下部中间支座非贯通钢筋长度=\max\left(\frac{l_n}{3},1.2l_a+h_b+0.5b_b\right)\times2 \tag{3-64}$$

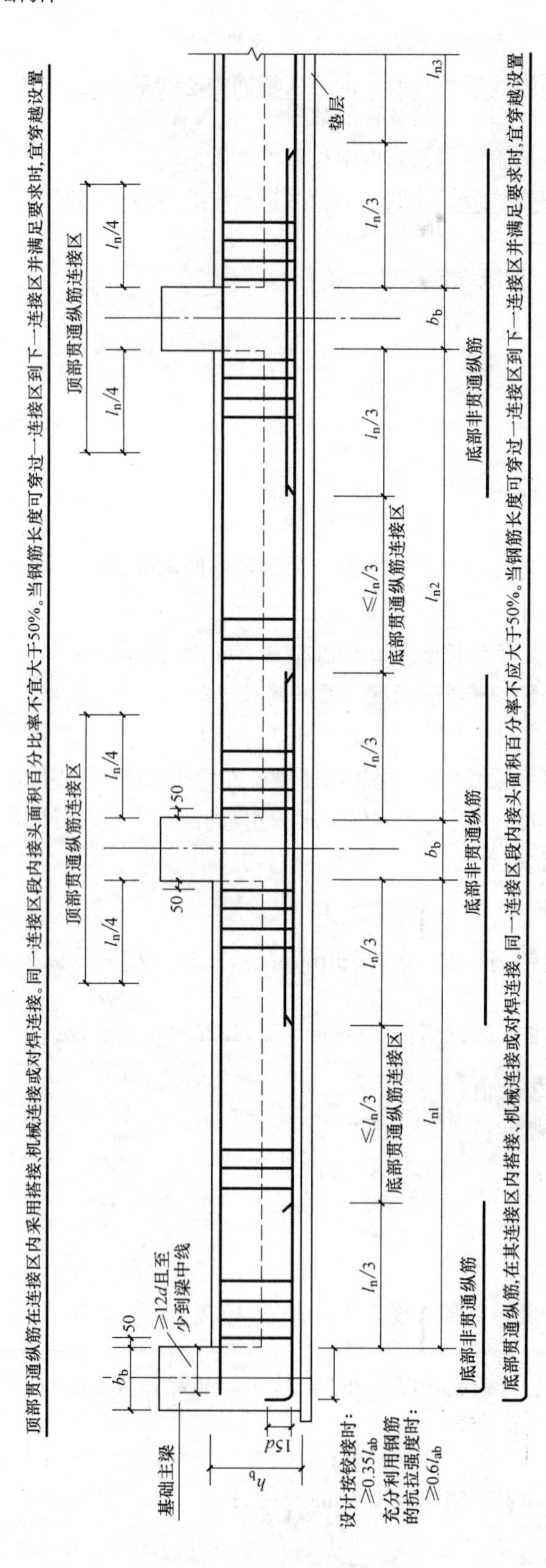

图 3-26 基础次梁纵向钢筋与箍筋构造

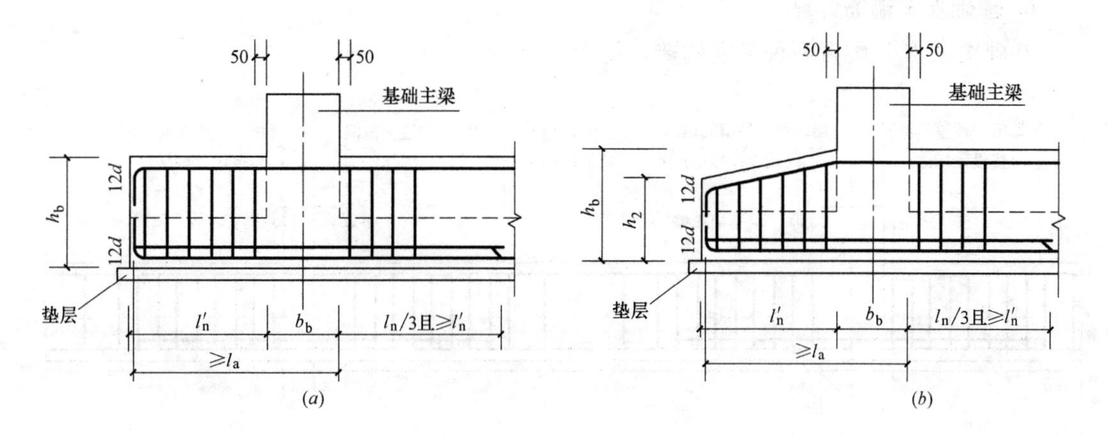

图 3-27 端部外伸部位钢筋构造

(*a*) 端部等截面外伸构造；(*b*) 端部变截面外伸钢筋构造

3. 基础次梁侧面纵筋计算

$$梁侧面筋根数=2\times\left(\frac{梁高\ h-保护层厚度-筏板厚\ b}{梁侧面筋间距}-1\right) \tag{3-65}$$

$$梁侧面构造纵筋长度=l_{n1}+2\times15d \tag{3-66}$$

4. 基础次梁架立筋计算

由于梁下部贯通筋的根数少于箍筋的肢数时在梁的跨中$\frac{1}{3}$跨度范围内须设置架立筋用来固定箍筋，架立筋与支座负筋搭接 150mm。

$$基础梁首跨架立筋长度=l_1-\max\left(\frac{l_1}{3},1.2l_a+h_b+0.5b_b\right)$$
$$-\max\left(\frac{l_1}{3},\frac{l_2}{3},1.2l_a+h_b+0.5b_b\right)+2\times150 \tag{3-67}$$

$$基础梁中间跨架立筋长度=l_{n2}-\max\left(\frac{l_1}{3},\frac{l_2}{3},1.2l_a+h_b+0.5b_b\right)$$
$$-\max\left(\frac{l_2}{3},\frac{l_3}{3},1.2l_a+h_b+0.5b_b\right)+2\times150 \tag{3-68}$$

式中 l_1——首跨轴线到轴线长度；

l_2——第二跨轴线到轴线长度；

l_3——第三跨轴线到轴线长度；

l_n——中间第 n 跨轴线到轴线长度；

l_{n2}——中间第 2 跨轴线到轴线长度。

5. 基础次梁拉筋计算

$$梁侧面拉筋根数=侧面筋道数\ n\times\left(\frac{l_n-50\times2}{非加密区间距的2倍}+1\right) \tag{3-69}$$

$$梁侧面拉筋长度=(梁宽\ b-保护层厚度\ c\times2)+4d+2\times11.9d \tag{3-70}$$

6. 基础次梁箍筋计算

基础次梁 JCL 配置两种箍筋构造，见图 3-28。

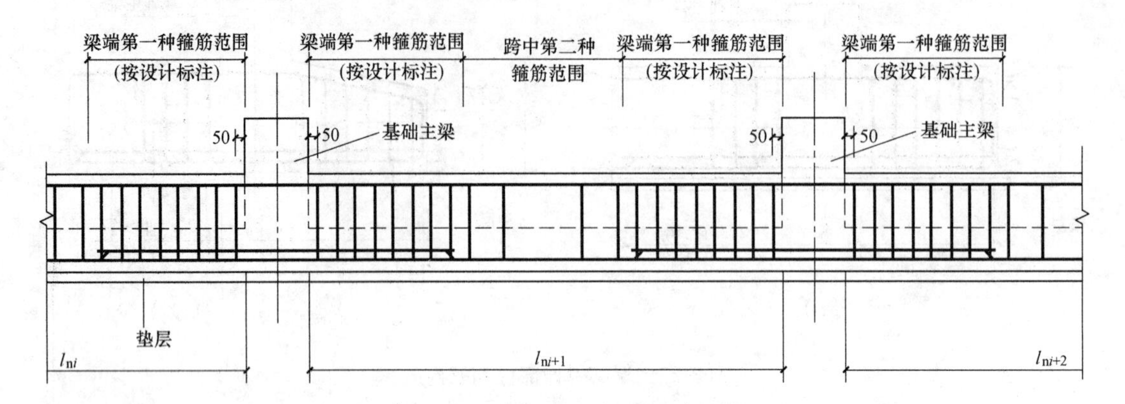

图 3-28 基础次梁 JCL 配置两种箍筋构造

注：l_{ni}为基础次梁的本跨净跨值。

$$箍筋根数=\sum 根数1+根数2+\frac{梁净长-2\times50-(根数1-1)\times间距1-(根数2-1)\times间距2}{间距3}-1 \tag{3-71}$$

当设计未注明加密箍筋范围时：

$$箍筋加密区长度\ L_1=\max(1.5\times h_b,500) \tag{3-72}$$

$$箍筋根数=2\times\left(\frac{L_1-50}{加密区间距}+1\right)+\frac{l_n-2\times L_1}{非加密区间距}-1 \tag{3-73}$$

$$箍筋预算长度=(b+h)\times2-8\times c+2\times11.9d+8d \tag{3-74}$$

$$箍筋下料长度=(b+h)\times2-8\times c+2\times11.9d+8d-3\times1.75d \tag{3-75}$$

$$内箍预算长度=\left[\left(\frac{b-2\times c-D}{n}-1\right)\times j+d\right]\times2+2\times(h-c)+2\times11.9d+8d \tag{3-76}$$

$$内箍下料长度=\left[\left(\frac{b-2\times c-D}{n}-1\right)\times j+d\right]\times2+2\times(h-c)+2\times11.9d+8d-3\times1.75d \tag{3-77}$$

式中 b——梁宽度；

c——梁侧保护层厚度；

D——梁纵筋直径；

n——梁箍筋肢数；

j——内箍包含的主筋孔数；

d——梁箍筋直径。

7. 变截面基础次梁钢筋算法

梁变截面有几种情况：梁顶有高差，梁底有高差，梁底、梁顶均有高差。

当基础次梁下部有高差时，低跨的基础梁必须做成45°或60°梁底台阶或斜坡。

当基础次梁有高差时，不能贯通的纵筋必须相互锚固。

当基础次梁梁顶有高差时，如图3-29所示：

低跨梁上部纵筋伸入基础主梁内 max($12d$，$0.5h_b$)；

高跨梁上部纵筋伸入基础主梁内 max($12d$，$0.5h_b$)。

当基础次梁梁底有高差时，如图3-30所示：

$$高跨的基础梁下部纵筋伸入高跨内长度=l_a \quad (3\text{-}78)$$

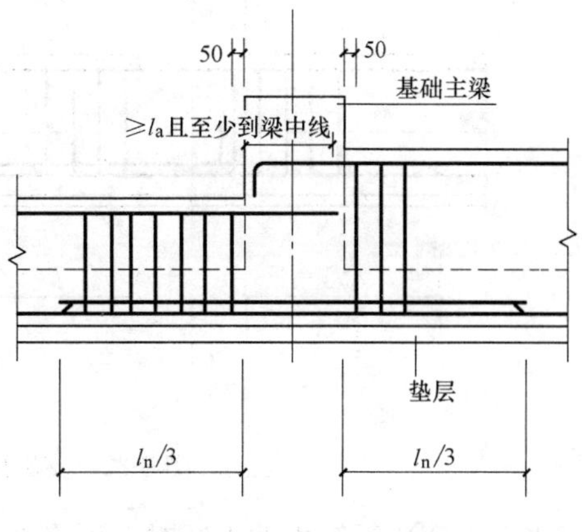

图3-29 梁顶有高差钢筋构造

$$低跨梁下部第一排纵筋斜弯折长度=\frac{高差值}{\sin45°(60°)}+l_a \quad (3\text{-}79)$$

当基础次梁上下均不平时，如图3-31所示：

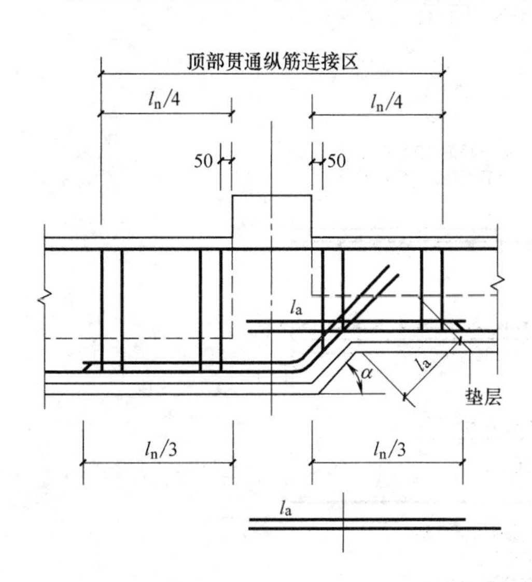

图3-30 梁底有高差钢筋构造

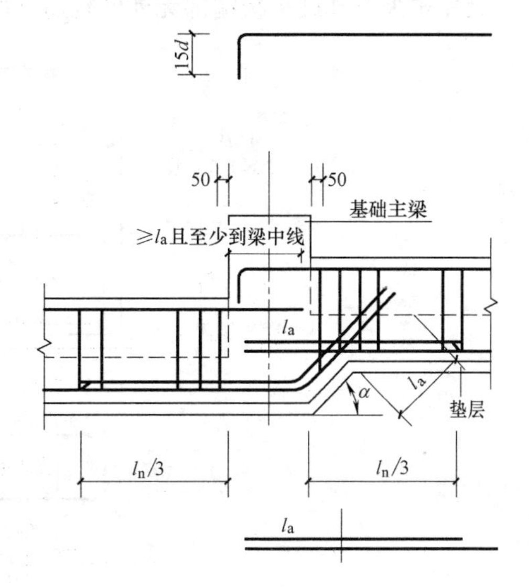

图3-31 梁底、梁顶均有高差钢筋构造

低跨梁上部纵筋伸入基础主梁内 max($12d$，$0.5h_b$)；

高跨梁上部纵筋伸入基础主梁内 max($12d$，$0.5h_b$)。

$$高跨的基础梁下部纵筋伸入高跨内长度=l_a \quad (3\text{-}80)$$

$$低跨梁下部第一排纵筋斜弯折长度=\frac{高差值}{\sin45°(60°)}+l_a \quad (3\text{-}81)$$

当支座两边基础梁宽不同或梁不对齐时，将不能拉通的纵筋伸入支座对边后弯折

15d，如图 3-32 所示。

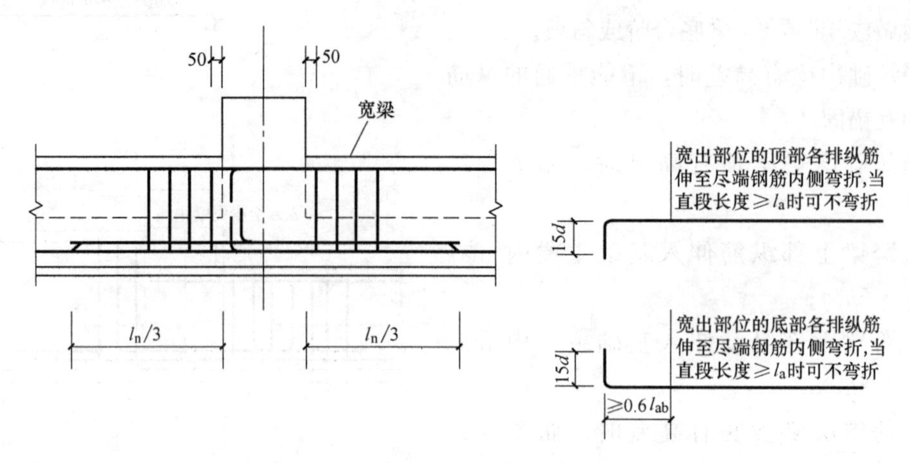

图 3-32 支座两边梁宽不同钢筋构造

当支座两边纵筋根数不同时，可将多出的纵筋伸入支座对边后弯折 15d。

3.3.2 梁板式筏形基础平板钢筋计算

1. 端部无外伸构造

梁板式筏形基础平板端部无外伸构造如图 3-33 所示。

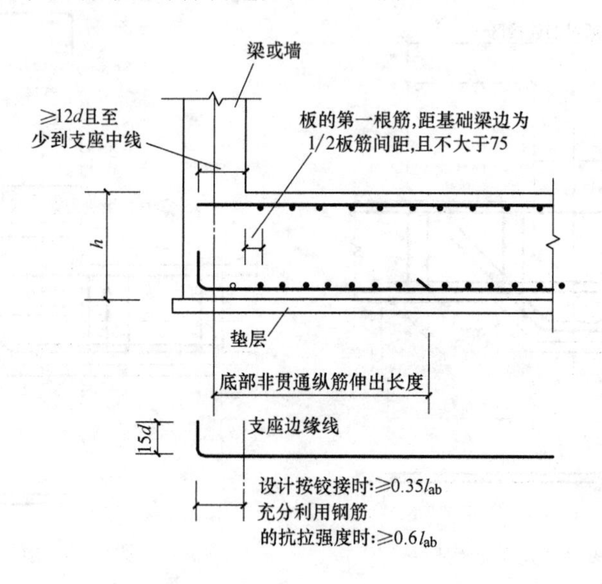

图 3-33 梁板式筏形基础平板端部无外伸构造

$$底部贯通筋长度=筏板长度-2\times保护层厚度+弯折长度2\times15d \tag{3-82}$$

即使底部锚固区水平段长度满足不小于 $0.4l_a$ 时，底部纵筋也必须伸至基础梁箍筋内侧。

$$上部贯通筋长度=筏板净跨长+\max(12d,0.5h_c) \tag{3-83}$$

2. 端部有外伸构造

端部外伸部位钢筋构造如图 3-34 所示。

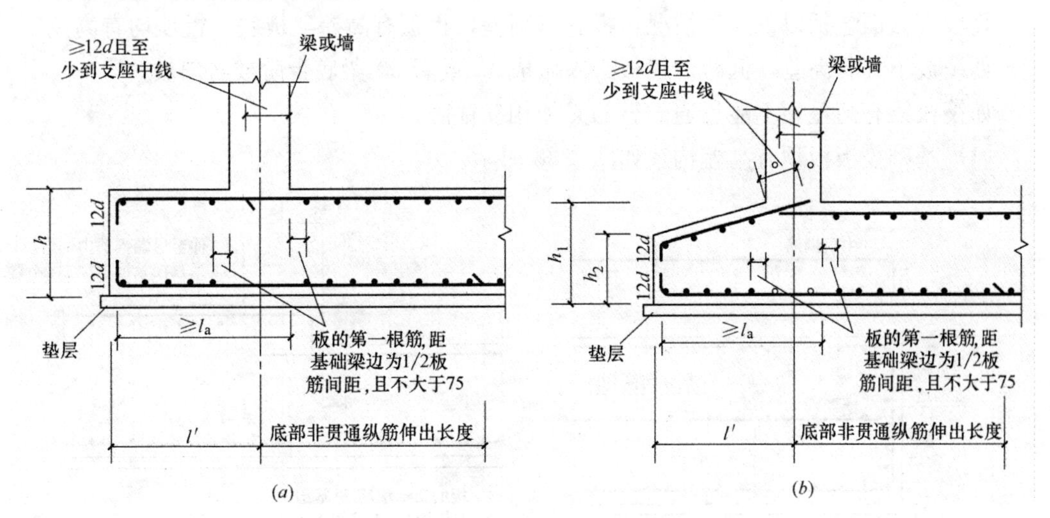

图 3-34 端部外伸部位钢筋构造

(a) 端部等截面外伸构造；(b) 端部变截面外伸钢筋构造

$$底部贯通筋长度=筏板长度-2\times保护层厚度+弯折长度 \tag{3-84}$$

$$上部贯通筋长度=筏板长度-2\times保护层厚度+弯折长度 \tag{3-85}$$

弯折长度算法：

(1) 弯钩交错封边构造如图 3-35 所示。

$$弯折长度=\frac{筏板高度}{2}-保护层厚度+75\text{mm} \tag{3-86}$$

(2) U 形封边构造如图 3-36 所示。

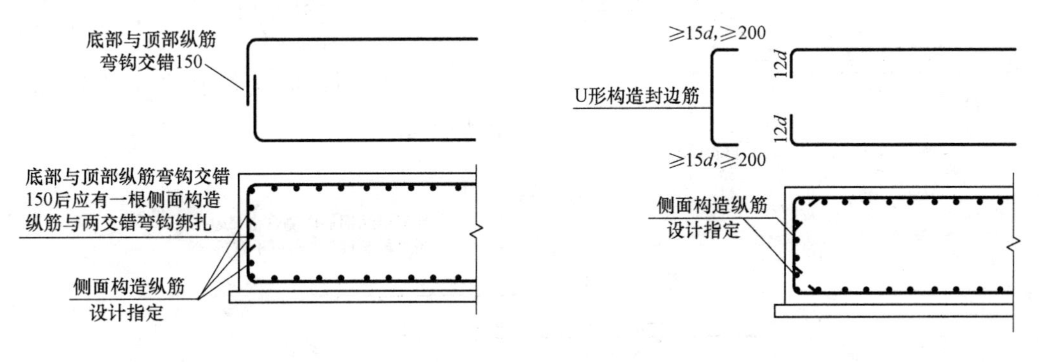

图 3-35 弯钩交错封边构造　　图 3-36 U 形封边构造

$$弯折长度=12d \tag{3-87}$$

$$U形封边长度=筏板高度-2\times保护层厚度+2\times12d \tag{3-88}$$

(3) 无封边构造如图 3-37 所示。

$$弯折长度=12d \tag{3-89}$$

$$中层钢筋网片长度=筏板长度-2\times保护层厚度+2\times12d \quad (3\text{-}90)$$

3. 梁板式筏形基础平板变截面钢筋翻样

筏板变截面包括以下几种情况：板底有高差，板顶有高差，板底、板顶均有高差。

如筏板下部有高差，低跨的筏板必须做成45°或者60°梁底台阶或者斜坡。

如筏板梁有高差，不能贯通的纵筋必须相互锚固。

（1）基础筏板板顶有高差构造如图3-38所示。

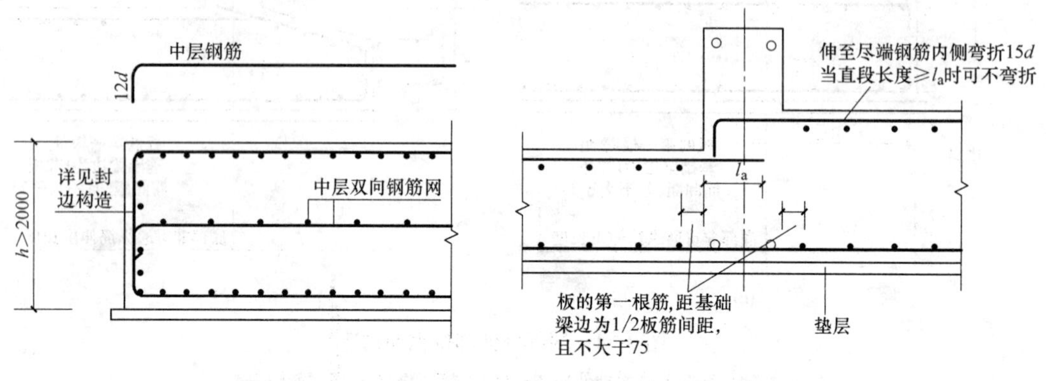

图3-37 无封边构造　　　图3-38 板顶有高差

$$低跨筏板上部纵筋伸入基础梁内长度=\max(12d,0.5h_b) \quad (3\text{-}91)$$

$$高跨筏板上部纵筋伸入基础梁内长度=\max(12d,0.5h_b) \quad (3\text{-}92)$$

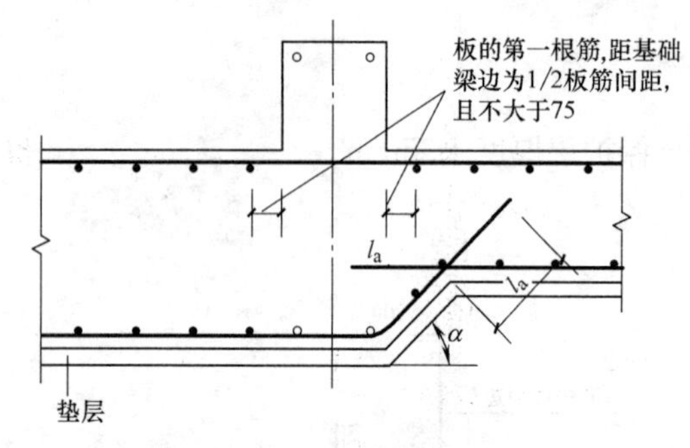

图3-39 板底有高差

（2）板底有高差构造如图3-39所示。

$$高跨基础筏板下部纵筋伸入高跨内长度=l_a \quad (3\text{-}93)$$

$$低跨基础筏板下部纵筋斜弯折长度=\frac{高差值}{\sin45^\circ(60^\circ)}+l_a \quad (3\text{-}94)$$

（3）板顶、板底均有高差构造如图3-40所示。

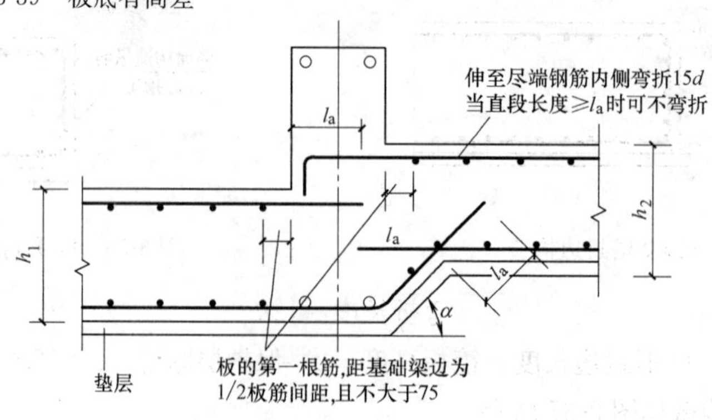

图3-40 板顶、板底均有高差

低跨基础筏板上部纵筋伸入基础主梁内 max（$12d$，$0.5h_b$）。

高跨基础筏板上部纵筋伸入基础主梁内 max（$12d$，$0.5h_b$）。

$$高跨的基础筏板下部纵筋伸入高跨内长度=l_a \tag{3-95}$$

$$低跨的基础筏板下部纵筋斜弯折长度=\frac{高差值}{\sin45°(60°)}+l_a \tag{3-96}$$

3.3.3 平板式筏形基础平板钢筋计算

平板式筏形基础相当于无梁板，是无梁基础底板。

1. 端部无外伸时

端部无外伸时，如图 3-41 所示。

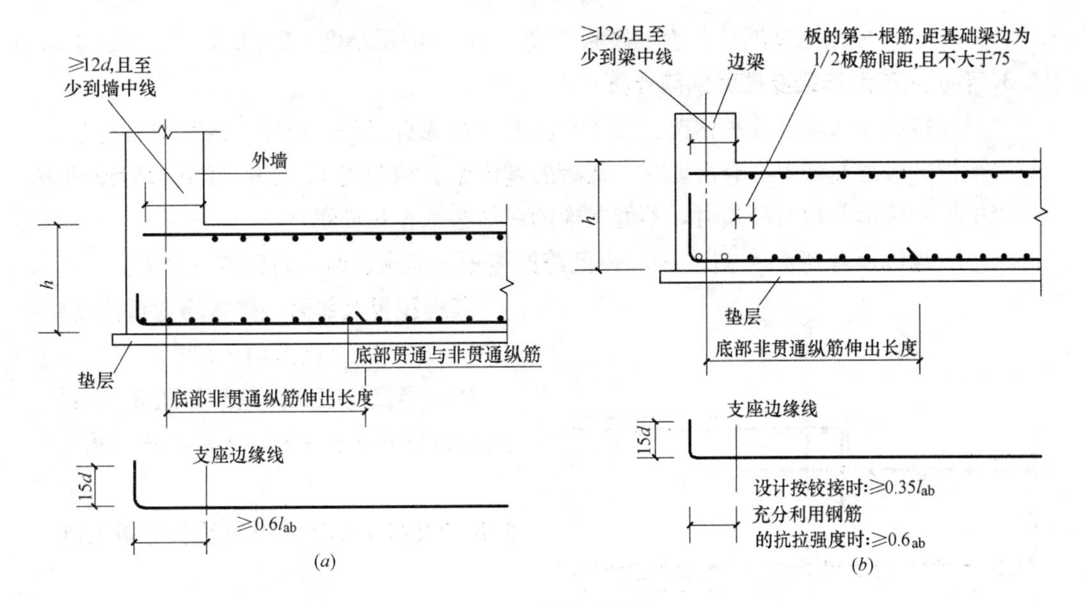

图 3-41　端部无外伸

板边缘遇墙身或柱时：

底部贯通筋长度=筏板长度−2×保护层厚度+2×max($1.7l_a$，筏板高度 h−保护层厚度）(3-97)

其他部位按侧面封边构造：

上部贯通筋长度=筏板净跨长+max(边柱宽+$15d$,l_a）　(3-98)

2. 端部外伸时

端部外伸时，如图 3-42 所示。

底部贯通筋长度=筏板长度−2×保护层厚度+弯折长度　(3-99)

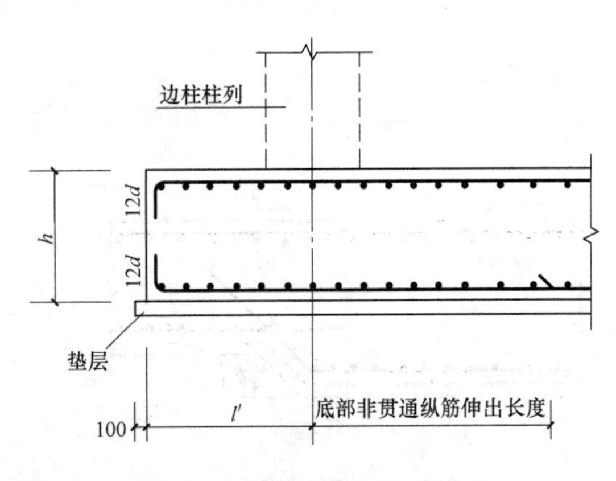

图 3-42　端部等截面外伸构造

$$上部贯通筋长度=筏板长度-2\times保护层厚度+弯折长度 \quad (3\text{-}100)$$

弯折长度计算：

第一种弯钩交错封边时：

$$弯折长度=\frac{筏板高度}{2}-保护层厚度+75\text{mm} \quad (3\text{-}101)$$

第二种U形封边构造时：

$$弯折长度=12d$$

$$U形封边长度=筏板高度-2\times保护层厚度+12d+12d \quad (3\text{-}102)$$

第三种无封边构造时：

$$弯折长度=12d$$

$$中层钢筋网片长度=筏板长度-2\times保护层厚度+2\times12d \quad (3\text{-}103)$$

3. 平板式筏形基础变截面钢筋计算

平板式筏板变截面有几种情况：板顶有高差，板底有高差，板顶、板底均有高差。当平板式筏形基础下部有高差时，低跨的基础梁必须做成45°或60°梁底台阶或斜坡。当平板式筏形基础有高差时，不能贯通的纵筋必须相互锚固。

（1）当筏板顶有高差时（图3-43），低跨的筏板上部纵筋伸入高跨内一个 l_a。

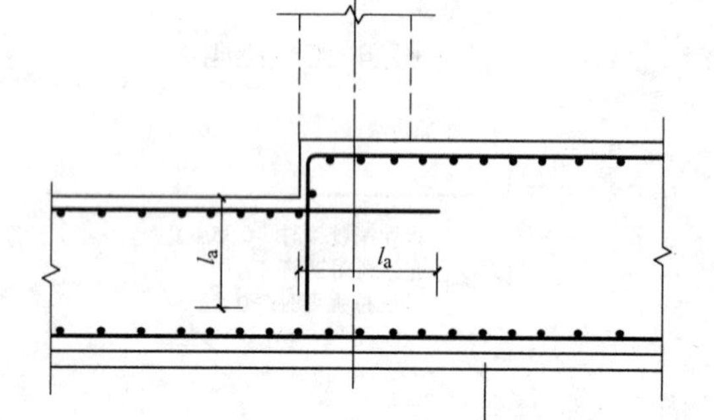

图3-43 筏板顶有高差

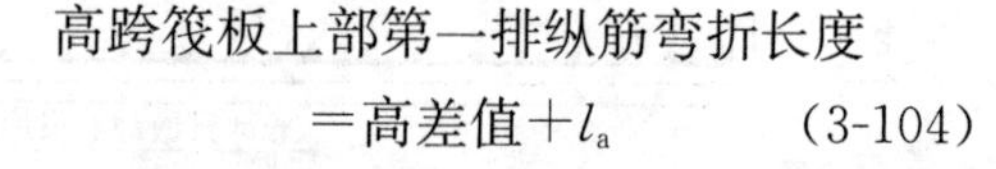

$$高跨筏板上部第一排纵筋弯折长度=高差值+l_a \quad (3\text{-}104)$$

（2）当筏板底有高差时（图3-44）：

$$高跨的筏板下部纵筋伸入高跨内长度=l_a \quad (3\text{-}105)$$

$$低跨的筏板下部第一排纵筋斜弯折长度=\frac{高差值}{\sin45^\circ(60^\circ)}+l_a \quad (3\text{-}106)$$

（3）当基础筏板顶、板底均有高差时（图3-45），低跨的筏板上部纵筋伸入高跨内一个 l_a。

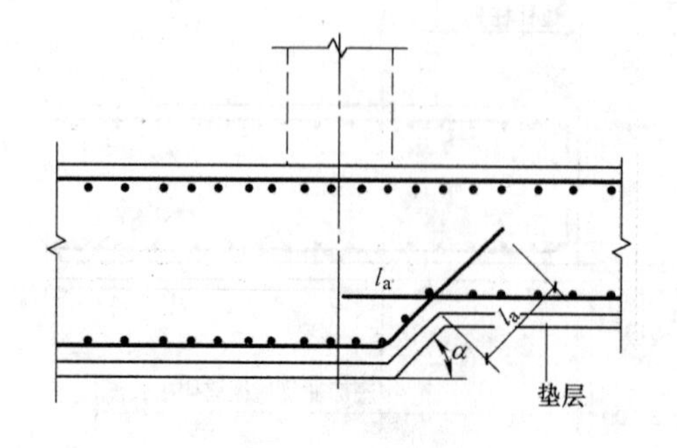

图3-44 筏板底有高差

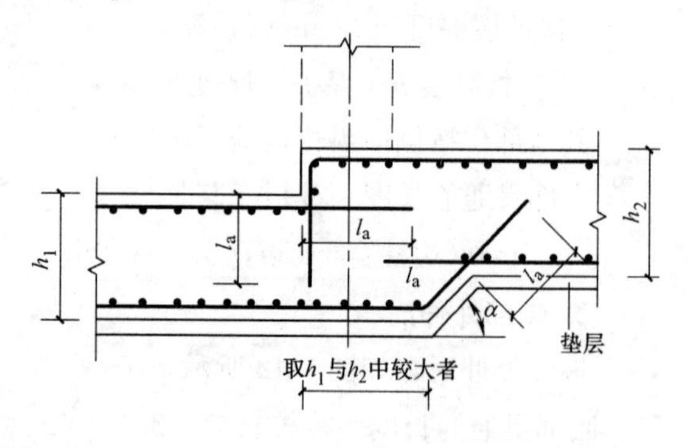

图3-45 筏板顶、板底均有高差

$$高跨筏板上部第一排纵筋弯折长度=高差值+l_a \tag{3-107}$$

$$高跨的筏板下部纵筋伸入高跨内长度=l_a \tag{3-108}$$

$$低跨的筏板下部第一排纵筋斜弯折长度=\frac{高差值}{\sin45°(60°)}+l_a \tag{3-109}$$

4. 筏形基础拉筋计算

$$拉筋长度=筏板高度-上下保护层+2\times11.9d+2d \tag{3-110}$$

$$拉筋根数=\frac{筏板净面积}{拉筋X方向间距\times拉筋Y方向间距} \tag{3-111}$$

5. 筏形基础马凳筋算法

$$马凳筋长度=上平直段长+2\times下平直段长度+筏板高度-上下保护层-\Sigma(筏板上部纵筋直径+筏板底部最下层纵筋直径) \tag{3-112}$$

$$马凳筋根数=\frac{筏板净面积}{间距\times间距} \tag{3-113}$$

马凳筋间距一般为1000mm。

3.4 基础构件计算实例

【例3-1】 DJ_p1平法施工图，如图3-46所示，其剖面示意图如图3-47所示。求DJ_p1的X向、Y向钢筋。

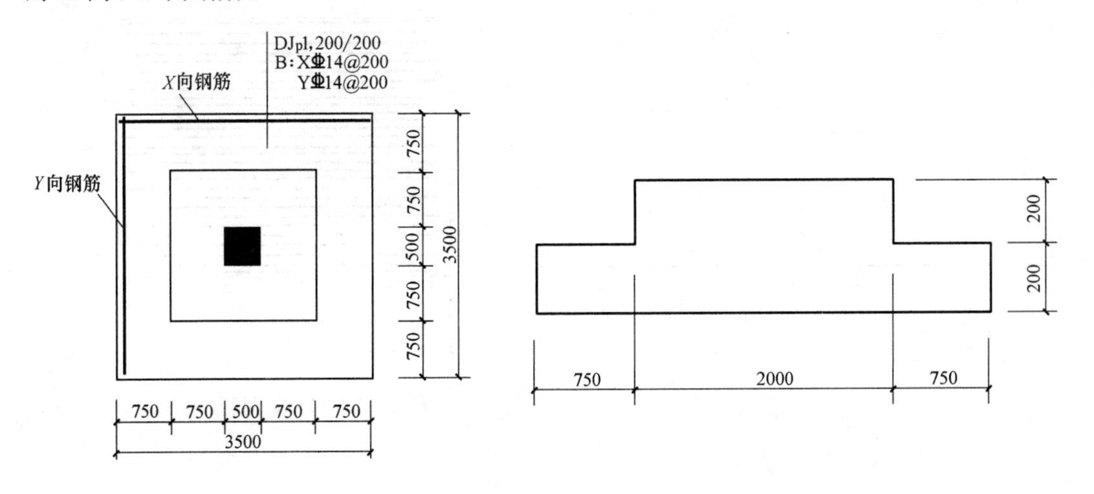

图3-46 DJ_p1平法施工图

图3-47 DJ_p1剖面示意图

【解】

(1) X向钢筋

$$长度=x-2c=3500-2\times40=3420\text{mm}$$

$$根数=\frac{y-2\times\min\left(75,\frac{s'}{2}\right)}{s'}+1$$

$$=\frac{3500-2\times75}{220}+1$$

$$=18 根$$

（2）Y 向钢筋

$$长度=y-2c=3500-2\times40=3420\text{mm}$$

$$根数=\frac{x-2\times\min\left(75，\frac{s}{2}\right)}{s}+1$$

$$=\frac{3500-2\times75}{200}+1$$

$$=18 根$$

【例 3-2】 DJ_p2 平法施工图，如图 3-48 所示。求 DJ_p2 的 X 向、Y 向钢筋。

【解】

DJ_P2 为正方形，X 向钢筋与 Y 向钢筋完全相同，本例中以 X 向钢筋为例进行计算，计算过程如下，钢筋示意图见图 3-49。

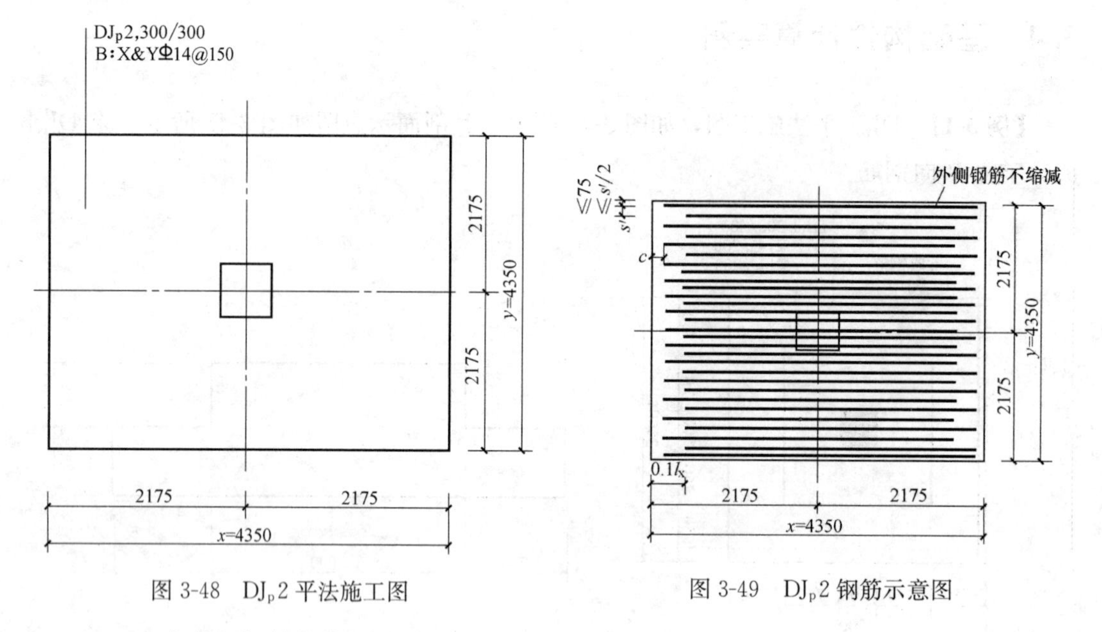

图 3-48 DJ_p2 平法施工图　　图 3-49 DJ_p2 钢筋示意图

（1）X 向外侧钢筋长度=基础边长$-2c$

$$=x-2c$$

$$=4350-2\times40$$

$$=4270\text{mm}$$

（2）X 向外侧钢筋根数=2 根（一侧各一根）

（3）X 向其余钢筋长度=基础边长$-c-0.1\times$基础边长

$$=x-c-0.1l_x$$

$$=4350-40-0.1\times4350$$

$=3875\text{mm}$

（4）X 向其余钢筋根数$=[y-\min(75,s/2)]/s-1$

$=(4350-2\times75)/150-1$

$=27$ 根

【例 3-3】 JL03 平法施工图，如图 3-50 所示。求 JL03 的底部贯通纵筋、顶部贯通纵筋及非贯通纵筋。

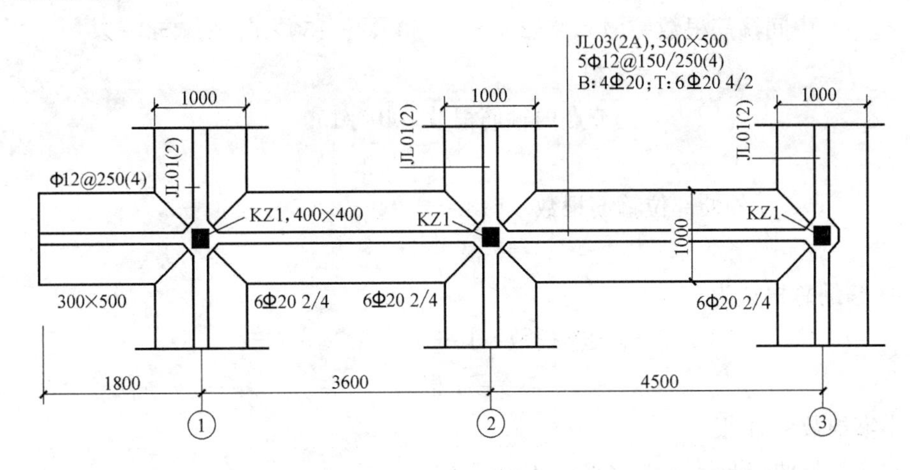

图 3-50　JL03 平法施工图

【解】

（1）底部贯通纵筋 4Φ20

长度$=(3600+4500+1800+200+50)-2\times30+2\times15\times20$

$=10690\text{mm}$

（2）顶部贯通纵筋上排 4Φ20

长度$=(3600+4500+1800+200+50)-2\times30+2\times12\times20$

$=10570\text{mm}$

（3）顶部贯通纵筋下排 2Φ20

长度$=3600+4500+(200+50-30+12d)-200+29d$

$=3600+4500+(200+50-30+12\times20)-200+29\times20$

$=8940\text{mm}$

（4）箍筋

外大箍长度$=(300-2\times30+12)\times2+(500-2\times30+12)\times2+2\times11.9\times12$

$=1694\text{mm}$

内小箍筋长度$=[(300-2\times30-20)/3+20+12]\times2$

$+(500-2\times30+12)\times2+2\times11.9\times12$

$=1401\text{mm}$

箍筋根数：

第一跨：5×2+6=16 根

两端各 5Φ12；

$$中间箍筋根数=(3600-200\times2-50\times2-150\times5\times2)/250-1$$
$$=6 根$$

第二跨：5×2+9=19 根

两端各 5Φ12；

$$中间箍筋根数=(4500-200\times2-50\times2-150\times5\times2)/250-1$$
$$=9 根$$

$$节点内箍筋根数=400/150$$
$$=3 根$$

$$外伸部位箍筋根数=(1800-200-2\times50)/250+1$$
$$=7 根$$

JL03 箍筋总根数为：

$$外大箍根数=16+19+3\times3+7$$
$$=51 根$$

内小箍根数=51 根

（5）底部外伸端非贯通筋 2Φ20（位于上排）

$$长度=延伸长度\ l_0/3+伸至端部$$
$$=4500/3+1800-30$$
$$=3270mm$$

（6）底部中间柱下区域非贯通筋 2Φ20（位于上排）

$$长度=2\times l_0/3$$
$$=2\times4500/3$$
$$=3000mm$$

（7）底部右端（非外伸端）非贯通筋 2Φ20

$$长度=延伸长度\ l_0/3+伸至端部$$
$$=4500/3+200+50-30+15d$$
$$=4500/3+200+50-30+15\times20$$
$$=2020mm$$

【例 3-4】 计算图 3-51 中 JL05 的钢筋。

【解】

（本例以①轴线加腋筋为例，②、③轴位置加腋筋同理。）

（1）加腋斜边长

$$a=\sqrt{50^2+50^2}=70.71mm$$
$$b=a+50=120.71mm$$
$$1号筋加腋斜边长=2b=2\times120.71=242mm$$

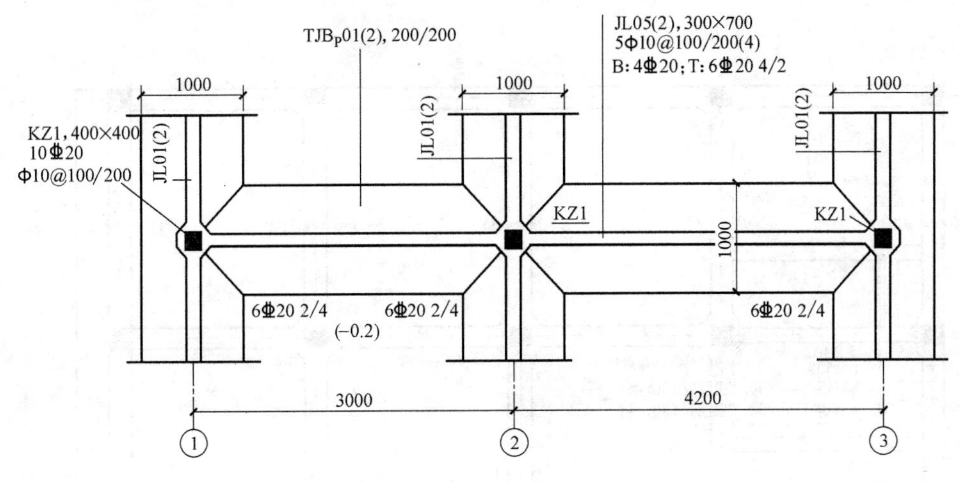

图 3-51　JL05 平法施工图

(2) 1 号加腋筋Φ10（本例中 1 号加腋筋对称，只计算一侧）

$$1\text{号加腋筋长度}=\text{加腋斜边长}+2\times l_a$$
$$=242+2\times29\times10=822\text{mm}$$

根数＝300/100＋1＝4根(间距同柱箍筋间距100)

分布筋（Φ8@200）

$$\text{长度}=300-2\times25=250\text{mm}$$
$$\text{根数}=242/200+1=3\text{根}$$

(3) 1 号加腋筋Φ12

$$\text{加腋斜边长}=400+2\times50+2\times\sqrt{100^2+100^2}=783\text{mm}$$
$$2\text{号加腋筋长度}=783+2\times29d$$
$$=783+2\times29\times10=1363\text{mm}$$

根数＝300/100＋1＝4 根（间距同柱箍筋间距 100）

分布筋（Φ8@200）

$$\text{长度}=300-2\times25=250\text{mm}$$
$$\text{根数}=783/200+1=5\text{根}$$

【例 3-5】 计算如图 3-52 所示 LPB01 中的钢筋预算量。

【解】

保护层厚为 40mm，锚固长度 $l_a=29d$，不考虑接头。

(1) X 向板底贯通纵筋Φ14@200

计算依据：

左端无外伸，底部贯通纵筋伸至端部弯折 15d；右端外伸，采用 U 形封边方式，底部贯通纵筋伸至端部弯折 12d。

$$\text{长度}=7300+6700+7000+6600+1500+400-2\times40+15d+12d$$
$$=7300+6700+7000+6600+1500+400-2\times40+15\times14+12\times14$$

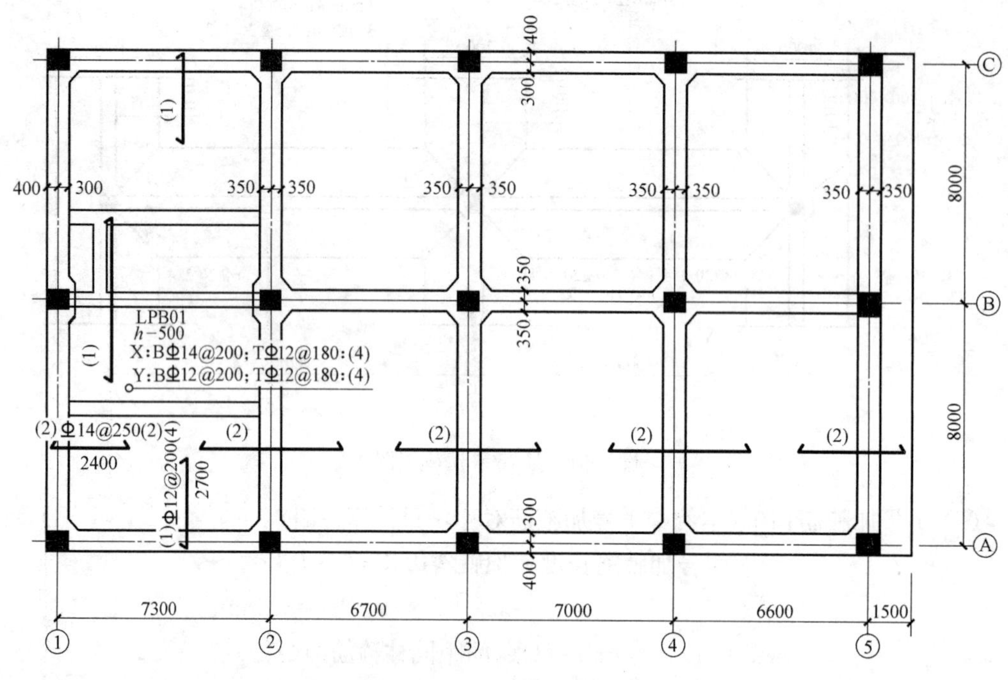

图 3-52　LPB01 平法施工图

注：外伸端采用U形封边构造，U形钢筋为⌀20@300，封边处侧部构造筋为2⌀8。

=29798mm

接头个数=29852/9000-1

=3 个

根数=(8000×2+800-100×2)/200+1

=84 根

注：取配置较大方向的底部贯通纵筋，即X向贯通纵筋满铺，计算根数时不扣基础梁所占宽度。

（2）Y 向板顶贯通纵筋⌀12@200

计算依据：

两端无外伸，底部贯通纵筋伸至端部弯折 $15d$。

长度=8000×2+2×400-2×40+2×15d

=8000×2+2×400-2×40+2×15×12

=17080mm

接头个数=17140/9000-1

=1 个

根数=(7300+6700+7000+6600+1500-2750)/200+1

=133 根

（3）X 向板顶贯通纵筋⌀12@180

计算依据：

左端无外伸，顶部贯通纵筋锚入梁内 max（$12d$，0.5 梁宽）；右端外伸，采用 U 形封边方式，底部贯通纵筋伸至端部弯折 $12d$。

长度＝7300＋6700＋7000＋6600＋1500＋400－2×40＋max($12d$,350)＋$12d$

＝7300＋6700＋7000＋6600＋1500＋400－2×40＋max(12×12,350)＋12×12

＝29914mm

接头个数＝29914/9000－1

＝3 个

根数＝(8000×2－600－700)/180＋1

＝83 根

（4）Y 向板顶贯通纵筋Φ12@180

计算依据：

长度与 Y 向板底部贯通纵筋相同；两端无外伸，底部贯通纵筋伸至端部弯折 $15d$。

长度＝8000×2＋2×400－2×40＋2×$15d$

＝8000×2＋2×400－2×40＋2×15×12

＝17080mm

接头个数＝17080/9000－1

＝1 个

根数＝(7300＋6700＋7000＋6600＋1500－2750)/180＋1

＝148 根

（5）（2）号板底部非贯通纵筋Φ12@200（①轴）

计算依据：

左端无外伸，底部贯通纵筋伸至端部弯折 $15d$。

长度＝2400＋400－40＋$15d$

＝2400＋400－40＋15×12

＝2940mm

根数＝(8000×2＋800－100×2)/200＋1

＝84 根

（6）（2）号板底部非贯通纵筋Φ14@200（②、③、④轴）

长度＝2400×2

＝4800mm

根数＝(8000×2＋800－100×2)/200＋1

＝84 根

（7）（2）号板底部非贯通纵筋Φ12@200（⑤轴）

计算依据：

右端外伸，采用 U 形封边方式，底部贯通纵筋伸至端部弯折 $12d$。

长度＝2400＋1500－40＋$12d$

=2400＋1500－40＋12×12

=4004mm

根数=(8000×2＋800－100×2)/200＋1

=84 根

(8) (1) 号板底部非贯通纵筋Φ12@200 (Ⓐ、Ⓒ轴)

长度=2700＋400－40＋15d

=2700＋400－40＋15×12

=3240mm

根数=(7300＋6700＋7000＋6600＋1500－2750)/200＋1

=133 根

(9) (1) 号板底部非贯通纵筋Φ12@200 (Ⓑ轴)

长度=2700×2

=5400mm

根数=(7300＋6700＋7000＋6600＋1500－2750)/200＋1

=133 根

(10) U 形封边筋Φ20@300

长度=板厚－上下保护层＋2×12d

=500－40×2＋2×12×20

=900mm

根数=(8000×2＋800－2×40)/300＋1

=57 根

(11) U 形封边侧部构造筋 4Φ8

长度=8000×2＋400×2－2×40

=16720mm

构造搭接个数=16720/9000－1

=1 个

构造搭接长度=150mm

4 主体结构

4.1 柱构件

4.1.1 柱纵筋变化钢筋计算

1. 上柱钢筋比下柱钢筋多（图 4-1）

多出的钢筋需要插筋，其他钢筋同是中间层。

$$短插筋=\max(H_n/6,500,h_c)+l_{lE}+1.2l_{aE} \tag{4-1}$$

$$长插筋=\max(H_n/6,500,h_c)+2.3l_{lE}+1.2l_{aE} \tag{4-2}$$

2. 下柱钢筋比上柱钢筋多（图 4-2）

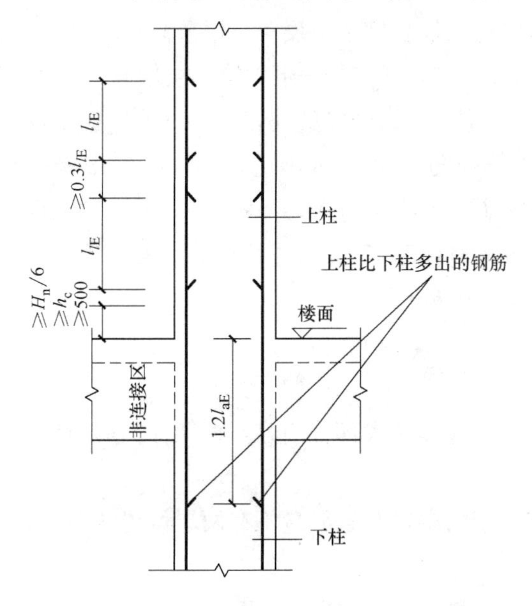

图 4-1　上柱钢筋比下柱钢筋多（绑扎搭接）

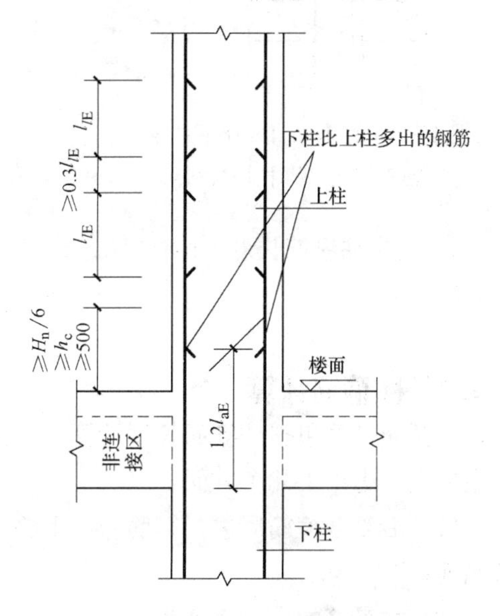

图 4-2　下柱钢筋比上柱钢筋多（绑扎搭接）

下柱多出的钢筋在上层锚固，其他钢筋同是中间层。

$$短插筋=下层层高-\max(H_n/6,500,h_c)-梁高+1.2l_{aE} \tag{4-3}$$

$$长插筋=下层层高-\max(H_n/6,500,h_c)-1.3l_{lE}-梁高+1.2l_{aE} \tag{4-4}$$

3. 上柱钢筋直径比下柱钢筋直径大（图 4-3）

（1）绑扎搭接

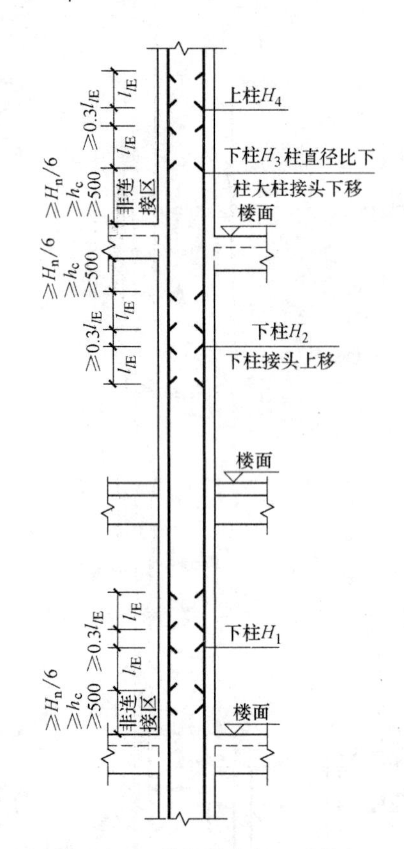

图 4-3 上柱钢筋直径比下柱钢筋直径大（绑扎搭接）

$$\text{下层柱纵筋长度}=\text{下层第一层层高}-\max(H_{n1}/6,500,h_c)+\text{下柱第二层层高}-\text{梁高}-\max(H_{n2}/6,500,h_c)-1.3l_{lE} \quad (4\text{-}5)$$

$$\text{上柱纵筋插筋长度}=2.3l_{lE}+\max(H_{n2}/6,500,h_c)+\max(H_{n3}/6,500,h_c)+l_{lE} \quad (4\text{-}6)$$

$$\text{上层柱纵筋长度}=l_{lE}+\max(H_{n4}/6,500,h_c)+\text{本层层高}+\text{梁高}+\max(H_{n2}/6,500,h_c)+2.3l_{lE} \quad (4\text{-}7)$$

（2）机械连接

$$\text{下层柱纵筋长度}=\text{下层第一层层高}-\max(H_{n1}/6,500,h_c)+\text{下柱第二层层高}-\text{梁高}-\max(H_{n2}/6,500,h_c) \quad (4\text{-}8)$$

$$\text{上柱纵筋插筋长度}=\max(H_{n2}/6,500,h_c)+\max(H_{n3}/6,500,h_c)+500 \quad (4\text{-}9)$$

$$\text{上层柱纵筋长度}=\max(H_{n4}/6,500,h_c)+500+\text{本层层高}+\text{梁高}+\max(H_{n2}/6,500,h_c) \quad (4\text{-}10)$$

（3）焊接连接

$$\text{下层柱纵筋长度}=\text{下层第一层层高}-\max(H_{n1}/6,500,h_c)+\text{下柱第二层层高}-\text{梁高}-\max(H_{n2}/6,500,h_c) \quad (4\text{-}11)$$

$$\text{上柱纵筋插筋长度}=\max(H_{n2}/6,500,h_c)+\max(H_{n3}/6,500,h_c)+\max(35d,500) \quad (4\text{-}12)$$

$$\text{上层柱纵筋长度}=\max(H_{n4}/6,500,h_c)+\max(35d,500)+\text{本层层高}+\text{梁高}+\max(H_{n2}/6,500,h_c) \quad (4\text{-}13)$$

4.1.2 柱箍筋计算

柱箍筋计算包括柱箍筋长度计算及柱箍筋根数计算两大部分内容，框架柱箍筋布置要求主要应考虑以下几个方面：

（1）沿复合箍筋周边，箍筋局部重叠不宜多于两层，并且尽量不在两层位置的中部设置纵筋；

（2）柱箍筋的弯钩角度为 135°，弯钩平直段长度为 max（$10d$，75mm）；

（3）为使箍筋强度均衡，当拉筋设置在旁边时，可沿竖向将相邻两道箍筋按其各自平面位置交错放置；

（4）柱纵向钢筋布置尽量设置在箍筋的转角位置，两个转角位置中部最多只能设置一根纵筋。

箍筋常用的复合方式为 $m\times n$ 肢箍形式，由外封闭箍筋、小封闭箍筋和单肢箍形式组成，箍筋长度计算即为复合箍筋总长度的计算，其各自的计算方法为：

1. 单肢箍

$m \times n$ 箍筋复合方式，当肢数为单数时由若干双肢箍和一根单肢箍形式组合而成，该单肢箍的构造要求为：同时勾住纵筋与外封闭箍筋。

单肢箍（拉筋）长度计算方法为：

$$长度=截面尺寸\, b\, 或\, h-柱保护层\, c\times2+2\times d_{箍筋}+2\times d_{拉筋}+2\times l_{w} \tag{4-14}$$

2. 双肢箍

外封闭箍筋（大双肢箍）长度计算方法为：

$$长度=(b-2\times柱保护层\, c)\times2+(h-2\times柱保护层\, c)\times2+2\times l_{w} \tag{4-15}$$

3. 小封闭箍筋（小双肢箍）

纵筋根数决定了箍筋的肢数，纵筋在复合箍筋框内按均匀、对称原则布置，计算小箍筋长度时应考虑纵筋的排布关系进行计算：最多每隔一根纵筋应有一根箍筋或拉筋进行拉结；箍筋的重叠不应多于两层；按柱纵筋等间距分布排列设置箍筋，如图 4-4 所示。

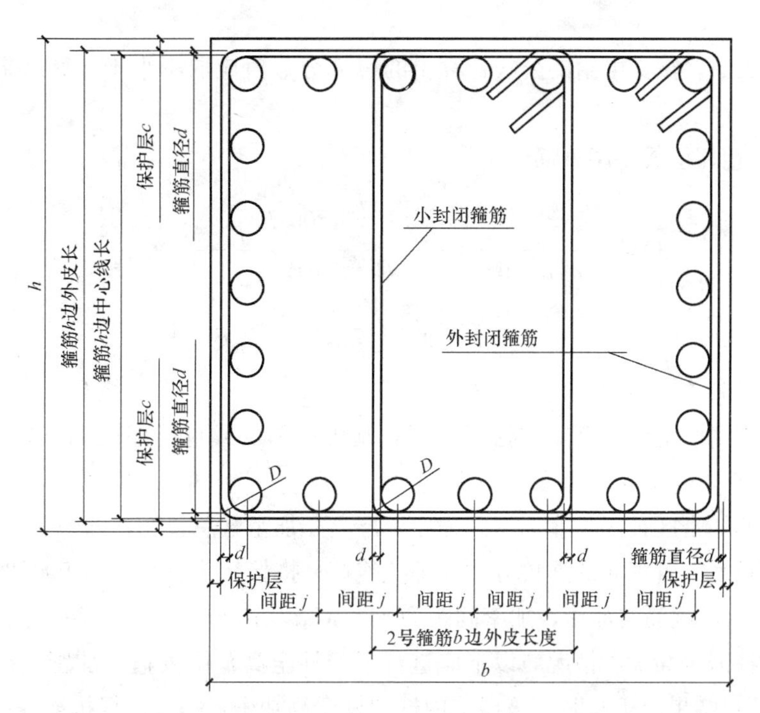

图 4-4 柱箍筋图计算示意图

小封闭箍筋（小双肢箍）长度计算方法为：

$$长度=\left(\frac{b-2\times柱保护层\, c-d_{纵筋}}{纵筋根数-1}\times间距个数+d_{纵筋}+2\times d_{小箍筋}\right)\times2+(h-2\times柱保护层)\times2+2\times l_{w} \tag{4-16}$$

4. 箍筋弯钩长度的取值

钢筋弯折后的具体长度与原始长度不等，原因是弯折过程有钢筋损耗。计算中，箍筋长度计算是按箍筋外皮计算，则箍筋弯折 90°位置的度量长度差值不计，箍筋弯折 135°弯钩的量度差值为 1.9d。因此，箍筋的弯钩长度统一取值为 $l_w=\max(11.9d, 75+1.9d)$。

5. 柱箍筋根数计算

柱箍筋在楼层中，按加密与非加密区分布。其计算方法为：

（1）基础插筋在基础中箍筋

$$根数=\frac{插筋竖直锚固长度-基础保护层}{500}+1 \tag{4-17}$$

由上式可知：

1）插筋竖直锚固长度取值。插筋竖直长度同柱插筋长度计算公式的分析相同，要考虑基础的高度、插筋的最小锚固长度等因素。

当基础高度<2000mm 时，插筋竖直长度 h_1＝基础高度－基础保护层；

当基础高度≥2000mm 时，插筋竖直长度 h_1＝0.5×基础高度。

2）箍筋间距。基础插筋在基础内的箍筋设置要求为：间距≤500mm，且不少于两道外封闭箍筋。

3）箍筋根数。按文中给的公式计算出的每部分数值应取不小于计算结果的整数；且不小于 2。

（2）基础相邻层或一层箍筋

$$根数=\frac{\frac{H_n}{3}-50}{加密间距}+\frac{\max\left(\frac{H_n}{6},500,h_c\right)}{加密间距}+\frac{节点梁高}{加密间距}+\frac{非加密区长度}{非加密间距}+\frac{2.3l_{lE}}{\min(100,5d)}+1 \tag{4-18}$$

由上式可知：

1）箍筋加密区范围。箍筋加密区范围：基础相邻层或首层部位 $H_n/3$ 范围，楼板下 max（$H_n/6$，500mm，h_c）范围，梁高范围。

2）箍筋非加密区长度。非加密区长度＝层高－加密区总长度，即为非加密区长度。

3）搭接长度。若钢筋的连接方式为绑扎连接，搭接接头百分率为 50%时，则搭接连接范围 2.3l_{lE}内，箍筋需加密，加密间距为 min（5d，100mm）。

4）框架柱需全高加密情况。以下应进行框架柱全高范围内箍筋加密：按非加密区长度计算公式所得结果小于 0 时，该楼层内框架柱全高加密，一、二级抗震等级框架角柱的全高范围，及其他设计要求的全高加密的柱。

另外，当柱钢筋考虑搭接接头错开间距以及绑扎连接时绑扎连接范围内箍筋应按构造要求加密的因素后，若计算出的非加密区长度不大于 0 时，应为柱全高应加密。

柱全高加密箍筋的根数计算方法为：

机械连接：

$$根数=\frac{层高-50}{加密间距}+1 \tag{4-19}$$

绑扎连接：

$$根数=\frac{层高-2.3l_{lE}-50}{加密间距}+\frac{2.3l_{lE}}{\min(100,5d)}+1 \tag{4-20}$$

5）箍筋根数值。按文中公式计算出的每部分数值应取不小于计算结果的整数，然后再求和。

6）拉筋根数值。框架柱中的拉筋（单肢箍）通常与封闭箍筋共同组成复合箍筋形式，其根数与封闭箍筋根数相同。

7）刚性地面箍筋根数。当框架柱底部存在刚性地面时，需计算刚性地面位置箍筋根数，计算方法为：

$$根数=\frac{刚性地面厚度+1000}{加密间距}+1 \tag{4-21}$$

8）刚性地面与首层箍筋加密区相对位置关系。刚性地面设置位置一般在首层地面位置，而首层箍筋加密区间通常是从基础梁顶面（无地下室时）或地下室板顶（有地下室时）算起，因此，刚性地面和首层箍筋加密区间的相对位置有下列三种形式：

① 刚性地面在首层非连接区以外时，两部分箍筋根数分别计算即可；

② 当刚性地面与首层非连接区全部重合时，按非连接区箍筋加密计算（通常非连接区范围大于刚性地面范围）；

③ 当刚性地面和首层非连接区部分重合时，根据两部分重合的数值，分别确定重合部分和非重合部分的箍筋根数。

（3）中间层及顶层箍筋

$$根数=\frac{\max\left(\frac{H_n}{6},500,h_c\right)-50}{加密间距}+\frac{\max\left(\frac{H_n}{6},500,h_c\right)}{加密间距}+\frac{节点梁高-c}{加密间距}+\frac{非加密区长度}{非加密间距}+\frac{2.3l_{lE}}{\min(100,5d)}+1 \tag{4-22}$$

4.1.3 梁上柱插筋计算

梁上柱插筋可分为三种构造形式：绑扎搭接、机械连接、焊接连接，如图 4-5 所示。

1. 绑扎搭接

$$梁上柱长插筋长度=梁高度-梁保护层厚度-\sum[梁底部钢筋直径+\max(25,d)]+15d+\max(H_n/6,500,h_c)+2.3l_{lE} \tag{4-23}$$

$$梁上柱短插筋长度=梁高度-梁保护层厚度-\sum[梁底部钢筋直径+\max(25,d)]+15d+\max(H_n/6,500,h_c)+l_{lE} \tag{4-24}$$

2. 机械连接

$$梁上柱长插筋长度=梁高度-梁保护层厚度-\sum[梁底部钢筋直径+\max(25,d)]+15d+\max(H_n/6,500,h_c)+35d \tag{4-25}$$

$$梁上柱短插筋长度=梁高度-梁保护层厚度-\sum[梁底部钢筋直径+\max(25,d)]+15d+\max(H_n/6,500,h_c) \tag{4-26}$$

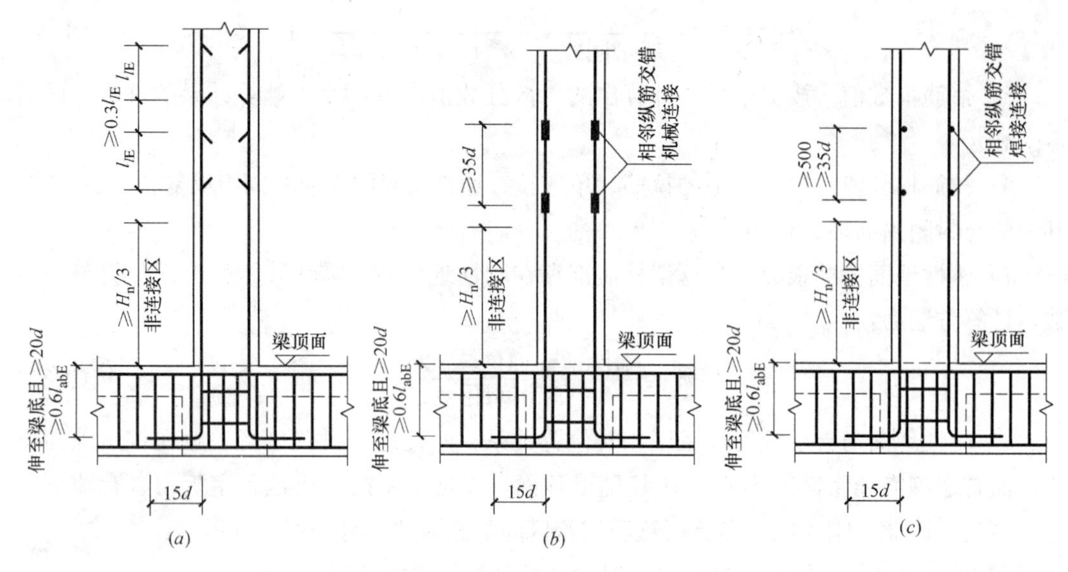

图 4-5 梁上柱插筋构造

(*a*) 绑扎搭接；(*b*) 机械连接；(*c*) 焊接连接

3. 焊接连接

梁上柱长插筋长度=梁高度−梁保护层厚度−Σ[梁底部钢筋直径+max(25,d)]+15d+max(H_n/6,500,h_c)+max(35d,500)　(4-27)

梁上柱短插筋长度=梁高度−梁保护层厚度−Σ[梁底部钢筋直径+max(25,d)]+15d+max(H_n/6,500,h_c)　(4-28)

4.1.4 墙上柱插筋计算

墙上柱插筋可分为三种构造形式：绑扎搭接、机械连接、焊接连接，如图 4-6 所示。

1. 绑扎搭接

墙上柱长插筋长度=1.2l_{aE}+max(H_n/6,500,h_c)+2.3l_{lE}+弯折(h_c/2−保护层厚度+2.5d)　(4-29)

墙上柱短插筋长度=1.2l_{aE}+max(H_n/6,500,h_c)+2.3l_{lE}+弯折(h_c/2−保护层厚度+2.5d)　(4-30)

2. 机械连接

墙上柱长插筋长度=1.2l_{aE}+max(H_n/6,500,h_c)+35d+弯折(h_c/2−保护层厚度+2.5d)　(4-31)

墙上柱短插筋长度=1.2l_{aE}+max(H_n/6,500,h_c)+弯折(h_c/2−保护层厚度+2.5d)　(4-32)

3. 焊接连接

墙上柱长插筋长度=1.2l_{aE}+max(H_n/6,500,h_c)+max(35d,500)+弯折(h_c/2−保护层厚度+2.5d)　(4-33)

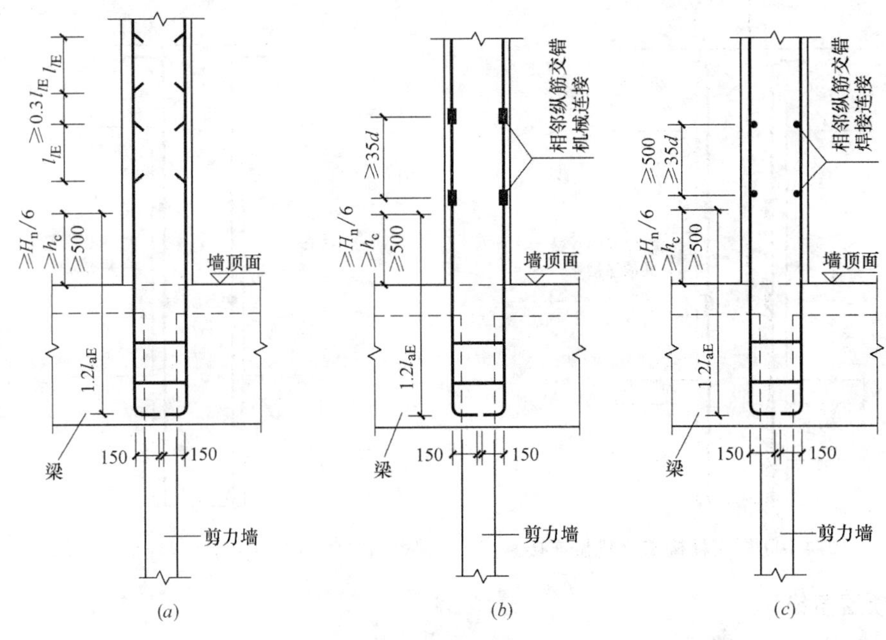

图 4-6 墙上柱插筋构造

墙上柱短插筋长度$=1.2l_{aE}+\max(H_n/6,500,h_c)+$弯折$(h_c/2-$保护层厚度$+2.5d)$ (4-34)

4.1.5 顶层中柱钢筋计算

1. 顶层弯锚

(1) 绑扎搭接（图 4-7）

顶层中柱长筋长度=顶层高度−保护层厚度−$\max(2H_n/6,500,h_c)+12d$ (4-35)

顶层中柱短筋长度=顶层高度−保护层厚度−$\max(2H_n/6,500,h_c)-1.3l_{lE}+12d$ (4-36)

(2) 机械连接（图 4-8）

顶层中柱长筋长度=顶层高度−保护层厚度−$\max(2H_n/6,500,h_c)+12d$ (4-37)

顶层中柱短筋长度=顶层高度−保护层厚度−$\max(2H_n/6,500,h_c)-500+12d$ (4-38)

(3) 焊接连接（图 4-9）

顶层中柱长筋长度=顶层高度−保护层厚度−$\max(2H_n/6,500,h_c)+12d$ (4-39)

顶层中柱短筋长度=顶层高度−保护层厚度−$\max(2H_n/6,500,h_c)-\max(35d,500)+12d$ (4-40)

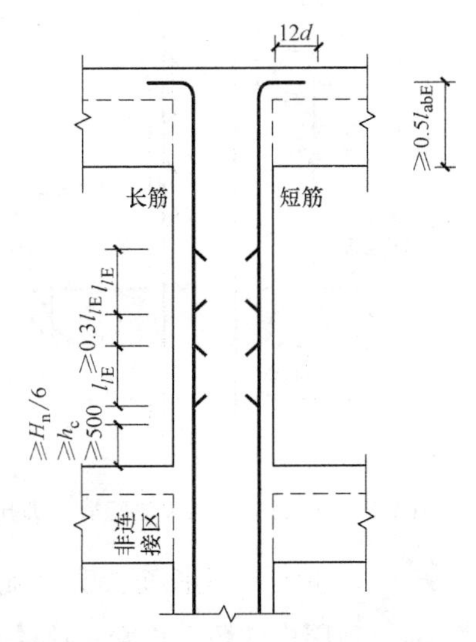

图 4-7 顶层中间框架柱构造（绑扎搭接）

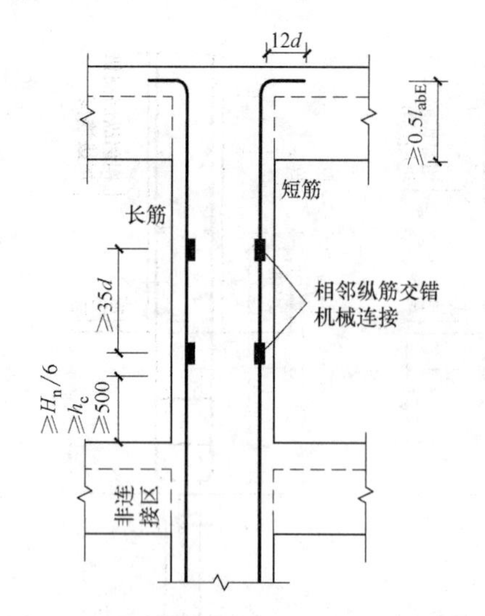

图 4-8 顶层中间框架柱构造（机械连接）

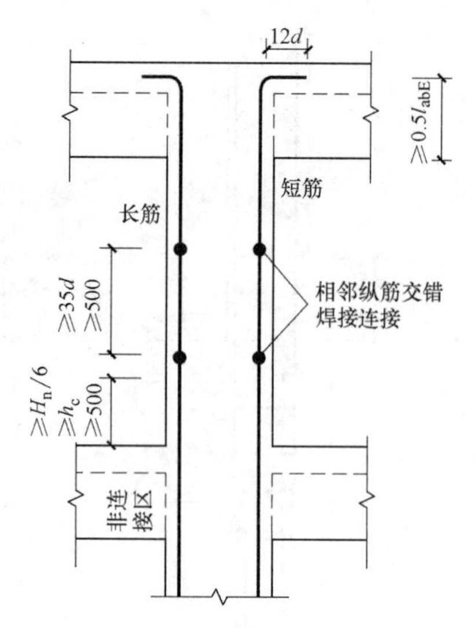

图 4-9 顶层中间框架柱构造（焊接连接）

2. 顶层直锚

（1）绑扎搭接（图 4-10）

$$顶层中柱长筋长度=顶层高度-保护层厚度-\max(2H_n/6,500,h_c) \quad (4\text{-}41)$$

$$顶层中柱短筋长度=顶层高度-保护层厚度-\max(2H_n/6,500,h_c)-1.3l_{lE} \quad (4\text{-}42)$$

（2）机械连接（图 4-11）

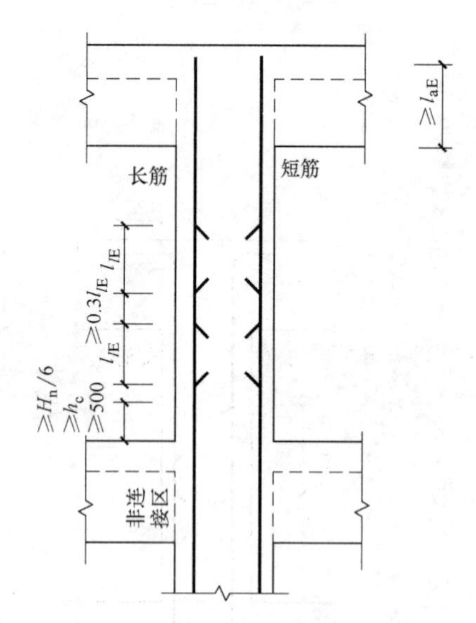

图 4-10 顶层中间框架柱构造（绑扎搭接）

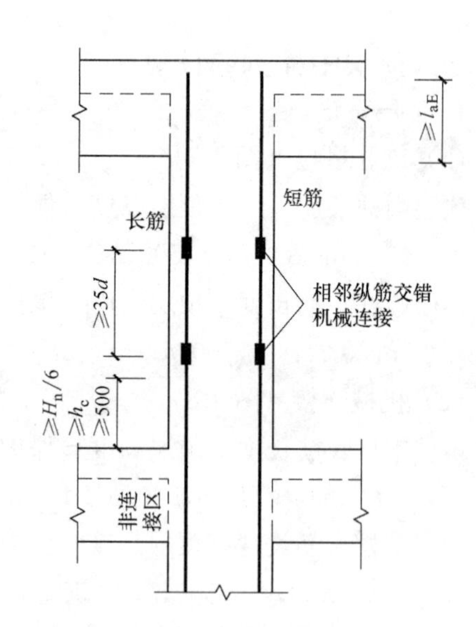

图 4-11 顶层中间框架柱构造（机械连接）

$$顶层中柱长筋长度=顶层高度-保护层厚度-\max(2H_n/6,500,h_c) \quad (4\text{-}43)$$

$$顶层中柱短筋长度=顶层高度-保护层厚度-\max(2H_n/6,500,h_c)-500 \quad (4\text{-}44)$$

（3）焊接连接（图 4-12）

$$顶层中柱长筋长度=顶层高度-保护层厚度-\max(2H_n/6,500,h_c) \quad (4\text{-}45)$$

顶层中柱短筋长度=顶层高度－保护层厚度－$\max(2H_n/6, 500, h_c)-\max(35d, 500)$ (4-46)

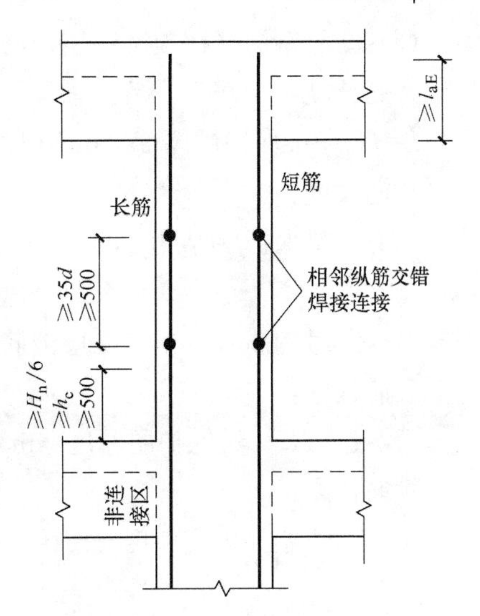

图 4-12 顶层中间框架柱构造（焊接连接）

4.1.6 顶层边角柱纵筋计算

以顶层边角柱中节点 D 构造为例，讲解顶层边柱纵筋计算方法。

1. 绑扎搭接

当采用绑扎搭接接头时，顶层边角柱节点 D 构造如图 4-13 所示。计算简图如图 4-14 所示。

(1) ①号钢筋（柱内侧纵筋）——直锚长度$<l_{aE}$

长筋长度：

$$l=H_n-\text{梁保护层厚度}-\max(H_n/6, h_c, 500)+12d \tag{4-47}$$

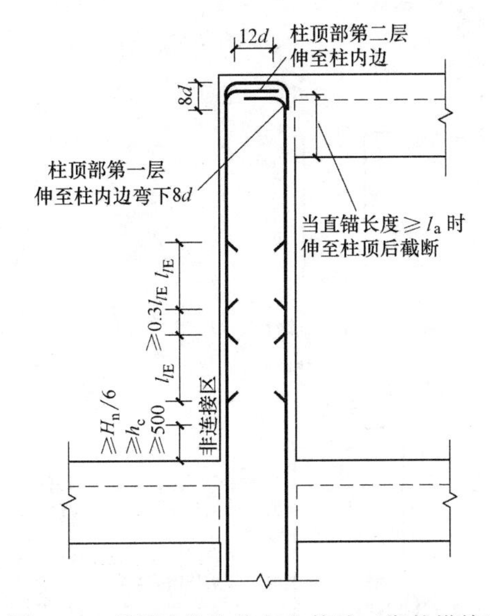

图 4-13 顶层边角柱节点 D 构造（绑扎搭接）

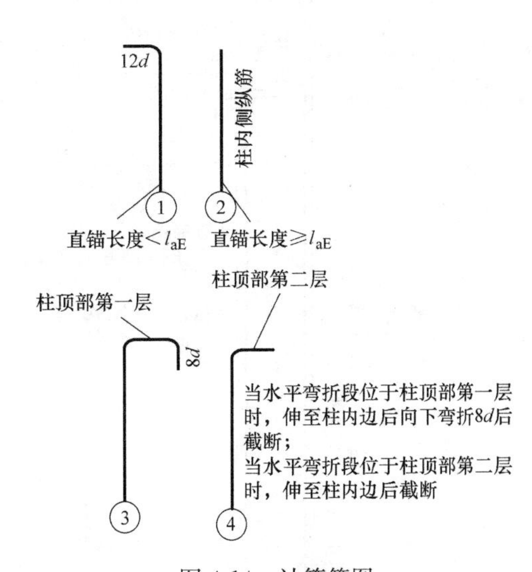

图 4-14 计算简图

短筋长度：

$$l=H_n-\text{梁保护层厚度}-\max(H_n/6, h_c, 500)-1.3l_{lE}+12d \tag{4-48}$$

(2) ②号钢筋（柱内侧纵筋）——直锚长度$\geqslant l_{aE}$

长筋长度：

$$l=H_n-\text{梁保护层厚度}-\max(H_n/6, h_c, 500) \tag{4-49}$$

短筋长度：

$$l=H_n-\text{梁保护层厚度}-\max(H_n/6, h_c, 500)-1.3l_{lE} \tag{4-50}$$

（3）③号钢筋（柱顶第一层钢筋）

长筋长度：

$$l=H_n-\text{梁保护层厚度}-\max(H_n/6,h_c,500)+\text{柱宽}-2\times\text{柱保护层厚度}+8d \quad (4\text{-}51)$$

短筋长度：

$$l=H_n-\text{梁保护层厚度}-\max(H_n/6,h_c,500)-1.3l_{lE}+\text{柱宽}-2\times\text{柱保护层厚度}+8d \quad (4\text{-}52)$$

（4）④号钢筋（柱顶第二层钢筋）

长筋长度：

$$l=H_n-\text{梁保护层厚度}-\max(H_n/6,h_c,500)+\text{柱宽}-2\times\text{柱保护层厚度} \quad (4\text{-}53)$$

短筋长度：

$$l=H_n-\text{梁保护层厚度}-\max(H_n/6,h_c,500)-1.3l_{lE}+\text{柱宽}-2\times\text{柱保护层厚度} \quad (4\text{-}54)$$

2. 焊接或机械连接

当采用焊接或机械连接接头时，顶层边角柱节点 D 构造如图 4-15 所示。计算简图如图 4-16 所示。

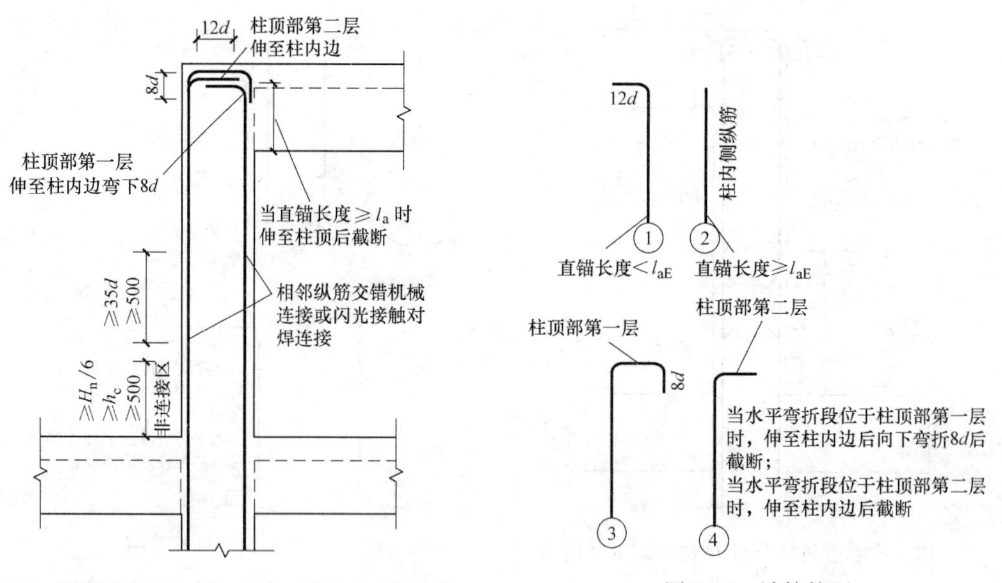

图 4-15　顶层边角柱节点 D 构造（焊接或机械连接）　　图 4-16　计算简图

（1）①号钢筋（柱内侧纵筋）——直锚长度$<l_{aE}$

长筋长度：

$$l=H_n-\text{梁保护层厚度}-\max(H_n/6,h_c,500)+12d \quad (4\text{-}55)$$

短筋长度：

$$l=H_n-\text{梁保护层厚度}-\max(H_n/6,h_c,500)-\max(35d,500)+12d \quad (4\text{-}56)$$

（2）②号钢筋（柱内侧纵筋）——直锚长度$\geq l_{aE}$

长筋长度：

$$l = H_n - 梁保护层厚度 - \max(H_n/6, h_c, 500) \quad (4\text{-}57)$$

短筋长度：

$$l = H_n - 梁保护层厚度 - \max(H_n/6, h_c, 500) - \max(35d, 500) \quad (4\text{-}58)$$

（3）③号钢筋（柱顶第一层钢筋）

长筋长度：

$$l = H_n - 梁保护层厚度 - \max(H_n/6, h_c, 500) + 柱宽 - 2 \times 柱保护层厚度 + 8d \quad (4\text{-}59)$$

短筋长度：

$$l = H_n - 梁保护层厚度 - \max(H_n/6, h_c, 500) - \max(35d, 500) + 柱宽 - 2 \times 柱保护层厚度 + 8d \quad (4\text{-}60)$$

（4）④号钢筋（柱顶第二层钢筋）

长筋长度：

$$l = H_n - 梁保护层厚度 - \max(H_n/6, h_c, 500) + 柱宽 - 2 \times 柱保护层厚度 \quad (4\text{-}61)$$

短筋长度：

$$l = H_n - 梁保护层厚度 - \max(H_n/6, h_c, 500) - \max(35d, 500) + 柱宽 - 2 \times 柱保护层厚度 \quad (4\text{-}62)$$

4.1.7 地下室框架柱钢筋计算

地下室框架柱纵向钢筋连接构造共分为绑扎搭接、机械连接、焊接连接三种连接方式，如图 4-17 所示。

（1）柱纵筋的非连接区

1）基础顶面以上有一个“非连接区”，其长度≥max（$H_n/6$，h_c，500）（H_n是从基础顶面到顶板梁底的柱的净高；h_c为柱截面长边尺寸，圆柱为截面直径）。

2）地下室楼层梁上下部为的范围形成一个“非连接区”，其长度包括三个部分：梁底以下部分、梁中部分和梁顶以上部分。

① 梁底以下部分的非连接区长度≥max（$H_n/6$，h_c，500）（H_n是所在楼层的柱净高；h_c为柱截面长边尺寸，圆柱为截面直径）。

② 梁中部分的非连接区长度＝梁的截面高度。

③ 梁顶以上部分的非连接区长度≥max（$H_n/6$，h_c，500）（H_n是上一楼层的柱净高；h_c为柱截面长边尺寸，圆柱为截面直径）。

3）嵌固部位上下部范围内形成一个“非连接区”，其长度包括三个部分：梁底以下部分、梁中部分和梁顶以上部分。

① 嵌固部位梁以下部分的非连接区长度≥max（$H_n/6$，h_c，500）（H_n是所在楼层的柱净高；h_c为柱截面长边尺寸，圆柱为截面直径）。

② 嵌固部位梁中部分的非连接区长度＝梁的截面高度。

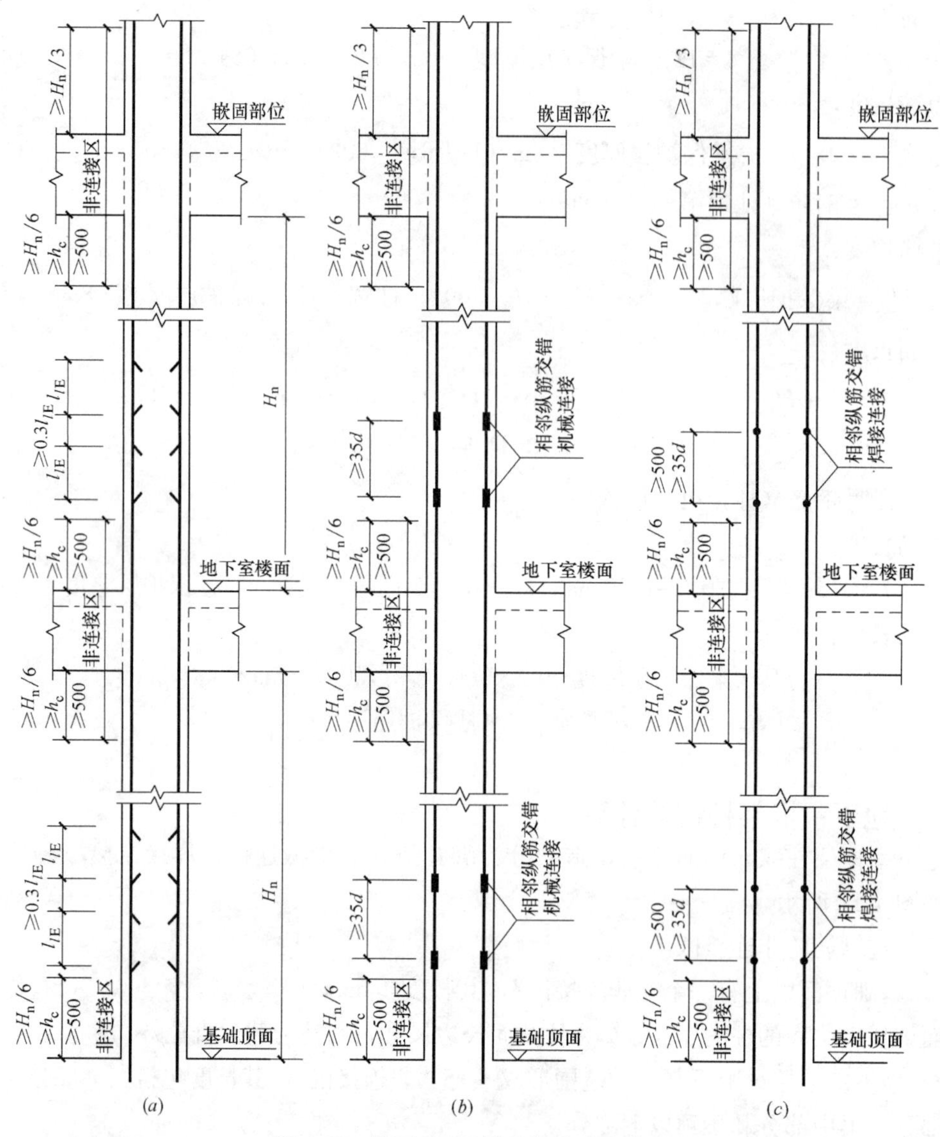

图 4-17　地下室 KZ 纵向钢筋连接构造

(a) 绑扎搭接；(b) 机械连接；(c) 焊接连接

③ 嵌固部位梁以上部分的非连接区长度≥$H_n/3$（H_n是上一楼层的柱净高）。

(2) 柱相邻纵向钢筋连接接头要相互错开。

柱相邻纵向钢筋连接接头相互错开，在同一连接区段内钢筋接头面积百分率不应大于 50%。

柱纵向钢筋连接接头相互错开距离：

1）机械连接接头错开距离≥$35d$。

2）焊接连接接头错开距离≥$35d$ 且≥500mm。

3）绑扎搭接连接搭接长度 l_{lE}（l_{lE}是绑扎搭接长度），接头错开的静距离≥$0.3l_{lE}$。

4.2 剪力墙

4.2.1 剪力墙柱钢筋计算

1. 基础层插筋计算

墙柱基础插筋如图 4-18、图 4-19 所示，计算方法为：

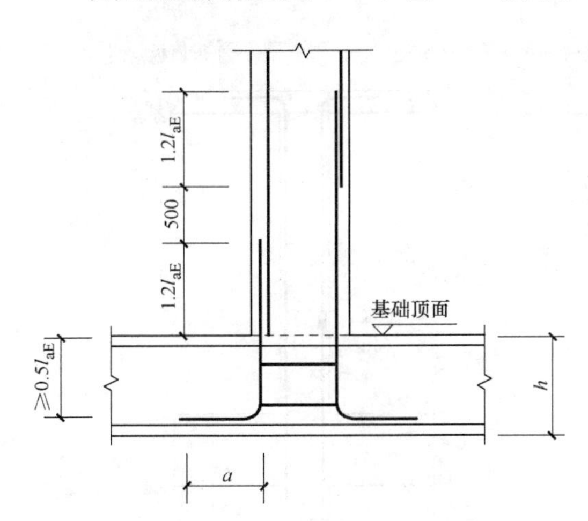

图 4-18 暗柱基础插筋绑扎连接构造

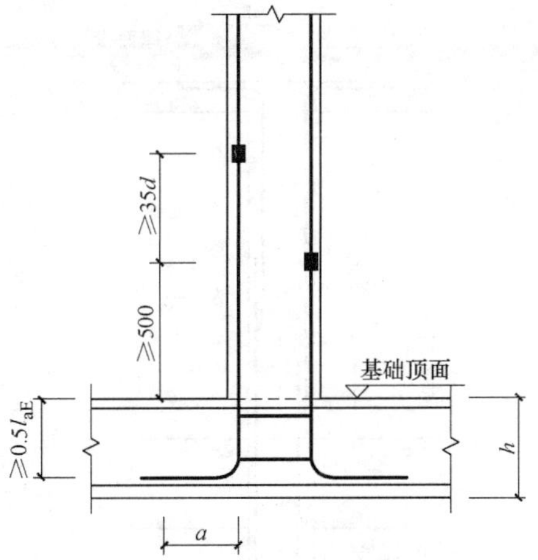

图 4-19 暗柱基础插筋机械连接构造

$$插筋长度＝插筋锚固长度＋基础外露长度 \tag{4-63}$$

2. 中间层纵筋计算

中间层纵筋如图 4-20、图 4-21 所示，计算方法为：

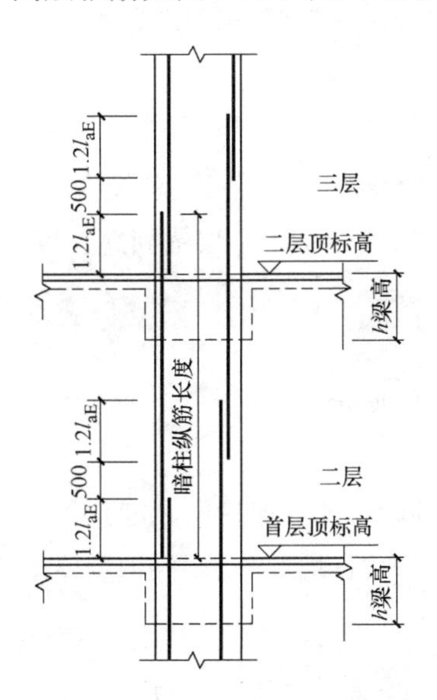

图 4-20 暗柱中间层钢筋绑扎连接构造图

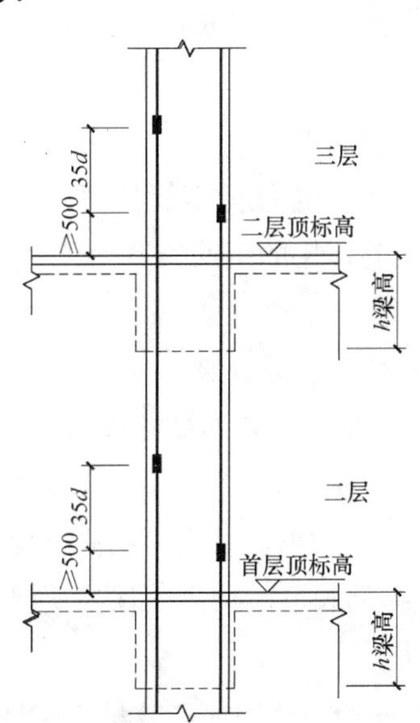

图 4-21 暗柱中间层机械连接构造

绑扎连接时：

$$纵筋长度=中间层层高+1.2l_{aE} \tag{4-64}$$

机械连接时：

$$纵筋长度=中间层层高 \tag{4-65}$$

3. 顶层纵筋计算

顶层纵筋如图 4-22、图 4-23 所示，计算方法为：

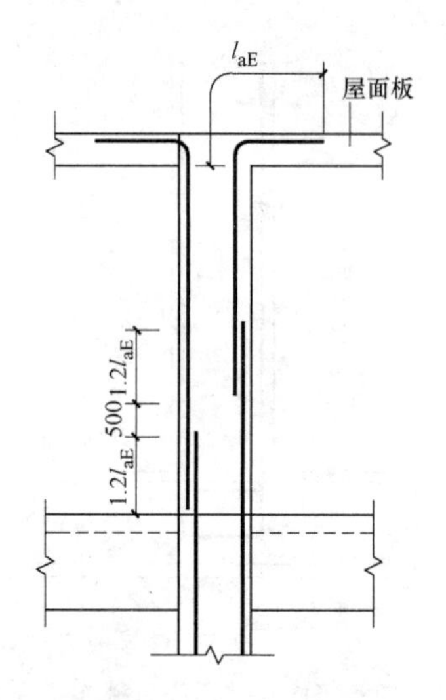

图 4-22 暗柱顶层钢筋绑扎连接构造

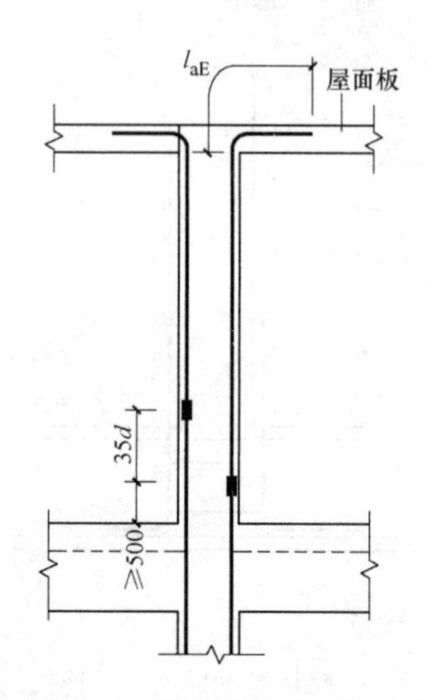

图 4-23 暗柱顶层机械连接构造

绑扎连接时：

$$与短筋连接的钢筋长度=顶层层高-顶层板厚+顶层锚固总长度\ l_{aE} \tag{4-66}$$

$$与长筋连接的钢筋长度=顶层层高-顶层板厚-(1.2l_{aE}+500)+顶层锚固总长度\ l_{aE} \tag{4-67}$$

机械连接时：

$$与短筋连接的钢筋长度=顶层层高-顶层板厚-500+顶层锚固总长度\ l_{aE} \tag{4-68}$$

$$与长筋连接的钢筋长度=顶层层高-顶层板厚-500-35d+顶层锚固总长度\ l_{aE} \tag{4-69}$$

4. 变截面纵筋计算

当墙柱采用绑扎连接接头时，其锚固形式如图 4-24 所示。

(1) 一边截断

$$长纵筋长度=层高-保护层厚度+弯折(墙厚-2\times保护层厚度) \tag{4-70}$$

$$短纵筋长度=层高-保护层厚度-1.2l_{aE}-500+弯折(墙厚-2\times保护层厚度) \tag{4-71}$$

仅墙柱的一侧插筋，数量为墙柱的一半。

$$长插筋长度=1.2l_{aE}+2.4l_{aE}+500 \tag{4-72}$$

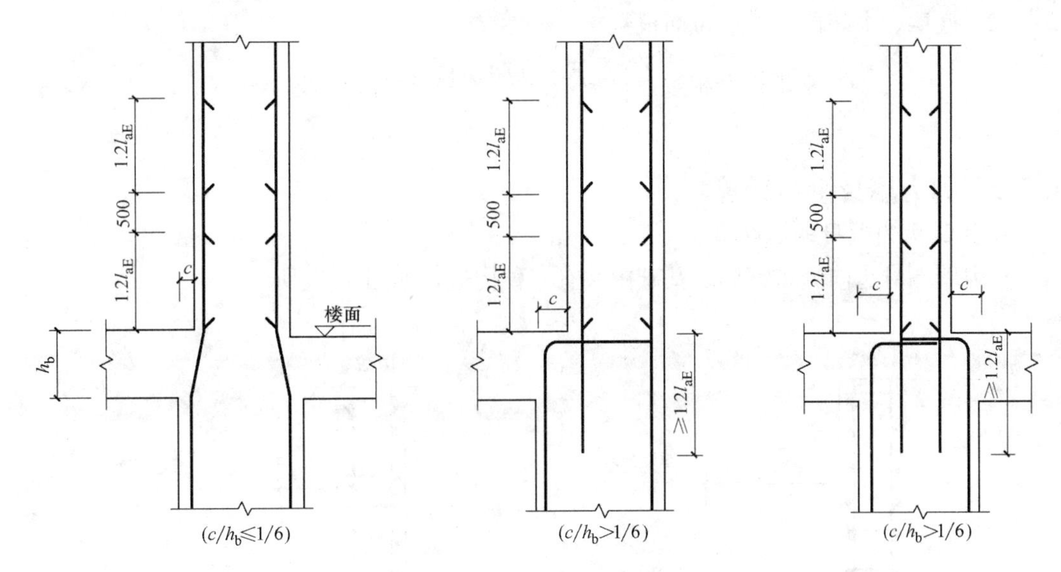

图 4-24 变截面钢筋绑扎连接

$$短插筋长度=1.2l_{aE}+1.2l_{aE} \tag{4-73}$$

（2）两边截断

$$长纵筋长度=层高-保护层厚度+弯折(墙厚-c-2×保护层厚度) \tag{4-74}$$

$$短纵筋长度=层高-保护层厚度-1.2l_{aE}-500+弯折(墙厚-c-2×保护层厚度) \tag{4-75}$$

上层墙柱全部插筋：

$$长插筋长度=1.2l_{aE}+2.4l_{aE}+500 \tag{4-76}$$

$$短插筋长度=1.2l_{aE}+1.2l_{aE} \tag{4-77}$$

$$变截面层箍筋=(2.4l_{aE}+500)/\min(5d,100)+1+(层高-2.4l_{aE}-500)/箍筋间距 \tag{4-78}$$

$$变截面层拉箍筋数量=变截面层箍筋数量×拉筋水平排数 \tag{4-79}$$

5. 墙柱箍筋计算

（1）基础插筋箍筋根数

$$根数=(基础高度-基础保护层)/500+1 \tag{4-80}$$

（2）底层、中间层、顶层箍筋根数

绑扎连接时：

$$根数=(2.4l_{aE}+500-50)/加密间距+(层高-搭接范围)/间距+1 \tag{4-81}$$

机械连接时：

$$根数=(层高-50)/箍筋间距+1 \tag{4-82}$$

6. 拉筋计算

（1）基础拉筋根数

$$基础层拉筋根数=\left[\frac{基础高度-基础保护层c}{500}+1\right]×每排拉筋根数 \tag{4-83}$$

（2）底层、中间层、顶层拉筋根数

$$基础拉筋根数=\left[\frac{层高-50}{间距}+1\right]\times每排拉筋根数 \tag{4-84}$$

4.2.2 剪力墙身钢筋计算

1. 基础剪力墙身钢筋计算

剪力墙墙身竖向分布钢筋在基础中共有三种构造，如图 4-25 所示。

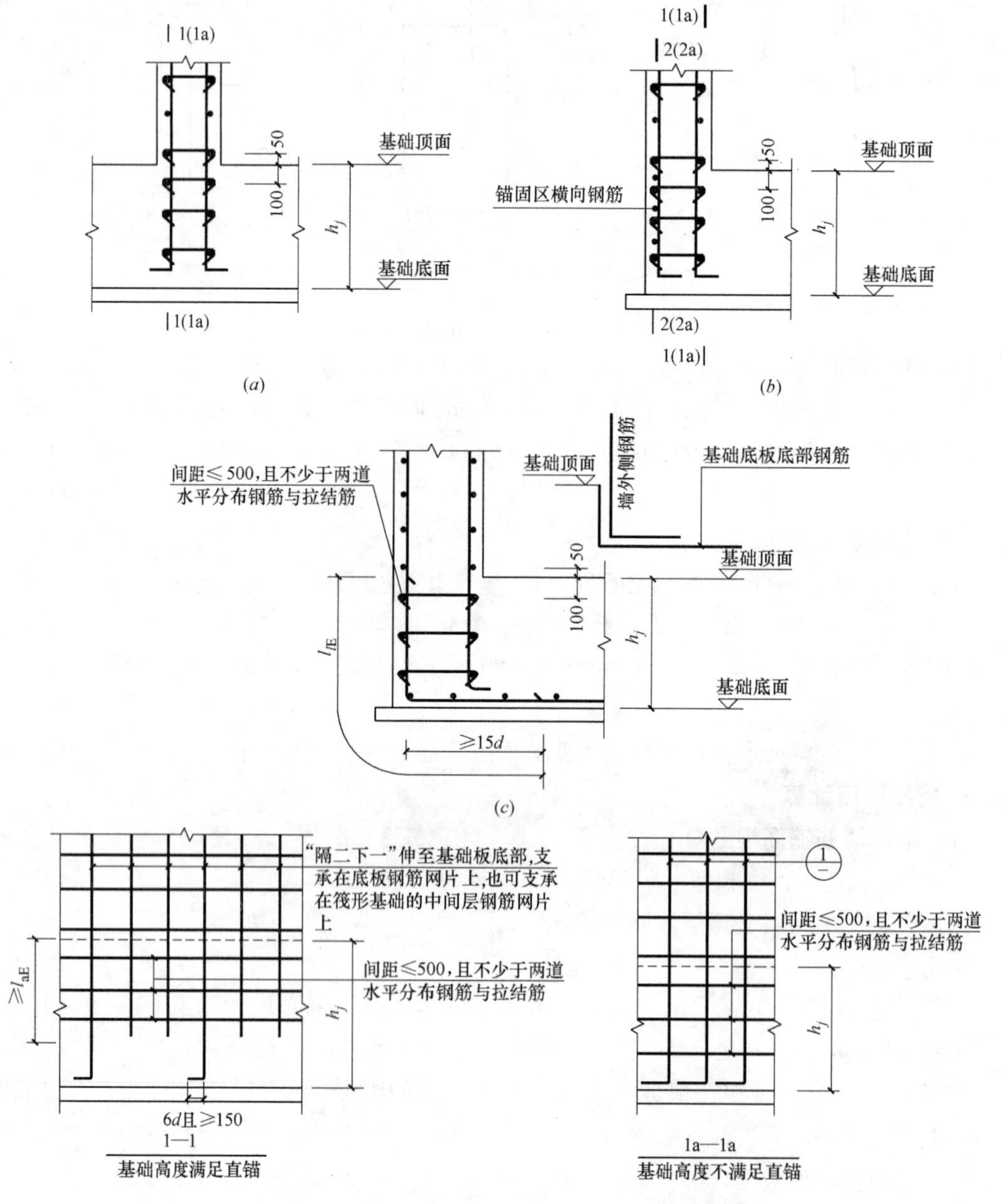

图 4-25 剪力墙墙身竖向分布钢筋在基础中构造

（a）保护层厚度＞5d；（b）保护层厚度≤5d；（c）搭接连接

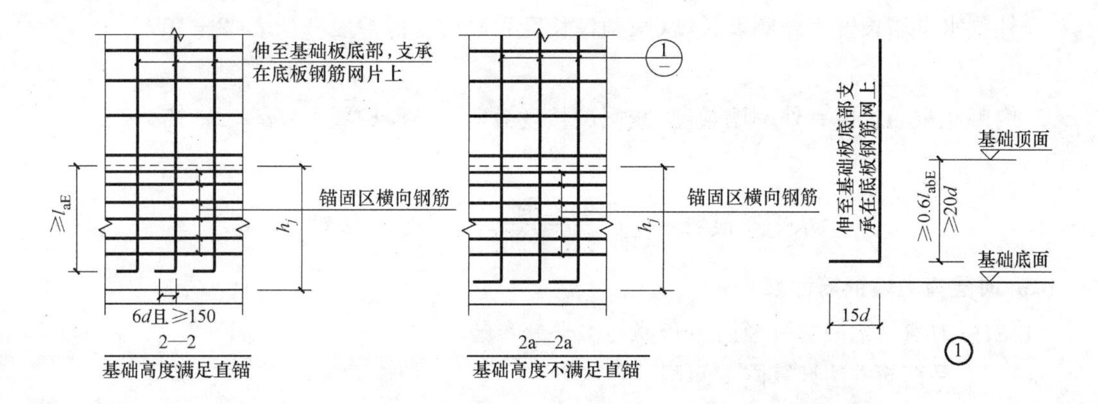

图 4-25 剪力墙墙身竖向分布钢筋在基础中构造（续）

(1) 插筋计算

$$短剪力墙身插筋长度=锚固长度+搭接长度1.2l_{aE} \tag{4-85}$$

$$长剪力墙身插筋长度=锚固长度+搭接长度1.2l_{aE}+500+搭接长度1.2l_{aE} \tag{4-86}$$

$$插筋总根数=\left(\frac{剪力墙身净长-2\times插筋间距}{插筋间距}+1\right)\times排数 \tag{4-87}$$

(2) 基础层剪力墙身水平筋计算

剪力墙身水平钢筋包括水平分布筋、拉筋形式。

剪力墙水平分布筋有外侧钢筋和内侧钢筋两种形式，当剪力墙有两排以上钢筋网时，最外一层按外侧钢筋计算，其余则均按内侧钢筋计算。

1) 水平分布筋计算

$$外侧水平筋长度=墙外侧长度-2\times保护层+15d\times n \tag{4-88}$$

$$内侧水平筋长度=墙外侧长度-2\times保护层+15d\times2-外侧钢筋直径\times2-25\times2 \tag{4-89}$$

$$基本层水平筋根数=\left(\frac{基础高度-基础保护层}{500}+1\right)\times排数 \tag{4-90}$$

2) 拉筋计算

$$基础层拉筋根数=\left(\frac{墙净长-竖向插筋间距\times2}{拉筋间距}+1\right)\times基础水平筋排数 \tag{4-91}$$

2. 中间层剪力墙身钢筋计算

中间层剪力墙身钢筋量有竖向分布筋与水平分布筋。

(1) 竖向分布筋计算

$$长度=中间层层高+1.2l_{aE} \tag{4-92}$$

$$根数=\left(\frac{剪力墙身长-2\times竖向分布筋间距}{竖向分布筋间距}+1\right)\times排数 \tag{4-93}$$

(2) 水平分布筋计算

水平分布筋计算，无洞口时计算方法与基础层相同；有洞口时水平分布筋计算方法为：

$$外侧水平筋长度=外侧墙长度(减洞口长度后)-2\times保护层+15d\times2+15d\times n \tag{4-94}$$

$$内侧水平筋长度=外侧墙长度(减洞口长度后)-2\times保护层+15d\times2+15d\times2 \tag{4-95}$$

$$水平筋根数=\left(\frac{布筋范围-50}{墙身水平筋间距}+1\right)\times排数 \tag{4-96}$$

3. 顶层剪力墙钢筋计算

顶层剪力墙身钢筋量有竖向分布筋与水平分布筋。

（1）水平钢筋方法计算同中间层。

（2）顶层剪力墙身竖向钢筋计算方法：

$$长钢筋长度=顶层层高-顶层板厚+锚固长度\ l_{aE} \tag{4-97}$$

$$短钢筋长度=顶层层高-顶层板厚-1.2l_{aE}-500+锚固长度\ l_{aE} \tag{4-98}$$

$$根数=\left(\frac{剪力墙净长-竖向分布筋间距\times2}{竖向分布筋间距}+1\right)\times排数 \tag{4-99}$$

4. 剪力墙身变截面处钢筋计算方法

剪力墙变截面处钢筋的锚固包括两种形式：倾斜锚固及当前锚固与插筋组合。根据剪力墙变截面钢筋的构造措施，可知剪力墙纵筋的计算方法。剪力墙变截面竖向钢筋构造如图 4-26 所示。

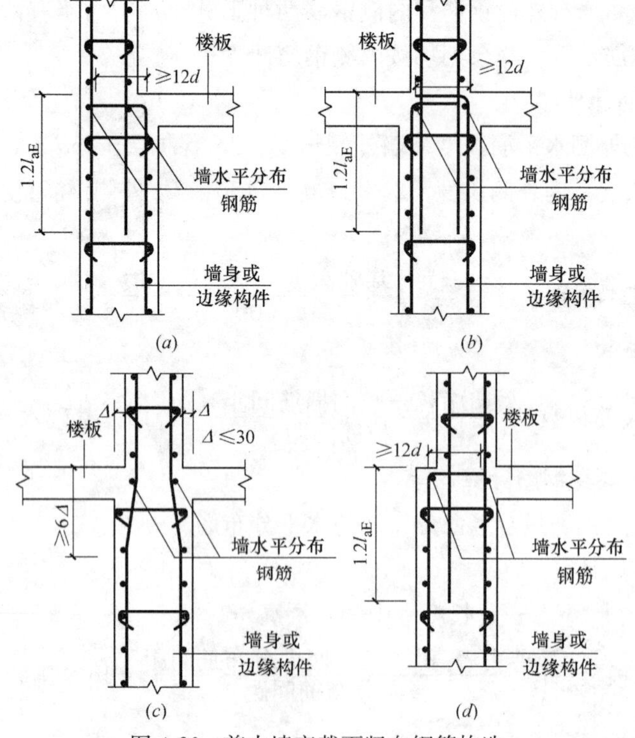

图 4-26 剪力墙变截面竖向钢筋构造

（a）边梁非贯通连接；（b）中梁非贯通连接；（c）中梁贯通连接；（d）边梁非贯通连接

变截面处倾斜锚入上层的纵筋翻样方法：

$$变截面倾斜纵筋长度=层高+斜度延伸值+搭接长度1.2l_{aE} \tag{4-100}$$

变截面处倾斜锚入上层的纵筋长度计算方法：

$$当前锚固纵筋长度=层高-板保护层+墙厚-2\times墙保护层 \tag{4-101}$$

$$插筋长度=锚固长度1.5l_{aE}+搭接长度1.2l_{aE} \tag{4-102}$$

5. 剪力墙拉筋计算

$$根数=\frac{剪力墙总面积-洞口面积-边框梁面积}{横向间距\times竖向间距} \tag{4-103}$$

4.2.3 剪力墙梁钢筋计算

剪力墙梁包括连梁、暗梁和边框梁，剪力墙梁中的钢筋类型有纵筋、箍筋、侧面钢筋、拉筋等。连梁纵筋长度需要考虑洞口宽度，纵筋的锚固长度等因素，箍筋需考虑连梁的截面尺寸、布置范围等因素；暗梁和边框梁纵筋长度需考虑其设置范围和锚固长度等，箍筋需考虑截面尺寸、布置范围等。暗梁和边框梁纵筋长度计算方法与剪力墙身水平分布钢筋基本相同，箍筋的计算方法和普通框架梁相同。因此，文中以连梁为例介绍其纵筋、箍筋的相关计算方法。

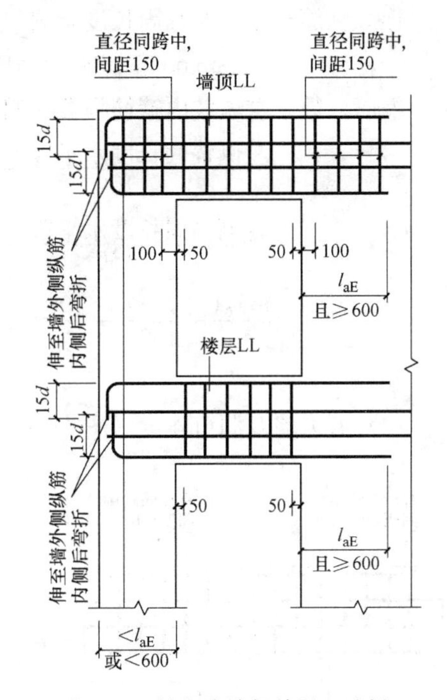

图 4-27 剪力墙端部单洞口连梁

根据洞口的位置和洞间墙尺寸以及锚固要求，剪力墙连梁有单洞口和双洞口连梁；根据连梁的楼层与顶层的构造措施和锚固要求不同，连梁有中间层连梁与顶层连梁。根据以上分类，剪力墙连梁钢筋计算分以下几部分讨论：

（1）剪力墙端部单洞口连梁（图 4-27）钢筋计算

1）中间层钢筋计算方法

连梁纵筋长度=左锚固长度+洞口长度+右锚固长度

$$=(支座宽度-保护层+15d)+洞口长度+\max(l_{aE},600) \tag{4-104}$$

$$箍筋根数=\frac{洞口宽度-2\times50}{间距}+1 \tag{4-105}$$

2）顶层钢筋计算方法

连梁纵筋长度=左锚固长度+洞口长度+右锚固长度

$$=\max(l_{aE},600)+洞口长度+\max(l_{aE},600) \tag{4-106}$$

箍筋根数=左墙肢内箍筋根数+洞口上箍筋根数+右墙肢内箍筋根数

$$=\frac{左侧锚固长度水平段-100}{150}+1+\frac{洞口宽度-2\times50}{间距}+1$$

$$+\frac{右侧锚固长度水平段-100}{150}+1$$

$$=\frac{支座宽度-100}{150}+1+\frac{洞口宽度-2\times50}{间距}+1+\frac{\max(l_{aE},600)-100}{150}+1 \quad (4\text{-}107)$$

（2）剪力墙中部单洞口连梁（图 4-28）钢筋计算

1）中间层钢筋计算方法

连梁纵筋长度＝左锚固长度＋洞口长度＋右锚固长度

$$=\max(l_{aE},600)+洞口长度+\max(l_{aE},600) \quad (4\text{-}108)$$

$$箍筋根数=\frac{洞口宽度-2\times50}{间距}+1 \quad (4\text{-}109)$$

2）顶层钢筋计算方法

连梁纵筋长度＝左锚固长度＋洞口长度＋右锚固长度

$$=\max(l_{aE},600)+洞口长度+\max(l_{aE},600) \quad (4\text{-}110)$$

箍筋根数＝左墙肢内箍筋根数＋洞口上箍筋根数＋右墙肢内箍筋根数

$$=\frac{左侧锚固长度水平段-100}{150}+1+\frac{洞口宽度-2\times50}{间距}+1$$

$$=\frac{右侧锚固长度水平段-100}{150}+1$$

$$=\frac{\max(l_{aE},600)-100}{150}+1+\frac{洞口宽度-2\times50}{间距}+1+\frac{\max(l_{aE},600)-100}{150}+1$$

(4-111)

（3）剪力墙双洞口连梁（图 4-29）钢筋计算

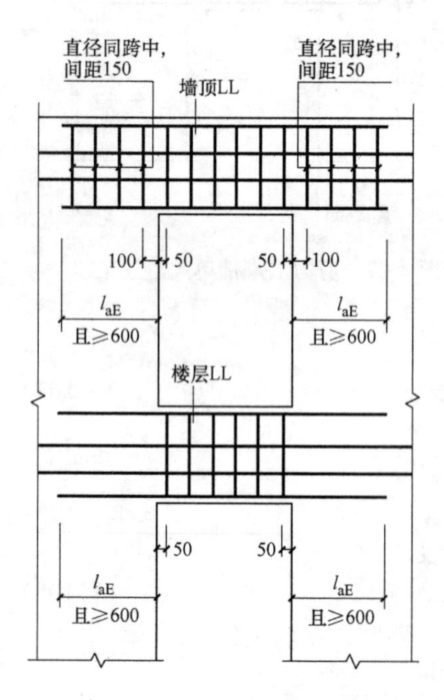

图 4-28 剪力墙中部单洞口连梁

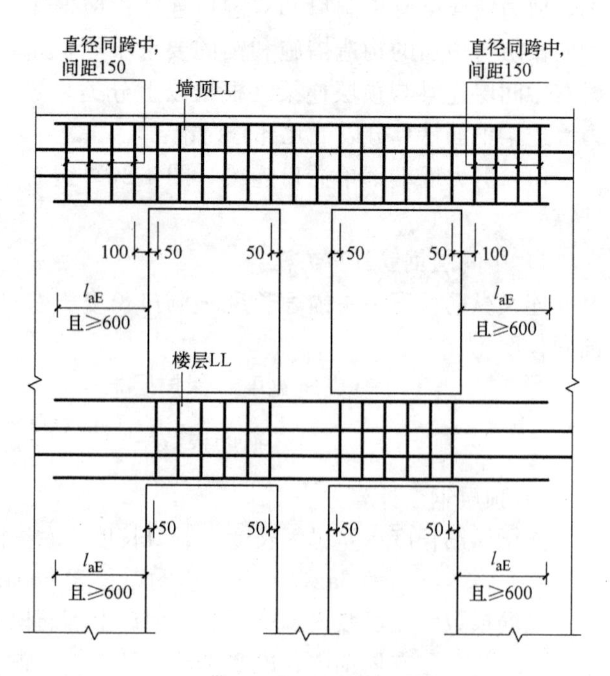

图 4-29 双洞口连梁构造

1）中间层钢筋计算方法

连梁纵筋长度＝左锚固长度＋两洞口宽度＋洞口墙宽度＋右锚固长度

$$=\max(l_{aE},600)+两洞口宽度+洞口墙宽度+\max(l_{aE},600) \quad (4\text{-}112)$$

$$箍筋根数=\frac{洞口1宽度-2\times50}{间距}+1+\frac{洞口2宽度-2\times50}{间距}+1 \quad (4\text{-}113)$$

2）顶层钢筋计算方法

连梁纵筋长度＝左锚固长度＋两洞口宽度＋洞间墙宽度＋右锚固长度

$$=\max(l_{aE},600)+两洞口宽度+洞口墙宽度+\max(l_{aE},600) \quad (4\text{-}114)$$

$$\begin{aligned}箍筋根数&=\frac{左侧锚固长度-100}{150}+1+\frac{两洞口宽度+洞间墙-2\times50}{间距}+1\\&\quad+\frac{左侧锚固长度-100}{150}+1\\&=\frac{\max(l_{aE},600)-100}{150}+1+\frac{两洞口宽度+洞间墙-2\times50}{间距}+1\\&\quad+\frac{\max(l_{aE},600)-100}{150}+1\end{aligned} \quad (4\text{-}115)$$

（4）剪力墙连梁拉筋根数计算

剪力墙连梁拉筋根数计算方法为每排根数×排数，即：

$$拉筋根数=\left(\frac{连梁净宽-2\times50}{箍筋间距\times2}+1\right)\times\left(\frac{连梁高度-2\times保护层}{水平筋间距\times2}+1\right) \quad (4\text{-}116)$$

1）剪力墙连梁拉筋的分布

竖向：连梁高度范围内，墙梁水平分布筋排数的一半，隔一拉一。

横向：横向拉筋间距为连梁箍筋间距的两倍。

2）剪力墙连梁拉筋直径的确定

梁宽≤350mm 时，拉筋直径为 6mm；梁宽＞350mm 时，拉筋直径为 8mm。

4.3 梁构件

4.3.1 楼层框架梁钢筋计算

1. 楼层框架梁上下通长筋计算

（1）两端端支座均为直锚，见图 4-30。

$$上、下部通长筋长度=通跨净长\ l_n+左\ \max(l_{aE},0.5h_c+5d)+右\ \max(l_{aE},0.5h_c+5d) \quad (4\text{-}117)$$

（2）两端端支座均为弯锚，见图 4-31。

$$上、下部通长筋长度=梁长-2\times保护层厚度+15d\ 左+15d\ 右 \quad (4\text{-}118)$$

（3）端支座一端直锚一端弯锚，见图 4-32。

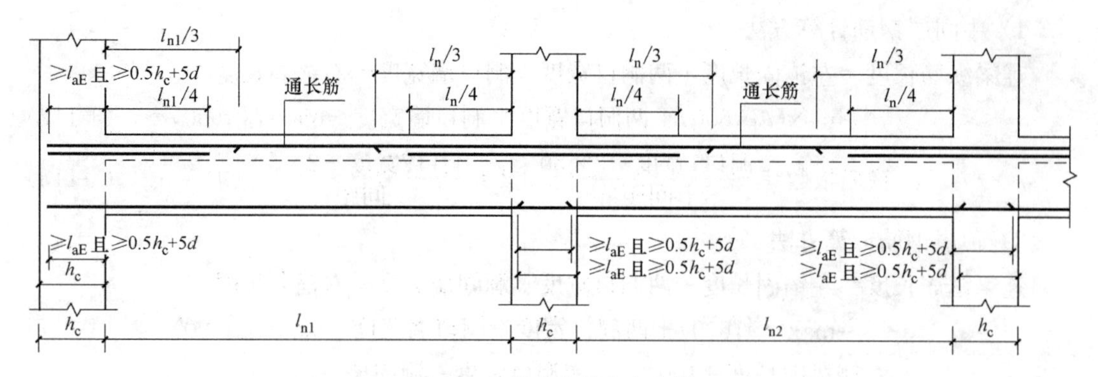

图 4-30　纵筋在端支座直锚

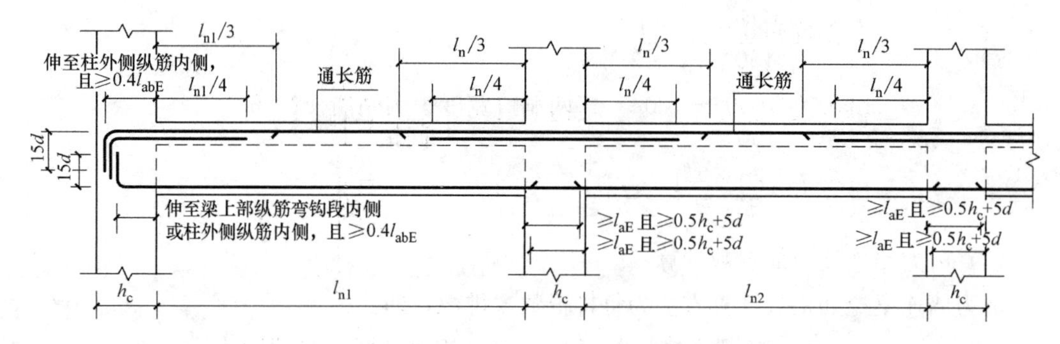

图 4-31　纵筋在端支座弯锚构造

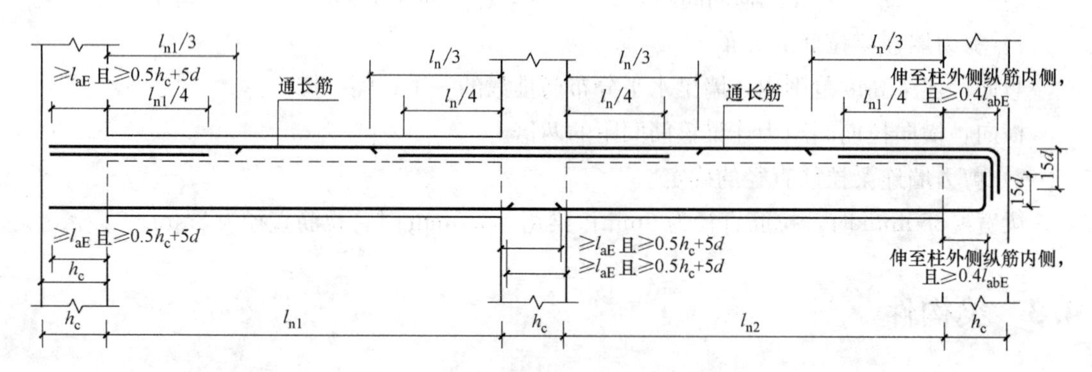

图 4-32　纵筋在端支座直锚和弯锚构造

上、下部通长筋长度＝通跨净长 l_n＋左 $\max(l_{aE}, 0.5h_c+5d)$＋右 h_c－保护层厚度＋$15d$ (4-119)

2. 框架梁下部非通长筋计算

(1) 两端端支座均为直锚

边跨下部非通长筋长度＝净长 l_{n1}＋左 $\max(l_{aE}, 0.5h_c+5d)$＋右 $\max(l_{aE}, 0.5h_c+5d)$ (4-120)

中间跨下部非通长筋长度净长 l_{n2}＋左 $\max(l_{aE}, 0.5h_c+5d)$＋右 $\max(l_{aE}, 0.5h_c+5d)$ (4-121)

（2）两端端支座均为弯锚

边跨下部非通长筋长度=净长 l_{n1}+左 h_c−保护层厚度+右 $\max(l_{aE},0.5h_c+5d)$ (4-122)

中间跨下部非通长筋长度净长 l_{n2}+左 $\max(l_{aE},0.5h_c+5d)$+右 $\max(l_{aE},0.5h_c+5d)$ (4-123)

3. 框架梁下部纵筋不伸入支座计算

当梁（不包括框支梁）下部纵筋不全部伸入支座时，不伸入支座的梁下部纵向钢筋截断点距支座边的距离，统一取为 $0.1l_{ni}$（l_{ni}为本跨梁的净跨值），如图 4-33 所示。

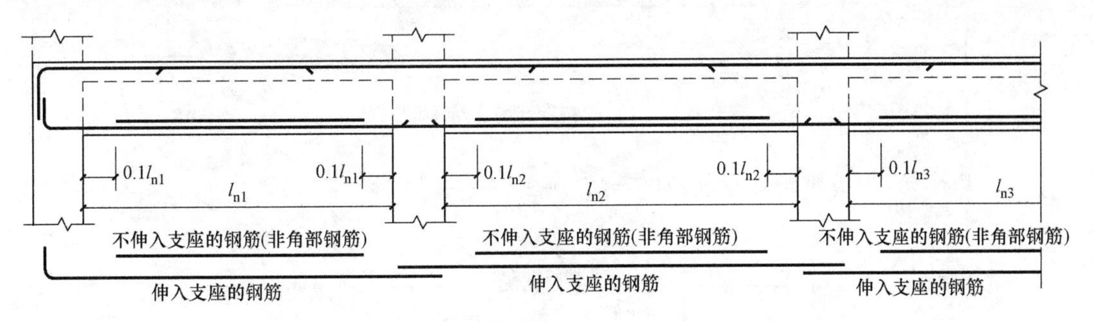

图 4-33 不伸入支座的梁下部纵向钢筋断点位置

框架梁下部纵筋不伸入支座长度=净跨长 l_n−0.1×2净跨长 l_n=0.8净跨长 l_n (4-124)

4. 楼层框架梁端支座负筋计算

（1）当端支座截面满足直线锚固长度时：

$$端支座第一排负筋长度=\frac{净长\ l_{n1}}{3}+左\ \max[l_{aE},(0.5h_c+5d)] \quad (4\text{-}125)$$

$$端支座第二排负筋长度=\frac{净长\ l_{n1}}{4}+左\ \max[l_{aE},(0.5h_c+5d)] \quad (4\text{-}126)$$

（2）当端支座截面不能满足直线锚固长度时：

$$端支座第一排负筋长度=\frac{净长\ l_{n1}}{3}+左\ h_c-保护层厚度+15d \quad (4\text{-}127)$$

$$端支座第二排负筋长度=\frac{净长\ l_{n1}}{4}+左\ h_c-保护层厚度+15d \quad (4\text{-}128)$$

5. 楼层框架梁中间支座负筋计算

$$中间支座第一排负筋长度=2\times\max\left(\frac{l_{n1}}{3},\frac{l_{n2}}{3}\right)+h_c \quad (4\text{-}129)$$

$$中间支座第二排负筋长度=2\times\max\left(\frac{l_{n1}}{4},\frac{l_{n2}}{4}\right)+h_c \quad (4\text{-}130)$$

6. 楼层框架梁架立筋计算

连接框架梁第一排支座负筋的钢筋，叫架立筋。架立筋主要起固定梁中间箍筋的作用，如图 4-34、图 4-35 所示。

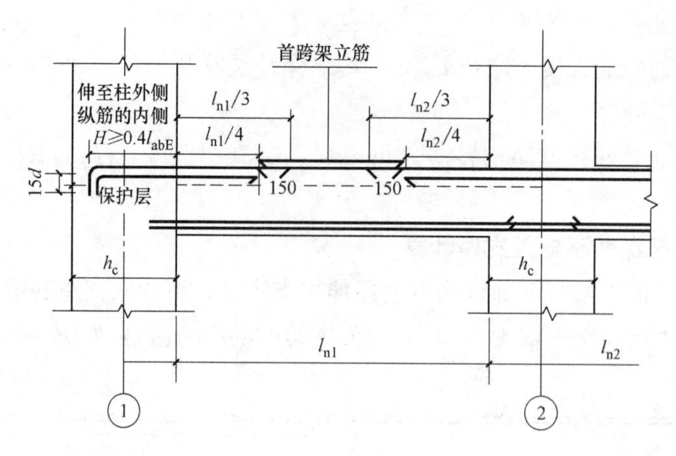

图 4-34 梁首跨架立筋示例图

$$首尾跨架立筋长度=l_{n1}-\frac{l_{n1}}{3}-\frac{\max(l_{n1},l_{n2})}{3}+150\times 2 \tag{4-131}$$

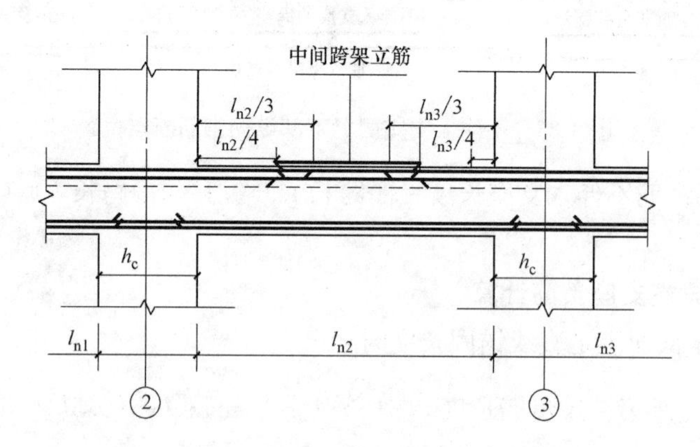

图 4-35 梁中间跨架立筋示例图

$$中间跨架立筋长度=l_{n2}-\frac{\max(l_{n1},l_{n2})}{3}-\frac{\max(l_{n2},l_{n3})}{3}+150\times 2 \tag{4-132}$$

7. 框架梁侧面纵筋计算

梁侧面纵筋分构造纵筋和抗扭纵筋。

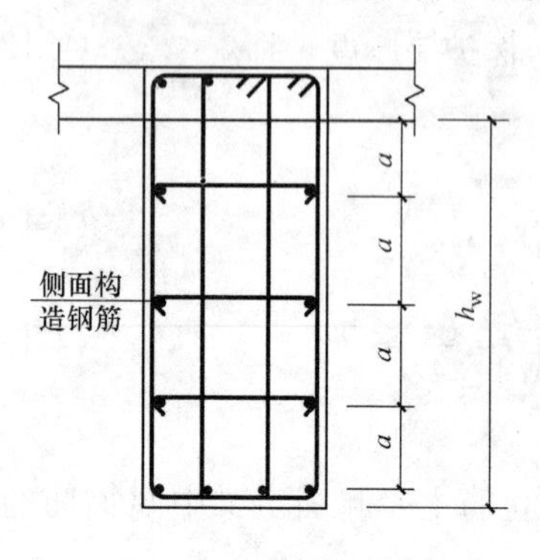

图 4-36 梁侧面构造纵筋截面图

（1）框架梁侧面构造纵筋计算：如图 4-36 所示。

1）当梁净高 $h_w \geq 450$mm 时，在梁的两个侧面沿高度配置纵向构造钢筋；纵向构造钢筋间距 $a \leq 200$mm。

2）当梁宽≤350mm 时，拉筋直径为 6mm；当梁宽>350mm 时，拉筋直径为 8mm。拉筋间距为非加密间距的两倍。当设有多排拉筋时，上下两排拉筋竖向错开设置。

梁侧面构造纵筋长度按图 4-37 进行计算。

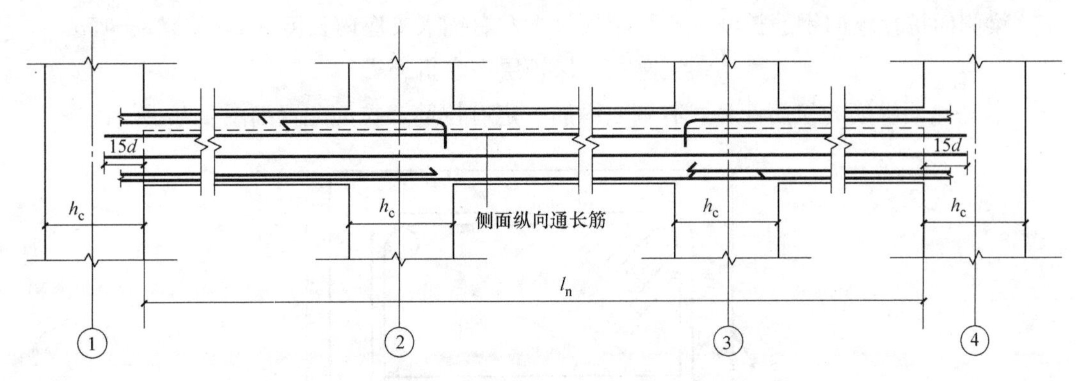

图 4-37 梁侧面构造纵筋示例图

$$梁侧面构造纵筋=l_n+15d\times2 \tag{4-133}$$

(2) 框架梁侧面抗扭纵筋计算：梁侧面抗扭钢筋的计算方法分两种情况，即直锚情况和弯锚情况。

1) 当端支座足够大时，梁侧面抗扭纵向钢筋直锚在端支座里，如图 4-38 所示。

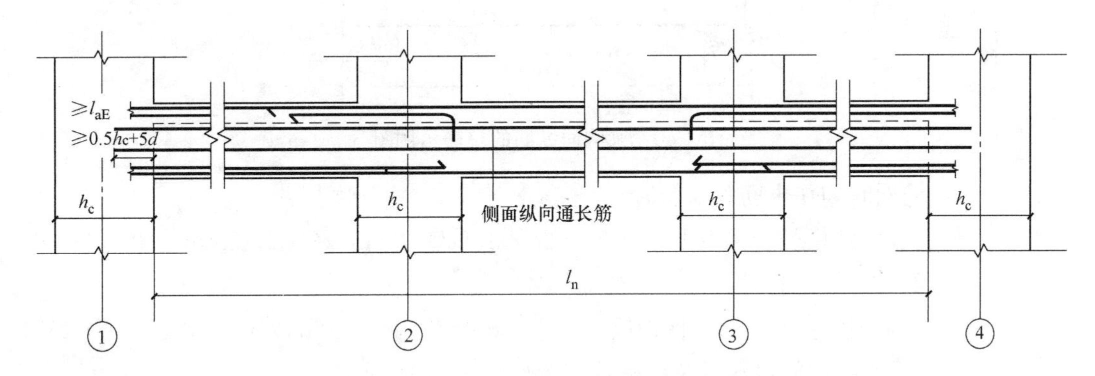

图 4-38 梁侧面抗扭纵筋示例图（直锚情况）

$$梁侧面抗扭纵向钢筋长度=通跨净长\ l_n+左右锚入支座内长度\ \max(l_{aE},0.5h_c+5d) \tag{4-134}$$

2) 当支座不能满足直锚长度时，必须弯锚，如图 4-39 所示。

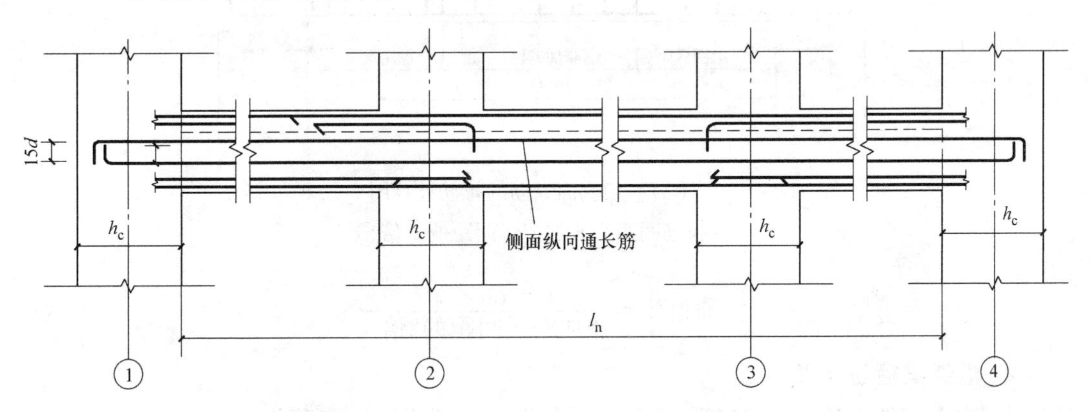

图 4-39 梁侧面抗扭纵筋示例图（弯锚情况）

梁侧面抗扭纵向钢筋长度＝通跨净长 l_n＋左右锚入支座内长度 max(0.4l_{aE}＋15d，

支座宽－保护层＋弯折15d) (4-135)

(3) 侧面纵筋的拉筋计算：有侧面纵筋一定有拉筋，拉筋配置如图 4-40 所示。

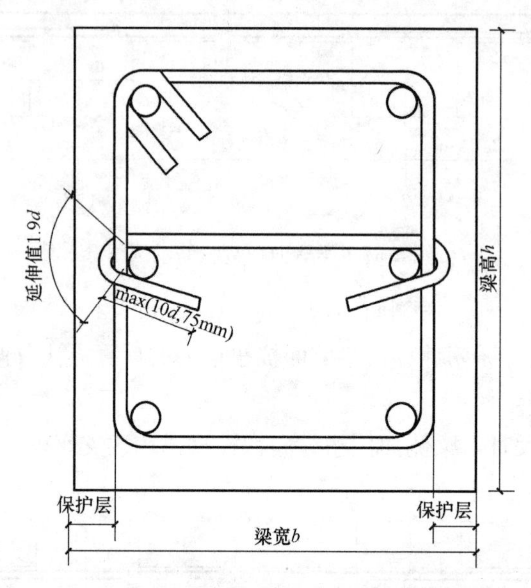

图 4-40 梁侧面纵筋的拉筋示例图

1) 当拉筋同时勾住主筋和箍筋时：

拉筋长度＝(梁宽 b－保护层×2)＋2d＋1.9d×2＋max(10d,75mm)×2 (4-136)

2) 当拉筋只勾住主筋时：

拉筋长度＝(梁宽 b－保护层×2)＋1.9d×2＋max(10d,75mm)×2 (4-137)

(4) 侧面纵筋的拉筋根数：拉筋根数配置如图 4-41 所示。

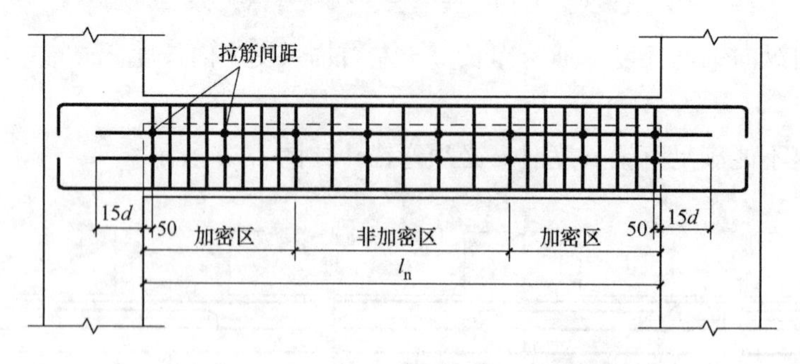

图 4-41 梁侧面纵筋的拉筋计算图

(拉筋间距为非加密区间距的 2 倍)

$$拉筋根数=\frac{l_n-50\times2}{非加密区间距的2倍}+1 \quad (4\text{-}138)$$

8. 框架梁箍筋计算

框架梁（KL、WKL）箍筋构造要求，如图 4-42 和图 4-43 所示。

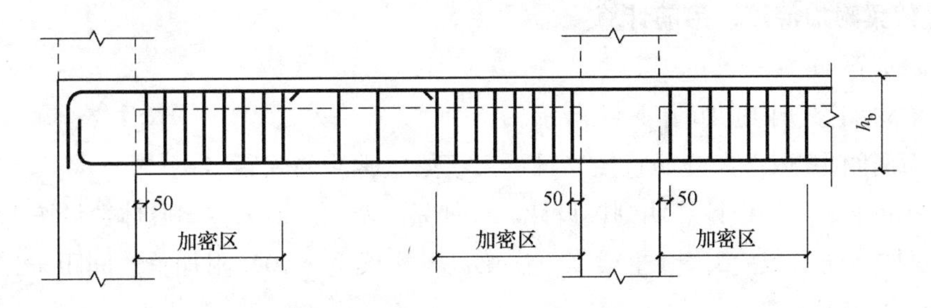

图 4-42 框架梁（KL、WKL）箍筋构造要求（一）

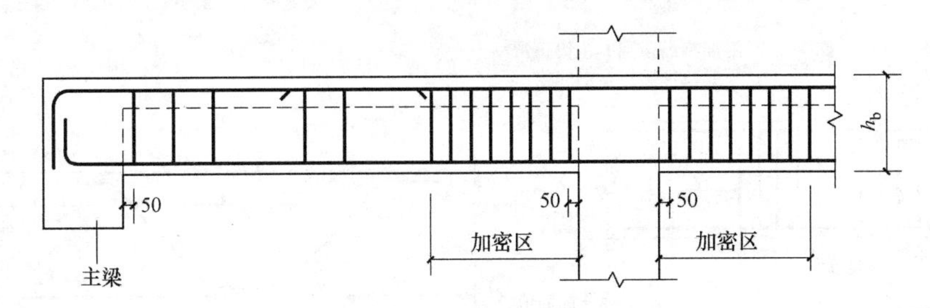

图 4-43 框架梁（KL、WKL）箍筋构造要求（二）

一级抗震：

$$\text{箍筋加密区长度 } l_1 = \max(2.0h_b, 500) \tag{4-139}$$

$$\text{箍筋根数} = 2\times[(l_1-50)/\text{加密区间距}+1]+(l_n-l_1)/\text{非加密区间距}-1 \tag{4-140}$$

二～四级抗震：

$$\text{箍筋加密区长度 } l_2 = \max(1.5h_b, 500) \tag{4-141}$$

$$\text{箍筋根数} = 2\times[(l_2-50)/\text{加密区间距}+1]+(l_n-l_2)/\text{非加密区间距}-1 \tag{4-142}$$

$$\text{箍筋预算长度} = (b+h)\times2-8\times c+2\times1.9d+\max(10d,75)\times2+8d \tag{4-143}$$

$$\text{箍筋下料长度} = (b+h)\times2-8\times c+2\times1.9d+\max(10d,75)\times2+8d-3\times1.75d \tag{4-144}$$

$$\text{内箍预算长度} = \{[(b-2\times c-D)/n-1]\times j+D\}\times2+2\times(h-c)+2\times1.9d+\max(10d,75)\times2+8d \tag{4-145}$$

$$\text{内箍下料长度} = \{[(b-2\times c-D)/n-1]\times j+D\}\times2+2\times(h-c)+2\times1.9d+\max(10d,75)\times2+8d-3\times1.75d \tag{4-146}$$

其中，b——梁宽度；

h——梁高度；

c——混凝土保护层厚度；

d——箍筋直径；

n——纵筋根数；

D——纵筋直径；

j——梁内箍包含的主筋孔数，j＝内箍内梁纵筋数量－1。

9. 框架梁附加箍筋、吊筋计算

（1）附加箍筋

框架梁附加箍筋构造如图 4-44 所示。

附加箍筋间距 $8d$（为箍筋直径）且不大于梁正常箍筋间距。

附加箍筋根数如果设计注明则按设计，设计只注明间距而未注写具体数量按平法构造。

$$附加箍筋根数=2\times[(主梁高-次梁高+次梁宽-50)/附加箍筋间距+1] \quad (4\text{-}147)$$

（2）附加吊筋

框架梁附加吊筋构造如图 4-45 所示。

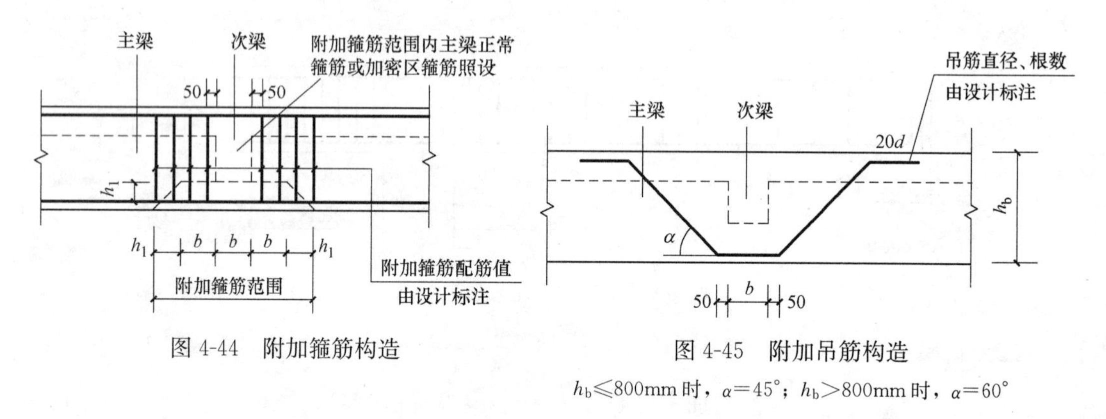

图 4-44　附加箍筋构造

图 4-45　附加吊筋构造

h_b≤800mm 时，$\alpha=45°$；h_b>800mm 时，$\alpha=60°$

$$附加吊筋长度=次梁宽+2\times50+2\times(主梁高-保护层厚度)/\sin45°(60°)+2\times20d \quad (4\text{-}148)$$

4.3.2　屋面框架梁钢筋计算

屋面框架梁纵向钢筋构造如图 4-46 所示。

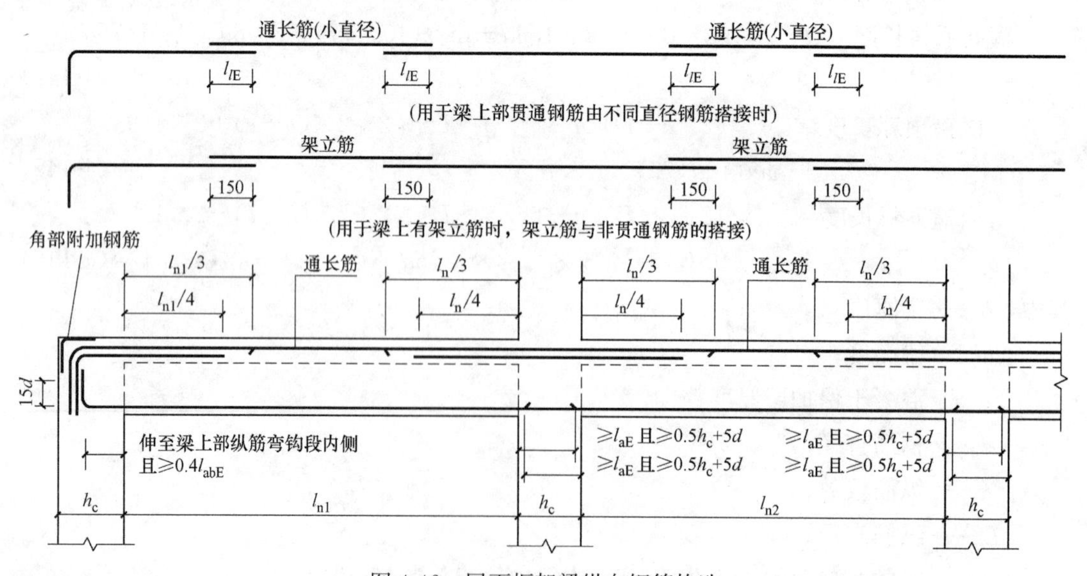

图 4-46　屋面框架梁纵向钢筋构造

屋面框架除上部通长筋和端支座负筋弯折长度伸至梁底，其他钢筋的算法和楼层框架梁相同。

（1）屋面框架梁上部贯通筋长度

屋面框架梁上部贯通筋长度＝通跨净长＋(左端支座宽－保护层)＋(右端支座宽－保护层)＋弯折(梁高－保护层)×2　　(4-149)

（2）屋面框架梁上部第一排负筋长度

$$屋面框架梁上部第一排端支座负筋长度=\frac{净跨\ l_{n1}}{3}+(左端支座宽-保护层)+弯折(梁高-保护层) \quad (4\text{-}150)$$

（3）屋面框架梁上部第二排负筋长度

$$屋面框架梁上部第二排端支座负筋长度=\frac{净跨\ l_{n1}}{4}+(左端支座宽-保护层)+弯折(梁高-保护层) \quad (4\text{-}151)$$

4.3.3 非框架梁钢筋计算

非框架梁配筋构造，见图 4-47。

非框架梁上部纵筋长度＝通跨净长 l_n＋左支座宽＋右支座宽－2×保护层厚度＋2×15d　　(4-152)

1. 非框架梁为弧形梁时

当非框架梁直锚时：

下部通长筋长度＝通跨净长 l_n＋2×l_a　　(4-153)

当非框架梁不为直锚时：

下部通长筋长度＝通跨净长 l_n＋左支座宽＋右支座宽－2×保护层厚度＋2×15d　　(4-154)

非框架梁端支座负筋长度＝l_n/3＋支座宽－保护层厚度＋15d　　(4-155)

非框架梁中间支座负筋长度＝max(l_n/3,2l_n/3)＋支座宽　　(4-156)

2. 非框架梁为直梁时

下部通长筋长度＝通跨净长 l_n＋2×12d　　(4-157)

当梁下部纵筋为光圆钢筋时：

下部通长筋长度＝通跨净长 l_n＋2×15d　　(4-158)

非框架梁端支座负筋长度＝l_n/5＋支座宽－保护层厚度＋15d　　(4-159)

当端支座为柱、剪力墙、框支梁或深梁时：

非框架梁端支座负筋长度＝l_n/3＋支座宽－保护层厚度＋15d　　(4-160)

非框架梁中间支座负筋长度＝max(l_n/3,2l_n/3)＋支座宽　　(4-161)

4.3.4 框支梁钢筋计算

框支梁的配筋构造，如图 4-48 所示。

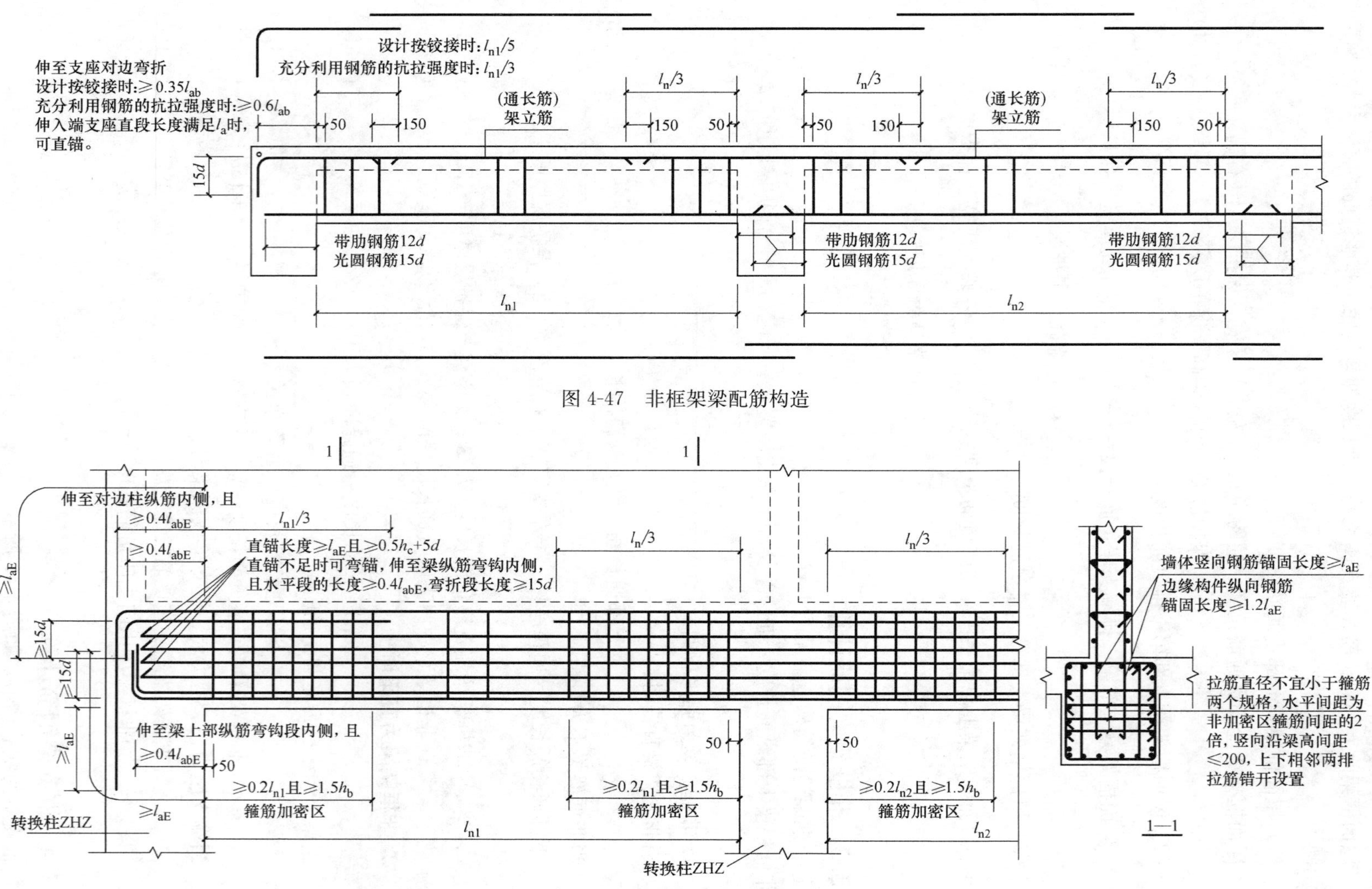

图 4-47 非框架梁配筋构造

图 4-48 框支梁 KZL 的配筋构造

$$框支梁上部纵筋长度=梁总长-2\times保护层厚度+2\times梁高 h+2\times l_{aE} \quad (4\text{-}162)$$

当框支梁下部纵筋为直锚时：

$$框支梁下部纵筋长度=梁跨净长 l_n+左 \max(l_{aE},0.5h_c+5d)+右 \max(l_{aE},0.5h_c+5d) \quad (4\text{-}163)$$

当框支梁下部纵筋不为直锚时：

$$框支梁下部纵筋长度=梁总长-2\times保护层厚度+2\times 15d \quad (4\text{-}164)$$

$$框支梁箍筋数量=2\times[\max(0.2l_{n1},1.5h_b)/加密区间距+1]+(l_n-加密区长度)/非加密区间距-1 \quad (4\text{-}165)$$

框支梁侧面纵筋同框支梁下部纵筋。

$$框支梁支座负筋=\max(l_{n1}/3,l_{n2}/3)+支座宽(第二排同第一排) \quad (4\text{-}166)$$

4.3.5 悬挑梁钢筋计算

1. 悬挑梁上部通长筋计算

悬挑梁通常按如下方式进行配筋，如图 4-49 所示。

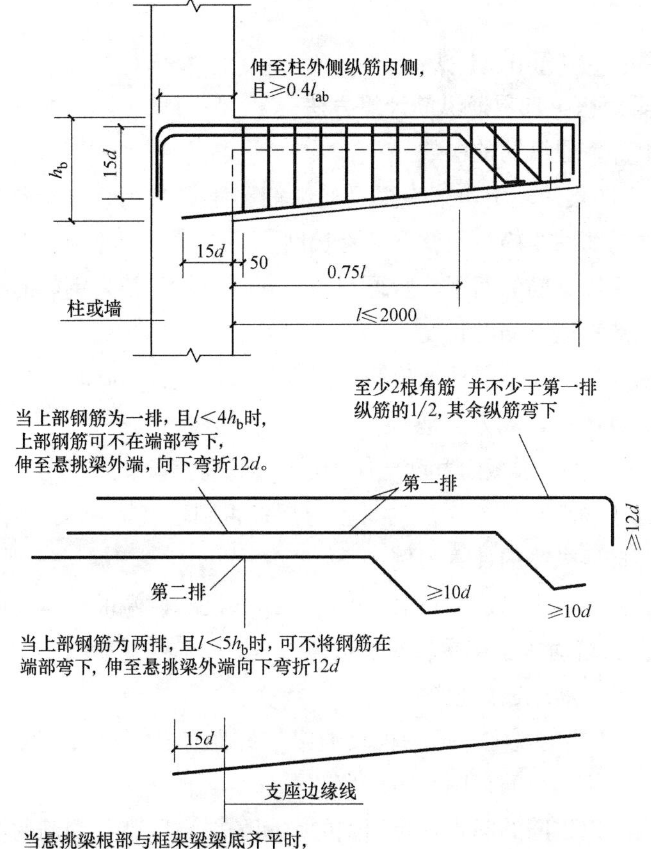

图 4-49 悬挑梁配筋图

$$悬挑梁上部通长筋长度=净跨长+左支座锚固长度+12d-保护层厚度 \quad (4\text{-}167)$$

2. 悬挑梁下部通长筋计算

$$悬挑梁下部通长筋长度=净跨长+左支座锚固长度 \quad (4\text{-}168)$$

3. 端支座负筋计算

$$端支座负筋长度(第一排)=\frac{净跨长}{3}+支座锚固长度 \quad (4\text{-}169)$$

$$端支座负筋长度(第二排)=\frac{净跨长}{4}+支座锚固长度 \quad (4\text{-}170)$$

4. 悬挑跨跨中钢筋计算

$$悬挑跨跨中钢筋长度=\frac{第一跨净跨长}{3}+支座宽+悬挑净跨长+12d-保护层 \quad (4\text{-}171)$$

4.4 板构件

4.4.1 板上部贯通纵筋的计算

1. 端支座为梁时板上部贯通纵筋计算方法

（1）计算板上部贯通纵筋的根数

按照16G101-1图集的规定，第一根贯通纵筋在距梁边为1/2板筋间距处开始设置。这样，板上部贯通纵筋的布筋范围就是净跨长度。

在这个范围内除以钢筋的间距，所得到的“间隔个数”就是钢筋的根数。

（2）计算板上部贯通纵筋的长度

板上部贯通纵筋两端伸至梁外侧角筋的内侧，再弯直钩15d；当平直段长度分别$\geqslant l_a$、$\geqslant l_{aE}$时可不弯折。具体的计算方法是：

1）先计算直锚长度=梁截面宽度-保护层-梁角筋直径

2）若平直段长度分别$\geqslant l_a$、$\geqslant l_{aE}$时可不弯折；否则弯直钩15d。

以单块板上部贯通纵筋的计算为例：

$$板上部贯通纵筋的直段长度=净跨长度+两端的直锚长度 \quad (4\text{-}172)$$

2. 端支座为剪力墙时板上部贯通纵筋计算方法

（1）计算板上部贯通纵筋的根数

按照16G101-1图集的规定，第一根贯通纵筋在距墙边为1/2板筋间距处开始设置。这样，板上部贯通纵筋的布筋范围=净跨长度。

在这个范围内除以钢筋的间距，所得到的“间隔个数”就是钢筋的根数。

（2）计算板上部贯通纵筋的长度

板上部贯通纵筋两端伸至剪力墙外侧水平分布筋的内侧，弯锚长度为l_{aE}。具体的计算方法是：

1）先计算直锚长度＝墙厚度－保护层－墙身水平分布筋直径

2）再计算弯钩长度＝l_{aE}－直锚长度

以单块板上部贯通纵筋的计算为例：

板上部贯通纵筋的直段长度＝净跨长度＋两端的直锚长度　　(4-173)

4.4.2 板下部贯通纵筋的计算

1. 端支座为梁时板下部贯通纵筋计算方法

(1) 计算板下部贯通纵筋的根数

计算方法和前面介绍的板上部贯通纵筋根数算法是一致的。即：

按照 16G101-1 图集的规定，第一根贯通纵筋在距梁边为 1/2 板筋间距处开始设置。这样，板上部贯通纵筋的布筋范围＝净跨长度。

在这个范围内除以钢筋的间距，所得到的“间隔个数”就是钢筋的根数。

(2) 计算板下部贯通纵筋的长度

具体的计算方法一般为：

1）先选定直锚长度＝梁宽/2。

2）再验算一下此时选定的直锚长度是否≥$5d$——如果满足“直锚长度≥$5d$”，则没有问题；如果不满足“直锚长度≥$5d$”，则取定 $5d$ 为直锚长度（实际工程中，1/2 梁厚一般都能够满足“≥5d”的要求）。

以单块板下部贯通纵筋的计算为例：

板下部贯通纵筋的直段长度＝净跨长度＋两端的直锚长度　　(4-174)

2. 端支座为剪力墙时板下部贯通纵筋计算方法

(1) 计算板下部贯通纵筋的根数

计算方法和前面介绍的板上部贯通纵筋根数算法是一致的。

(2) 计算板下部贯通纵筋的长度

具体的计算方法一般为：

1）先选定直锚长度＝墙厚/2。

2）再验算一下此时选定的直锚长度是否≥$5d$——如果满足“直锚长度≥$5d$”，则没有问题；如果不满足“直锚长度≥$5d$”，则取定 $5d$ 为直锚长度（实际工程中，1/2 墙厚一般都能够满足“≥$5d$”的要求）。

以单块板下部贯通纵筋的计算为例：

板下部贯通纵筋的直段长度＝净跨长度＋两端的直锚长度　　(4-175)

4.4.3 柱上板带、跨中板带底筋计算

1. 柱上板带

柱上板带纵向钢筋构造如图 4-50 所示，柱上板带底筋计算简图如图 4-51 所示。

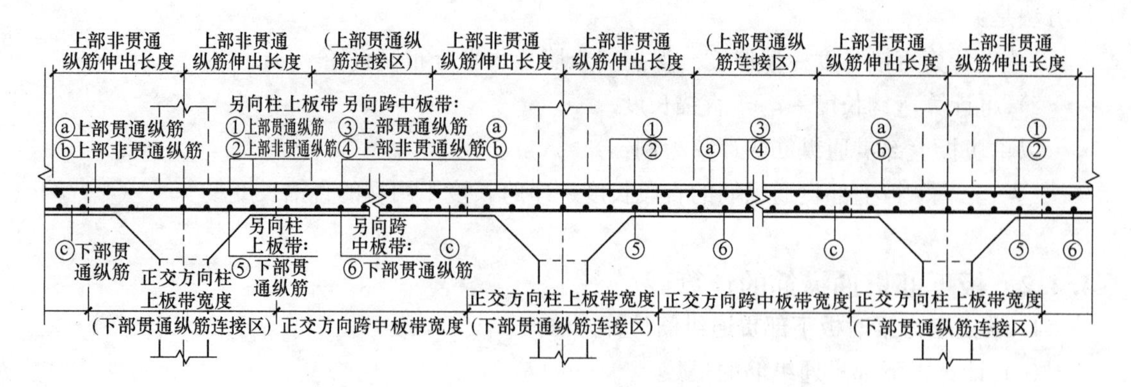

图 4-50 柱上板带纵向钢筋构造

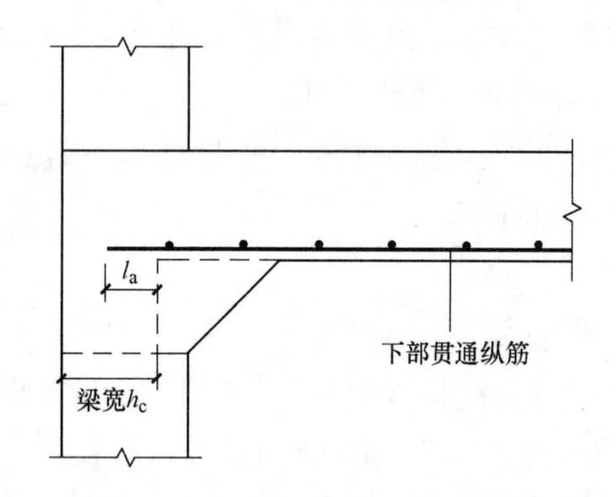

图 4-51 柱上板带底筋计算简图

$$底筋长度=板跨净长+2\times l_a+2\times 弯钩(底筋为HPB300级钢筋) \quad (4\text{-}176)$$

2. 跨中板带

跨中板带纵向钢筋构造如图 4-52 所示，跨中板带底筋计算简图如图 4-53 所示。

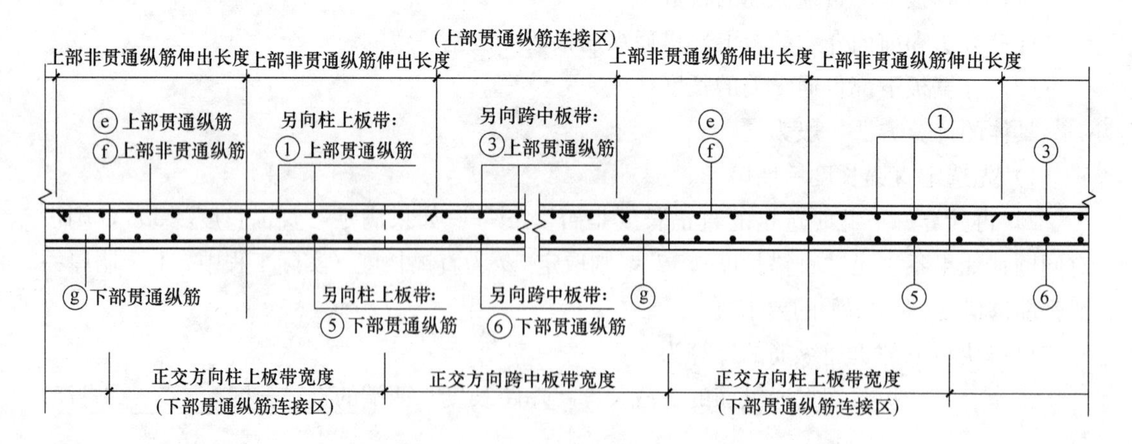

图 4-52 跨中板带 KZB 纵向钢筋构造

$$底筋长度=板跨净长+2\times \max(0.5h_c, 12d)+2\times 弯钩(底筋为HPB300级钢筋) \quad (4\text{-}177)$$

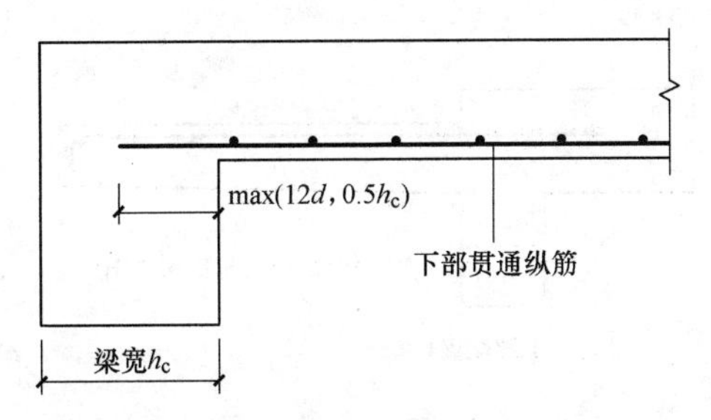

图 4-53 跨中板带底筋计算简图

4.4.4 悬挑板钢筋计算

悬挑板钢筋构造如图 4-54 所示。

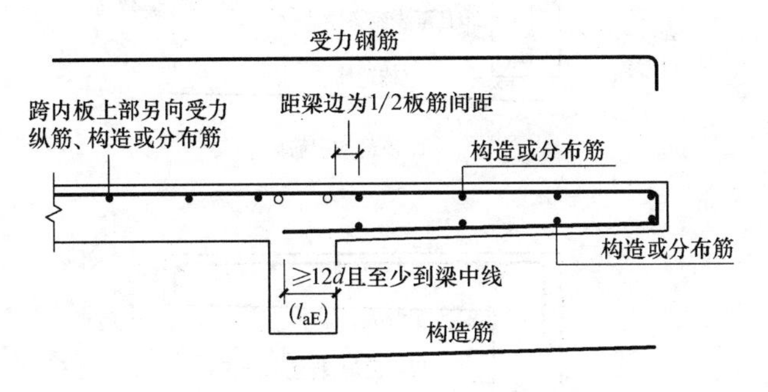

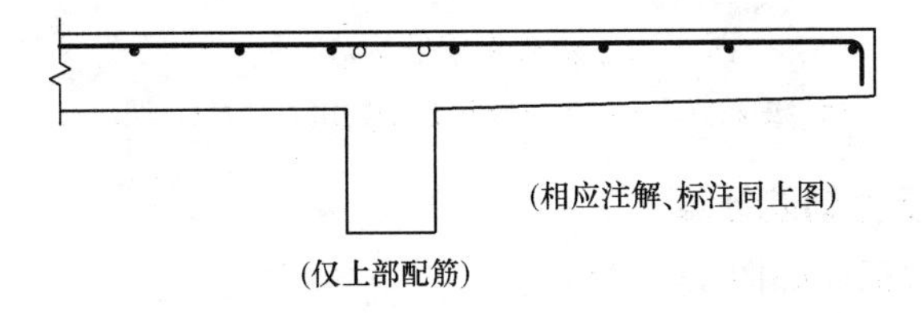

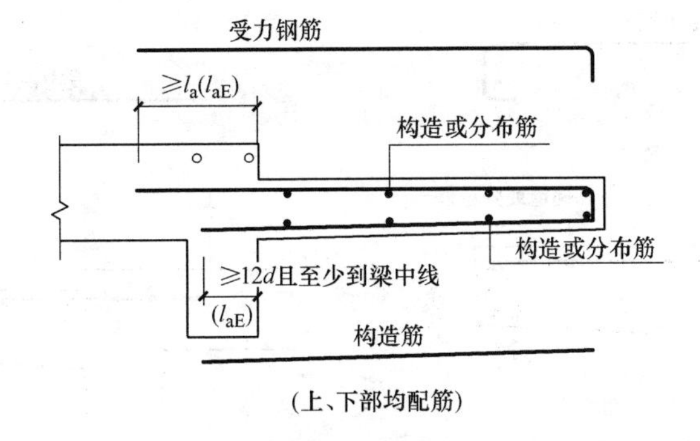

图 4-54 悬挑板钢筋构造

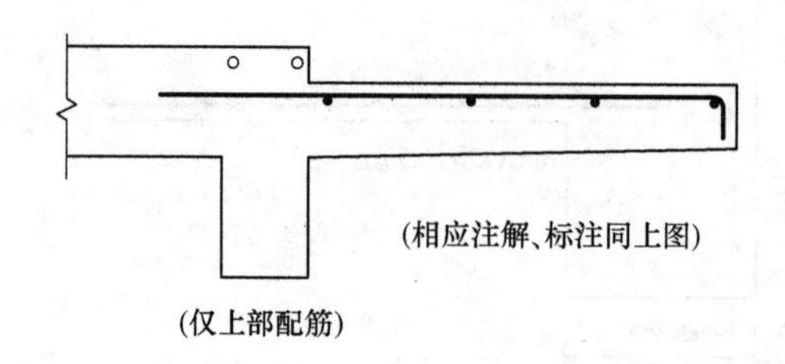

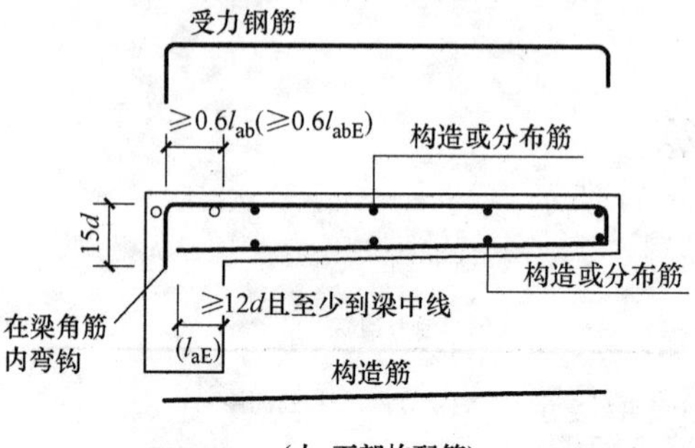

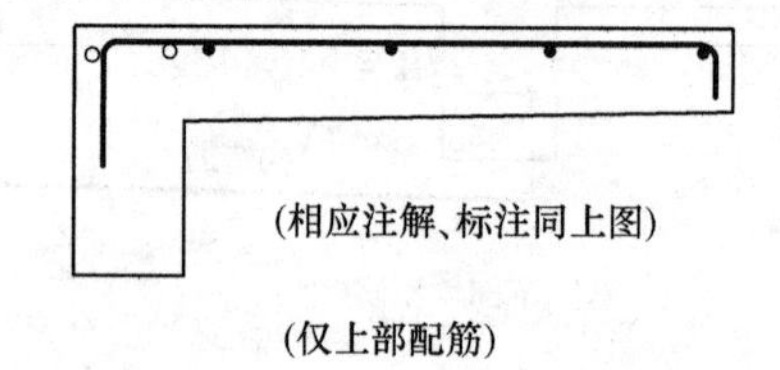

图 4-54　悬挑板钢筋构造（续）

注：括号中数值用于需考虑竖向地震作用时（由设计明确）。

1. 纯悬挑板上部受力钢筋计算

纯悬挑板上部受力钢筋如图 4-55 所示。

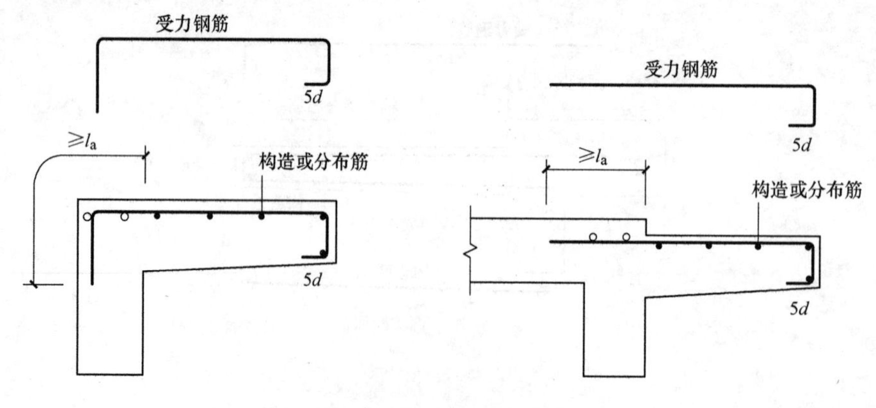

图 4-55　纯悬挑板上部受力钢筋

（1）上部受力钢筋的计算公式

$$上部受力钢筋长度=锚固长度+水平段长度+(板厚-保护层\times 2+5d) \quad (4\text{-}178)$$

注：当为一级钢筋时需要增加一个180°弯钩长度。

（2）上部受力钢筋根数的计算公式

$$上部受力钢筋根数=\frac{挑板长度-保护层\times 2}{间距}+1 \quad (4\text{-}179)$$

2. 纯悬挑板分布筋计算

（1）分布筋长度计算公式

$$分布筋长度=水平长度 \quad (4\text{-}180)$$

（2）分布筋根数计算公式

$$分布筋根数=\frac{布筋范围}{布筋间距}+1 \quad (4\text{-}181)$$

3. 纯悬挑板下部钢筋计算

为纯悬挑板（双层钢筋）时，除需要计算上部受力钢筋的长度和根数、分布筋的长度和根数以外，还需要计算下部构造钢筋长度和根数及分布筋的长度和根数，如图4-56所示。

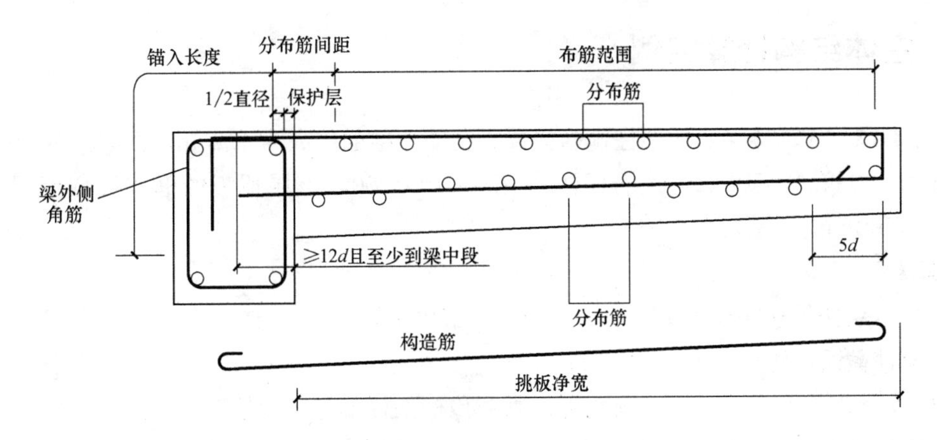

图4-56 挑板下部钢筋计算图

（1）纯悬挑板下部构造钢筋长度计算公式

$$纯悬挑板下部构造钢筋长度=纯悬挑板净长\text{-}保护层+\max\left(12d,\frac{支座宽}{2}\right)+弯钩 \quad (4\text{-}182)$$

（2）纯悬挑板下部构造钢筋根数计算公式

$$纯悬挑板下部构造钢筋根数=\frac{挑板长度-保护层\times 2}{间距}+1 \quad (4\text{-}183)$$

4.4.5 折板钢筋计算

折板配筋构造如图4-57所示。

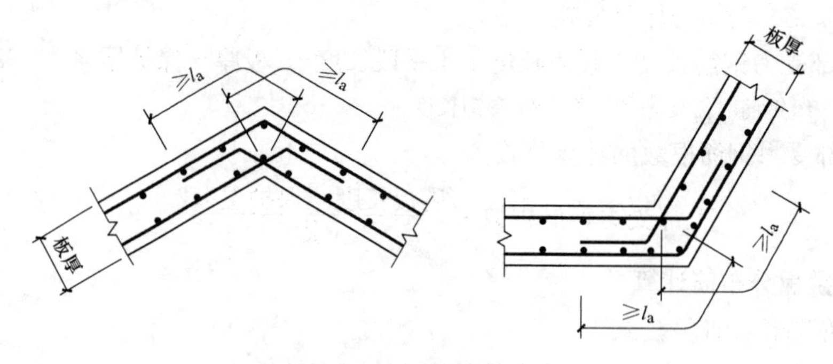

图 4-57 折板配筋构造

外折角纵筋连续通过。当角度 $\alpha \geqslant 160°$时，内折角纵筋连续通过。当角度 $\alpha < 160°$时，阳角折板下部纵筋和阴角上部纵筋在内折角处交叉锚固。如果纵向受力钢筋在内折角处连续通过，纵向受力钢筋的合力会使内折角处板的混凝土保护层向外崩出，从而使钢筋失去粘结锚固力（钢筋和混凝土之间的粘结锚固力是钢筋和混凝土能够共同工作的基础），最终可能导致折断而破坏。

$$底筋长度=板跨净长+2\times l_a \tag{4-184}$$

4.5 主体结构计算实例

【例 4-1】 计算楼层的框架柱箍筋根数。已知楼层的层高为 4.20m，框架柱 KZ1 的截面尺寸为 700mm×650mm，箍筋标注为 ϕ10@100/200，该层顶板的框架梁截面尺寸为 300mm×700mm。

【解】

(1) 本层楼的柱净高为 $H_n=4200-700=3500$mm

框架柱截面长边尺寸 $h_c=700$mm

$H_n/h_c=3500/700=5>4$，由此可以判断该框架柱不是“短柱”。

加密区长度$=\max(H_n/6,h_c,500)$

$=\max(3500/6,700,500)$

$=700$mm

(2) 上部加密区箍筋根数计算

加密区长度$=\max(H_n/6,h_c,500)+$框架梁高度

$=700+700$

$=1400$mm

根数=1400/100=14 根

所以上部加密区实际长度=14×100=1400mm

(3) 下部加密区箍筋根数计算

加密区长度$=\max(H_n/6,h_c,500)=700$mm

根数=700/100=7 根

所以下部加密区实际长度=7×100=700mm

(4) 中间非加密区箍筋根数计算

非加密区长度=4200−1400−700=2100mm

根数=2100/200=11 根

(5) 本层 KZ1 箍筋根数计算

根数=14+7+11=32 根

【例 4-2】 端部洞口连梁 LL5 施工图，见图 4-58。设混凝土强度为 C30，抗震等级为一级，计算连梁 LL5 中间层的各种钢筋。

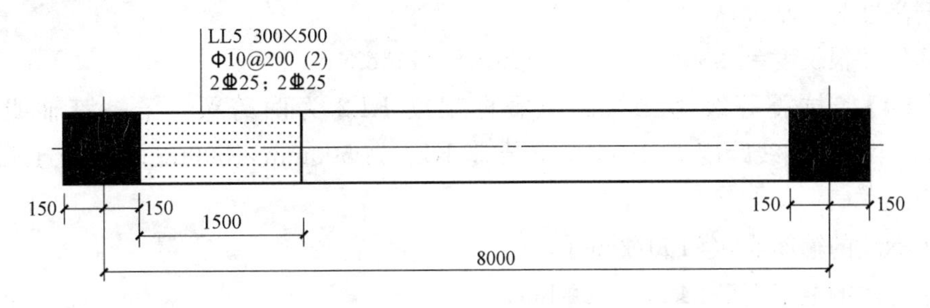

图 4-58　LL5 钢筋计算图

【解】

(1) 上、下部纵筋

计算公式=净长+左端柱内锚固+右端直锚

左端支座锚固$=h_c-c+15d$

$=300-15+15\times25$

$=660$mm

右端直锚固长度=max (l_{aE}，600)

$=\max(38\times25,600)$

$=950$mm

总长度=1500+660+950=3110mm

(2) 箍筋长度

箍筋长度$=2\times[(300-2\times15)+(500-2\times15)]+2\times11.9\times10$

$=1718$mm

(3) 箍筋根数

洞宽范围内箍筋根数$=\dfrac{1500-2\times50}{200}+1=8$ 根

【例 4-3】 试计算剪力墙洞口补强纵筋的长度。已知洞口表标注为 JD5　1800×2100　1.800　6Φ20　ϕ8@150，其中，剪力墙厚 300mm，混凝土强度等级为 C25，纵向钢筋 HRB400 级钢筋，墙身水平分布筋和垂直分布筋均为Φ12@250。

【解】 补强暗梁的纵筋长度$=1800+2\times l_{aE}$

$=1800+2\times 40\times 20$

$=3400$mm

每个洞口上下的补强暗梁纵筋总数为12Φ20。

补强暗梁纵筋的每根长度为3400mm。

但补强暗梁箍筋只在洞口内侧50mm处开始设置，所以：

一根补强暗梁的箍筋根数$=(1800-50\times 2)/150+1=13$根

一个洞口上下两根补强暗梁的箍筋总根数为26根

箍筋宽度$=300-2\times 15-2\times 12-2\times 8=230$mm

箍筋高度为400mm，则：

箍筋的每根长度$=(230+400)\times 2+26\times 8=1468$mm

【例4-4】 抗震等级为二级的抗震框架梁KL2为两跨梁，第一跨轴线跨度为2900mm，第二跨轴线跨度为2800mm，支座KZ1为500mm×500mm，混凝土强度等级C25，其中：

集中标注的箍筋ϕ10@100/200（4）；

集中标注的上部钢筋2Φ25+(2Φ14)；

每跨梁左右支座的原位标注都是：4Φ25；

请计算KL2的架立筋。

【解】 KL2的第一跨架立筋：

第一跨净跨长度$l_{n1}=2900-500=2400$mm

第二跨净跨长度$l_{n2}=3800-500=3300$mm

$l_n=\max(l_{n1},l_{n2})-\max(2400,3300)$

$=3300$mm

架立筋长度$=l_{n1}-l_{n1}/3-l_n/3+150\times 2$

$=2400-2400/3-3300/3+150\times 2$

$=800$mm

KL2的第二跨架立筋：

架立筋长度$=l_{n2}-l_n/3-l_{n2}/3+150\times 2$

$=3300-3300/3-3300/3+150\times 2$

$=1400$mm

【例4-5】 纯悬挑板下部构造筋如图4-56所示，计算下部构造筋长度及根数。

【解】

纯悬挑板净长$=1650-150=1500$mm

纯悬挑板下部构造筋长度$=$纯悬挑板净长$-$保护层$+\max\left(12d,\dfrac{\text{支座宽}}{2}\right)+$弯钩

$$=1500-15+\max\left(120,\frac{300}{2}\right)+6.25\times 10$$

$=1698\text{mm}$

$$纯悬挑板下部受力钢筋根数=\frac{\text{挑板长度}-\text{保护层}\times 2}{\text{间距}}+1$$

$$=\frac{6750-15\times 2}{200}+1$$

$$=35\text{ 根}$$

【例 4-6】 根据图 4-59 计算纯悬挑板上部受力钢筋的长度和根数。

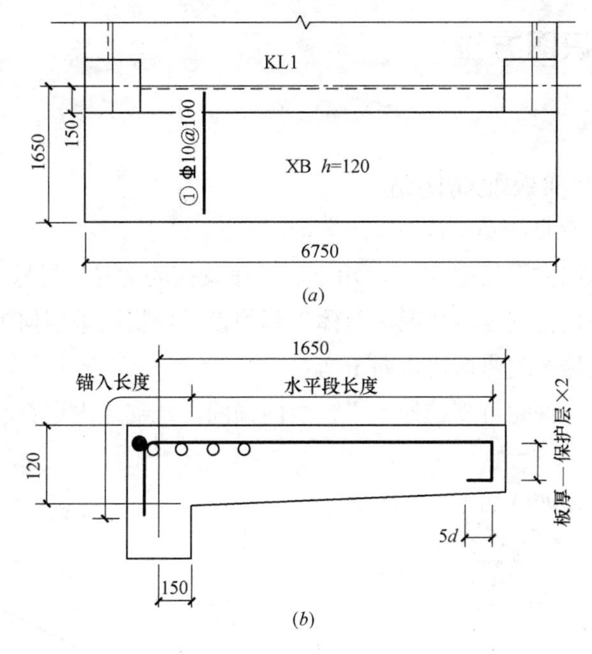

图 4-59 上部受力钢筋
（a）纯悬挑板平面图；（b）纯悬挑板钢筋剖面

【解】

$$\text{上部受力钢筋水平段长度}=\text{悬挑板净跨长}-\text{保护层}$$

$$=(1650-150)-15$$

$$=1485\text{mm}$$

$$\text{纯悬挑板上部受力钢筋长度}=\text{锚固长度}+\text{水平段长度}+(\text{板厚}-\text{保护层}\times 2+5d)+\text{弯钩}$$

$$=\max(24d,250)+1485+(120-15\times 2+5d)+6.25d$$

$$=250+1485+(120-15\times 2+5\times 10)+6.25\times 10$$

$$=1932.5\text{mm}$$

$$\text{纯悬挑板上部受力钢筋根数}=\frac{\text{悬挑板长度}-\text{板保护层 }c\times 2}{\text{上部受力钢筋间距}}+1$$

$$=\frac{6750-15\times 2}{100}+1$$

$$=69\text{ 根}$$

5 板式楼梯

5.1 板式楼梯识图方法

5.1.1 AT～GT型梯板配筋构造

AT～GT型梯板配筋构造如图5-1～图5-7所示。

(1) 图中上部纵筋锚固长度$0.35l_{ab}$用于设计按铰接的情况，括号内数据$0.6l_{ab}$用于设计考虑充分发挥钢筋抗拉强度的情况，具体工程中设计应指明采用何种情况。

(2) 上部纵筋需伸至支座对边再向下弯折。

(3) 上部纵筋有条件时可直接伸入平台板内锚固，从支座内边算起总锚固长度不小于l_a，如图中虚线所示。

(4) 踏步两头高度调整如图5-8所示。

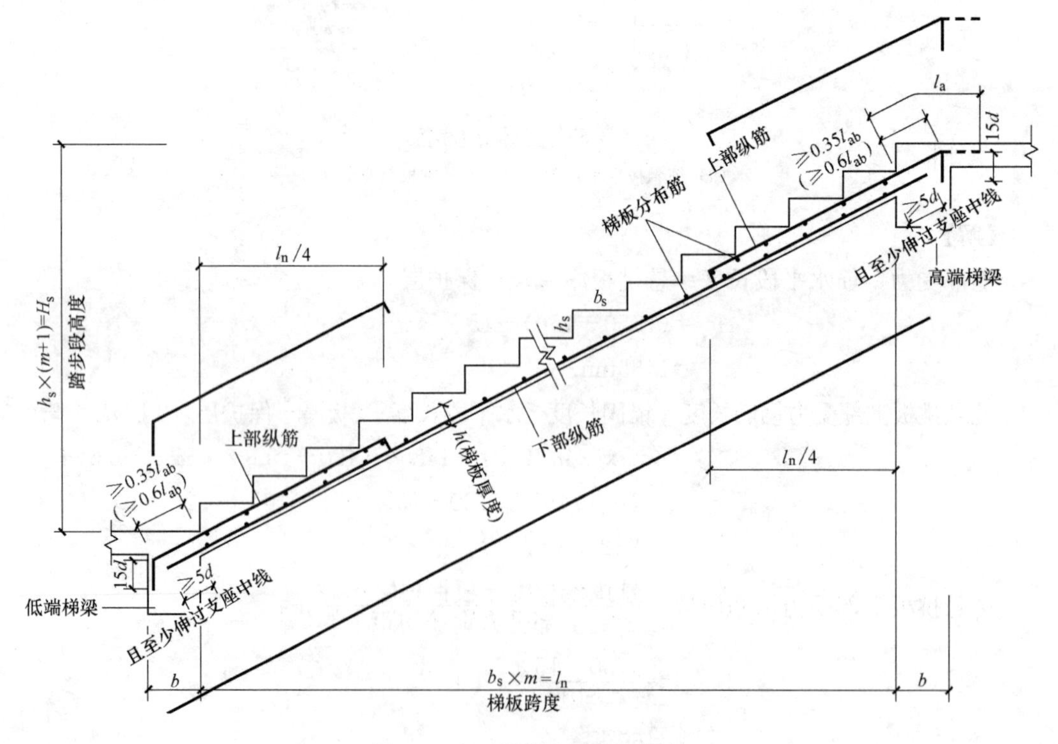

图5-1 AT型楼梯板配筋构造

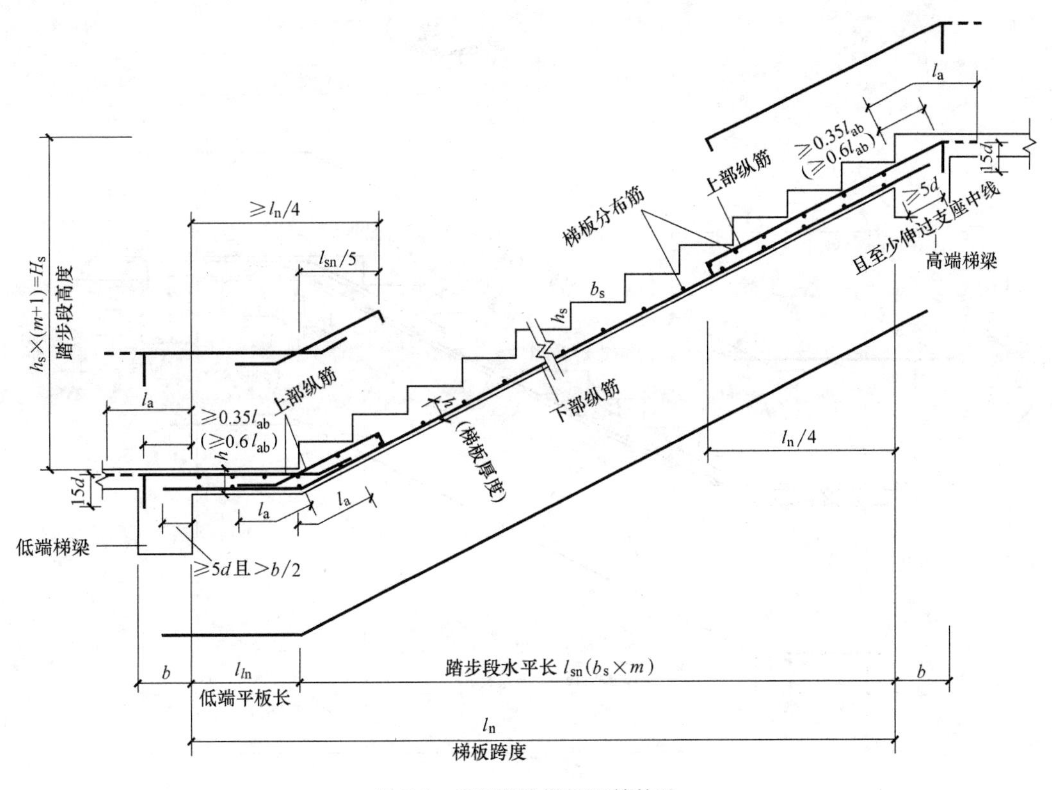

图 5-2 BT 型楼梯板配筋构造

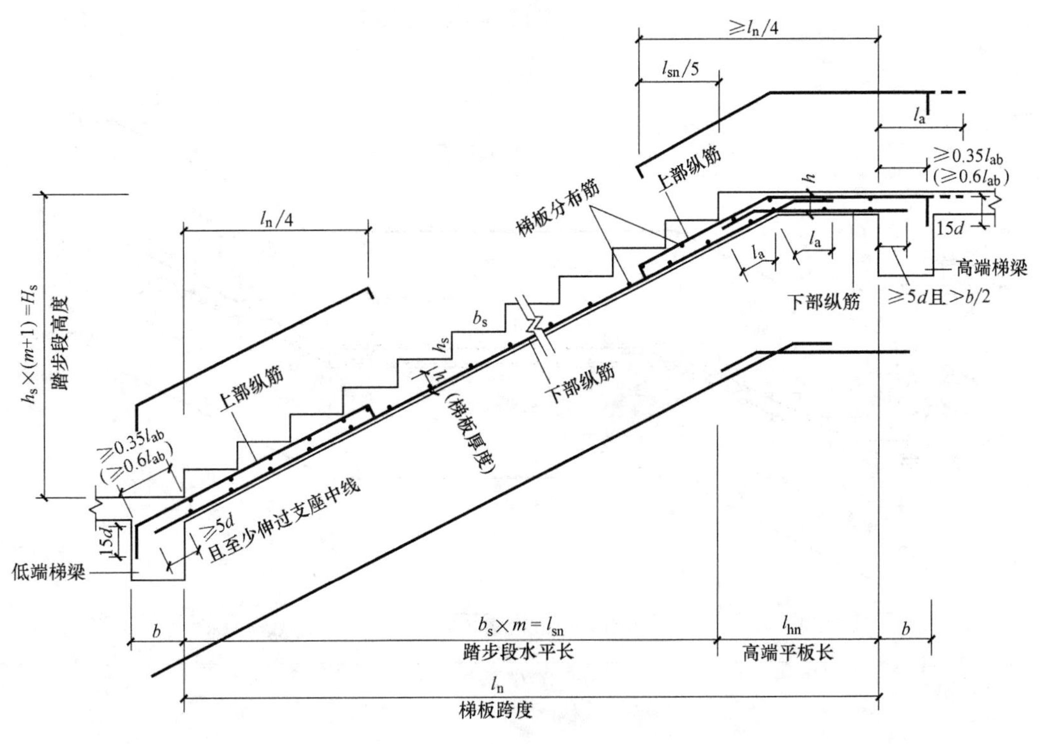

图 5-3 CT 型楼梯板配筋构造

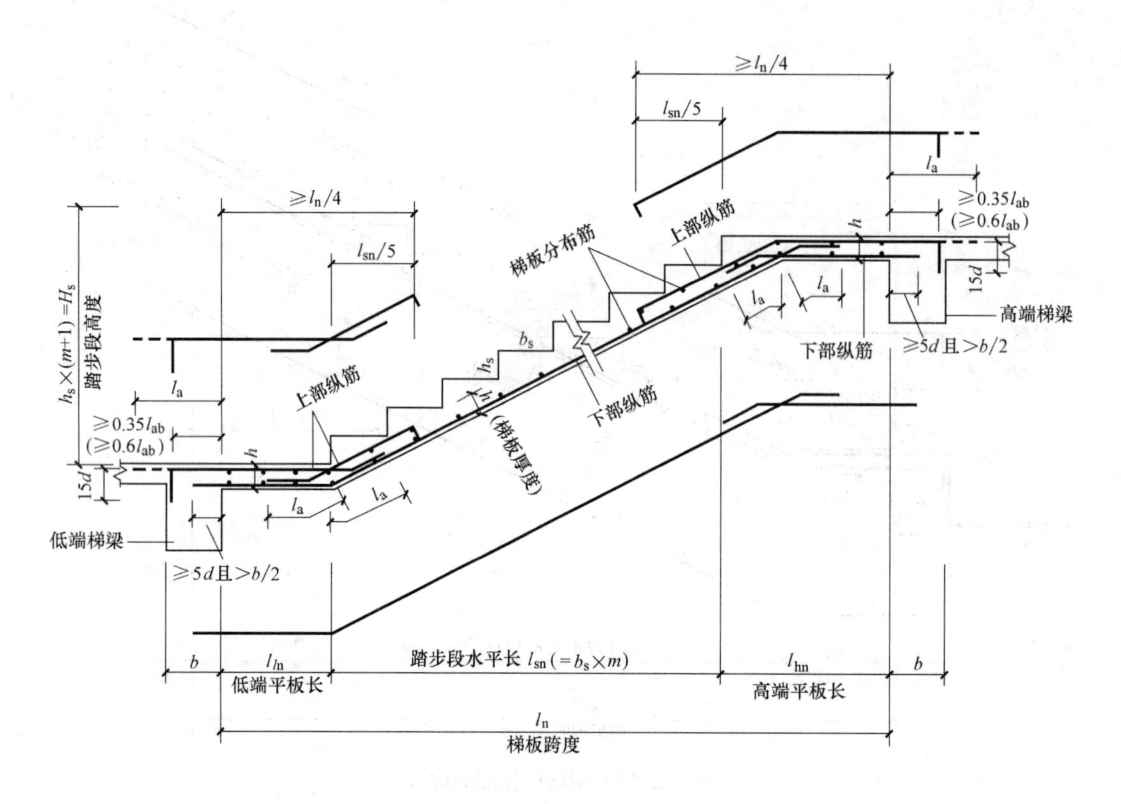

图 5-4 DT 型楼梯板配筋构造

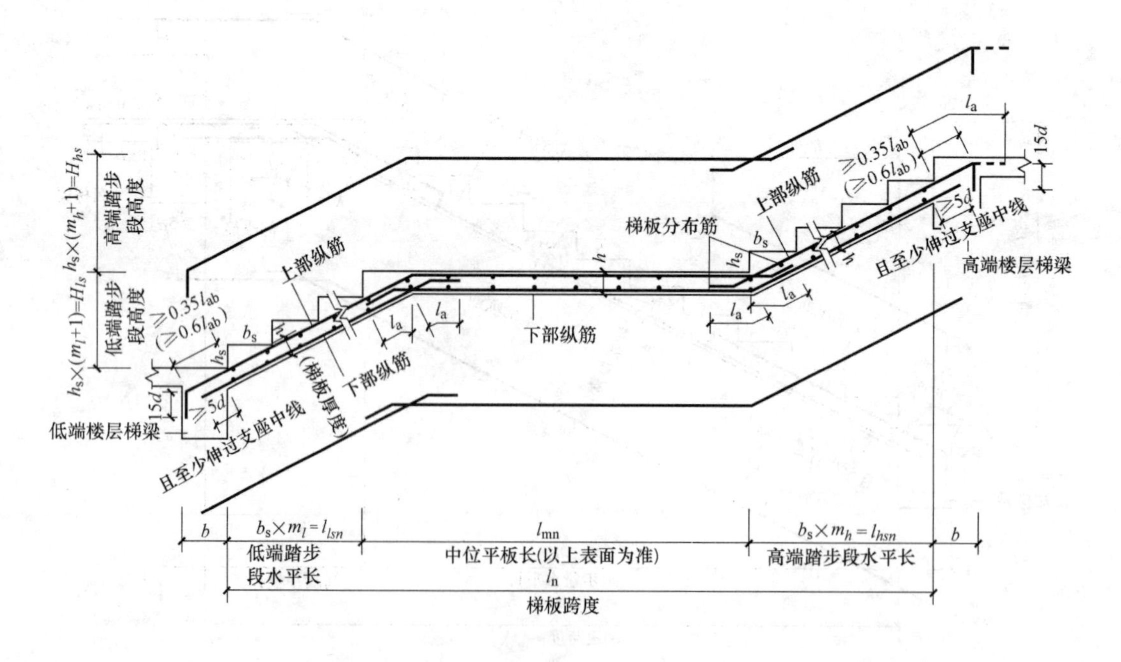

图 5-5 ET 型楼梯板配筋构造

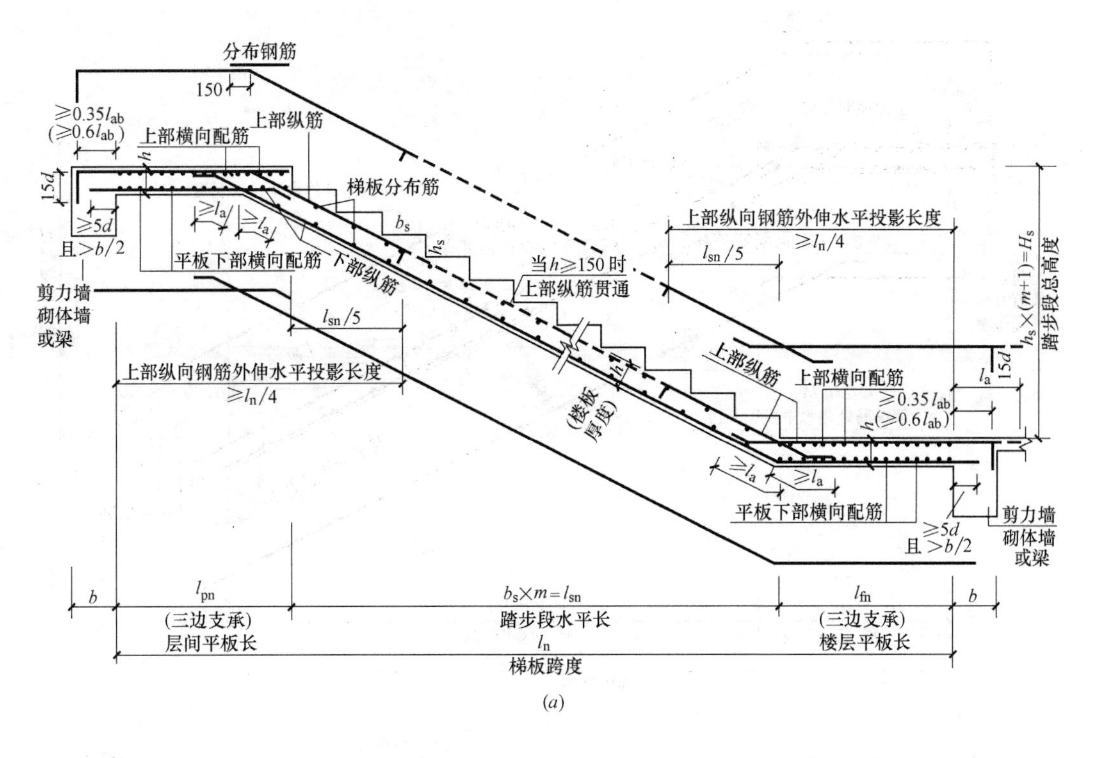

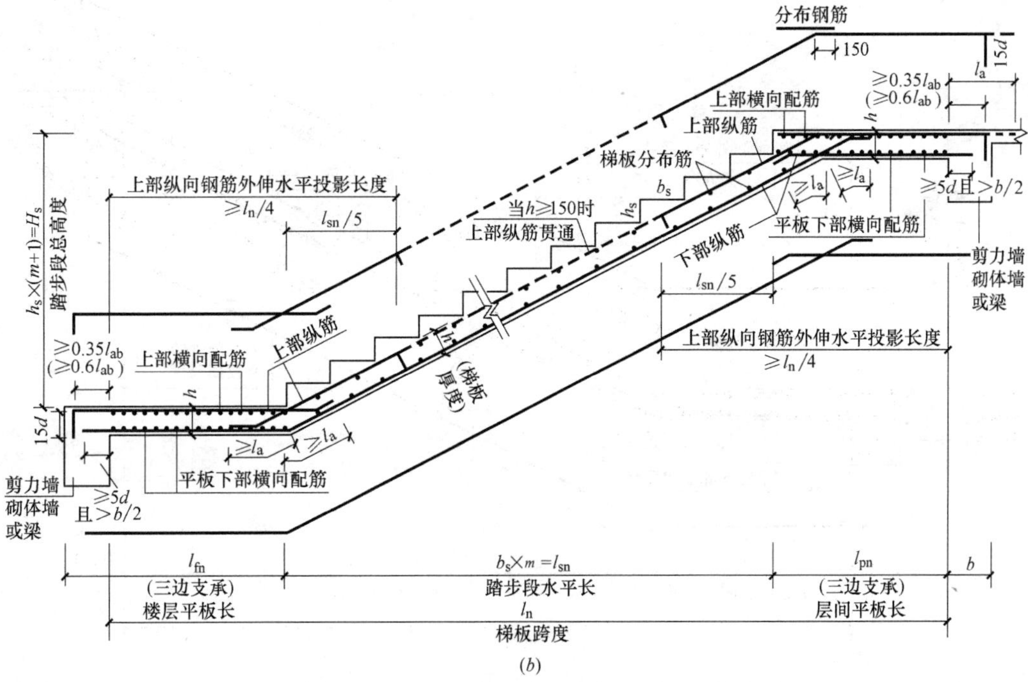

图 5-6 FT 型楼梯板配筋构造

(a) 1—1 剖面；(b) 2—2 剖面

(楼层平板和层间平板均为三边支承)

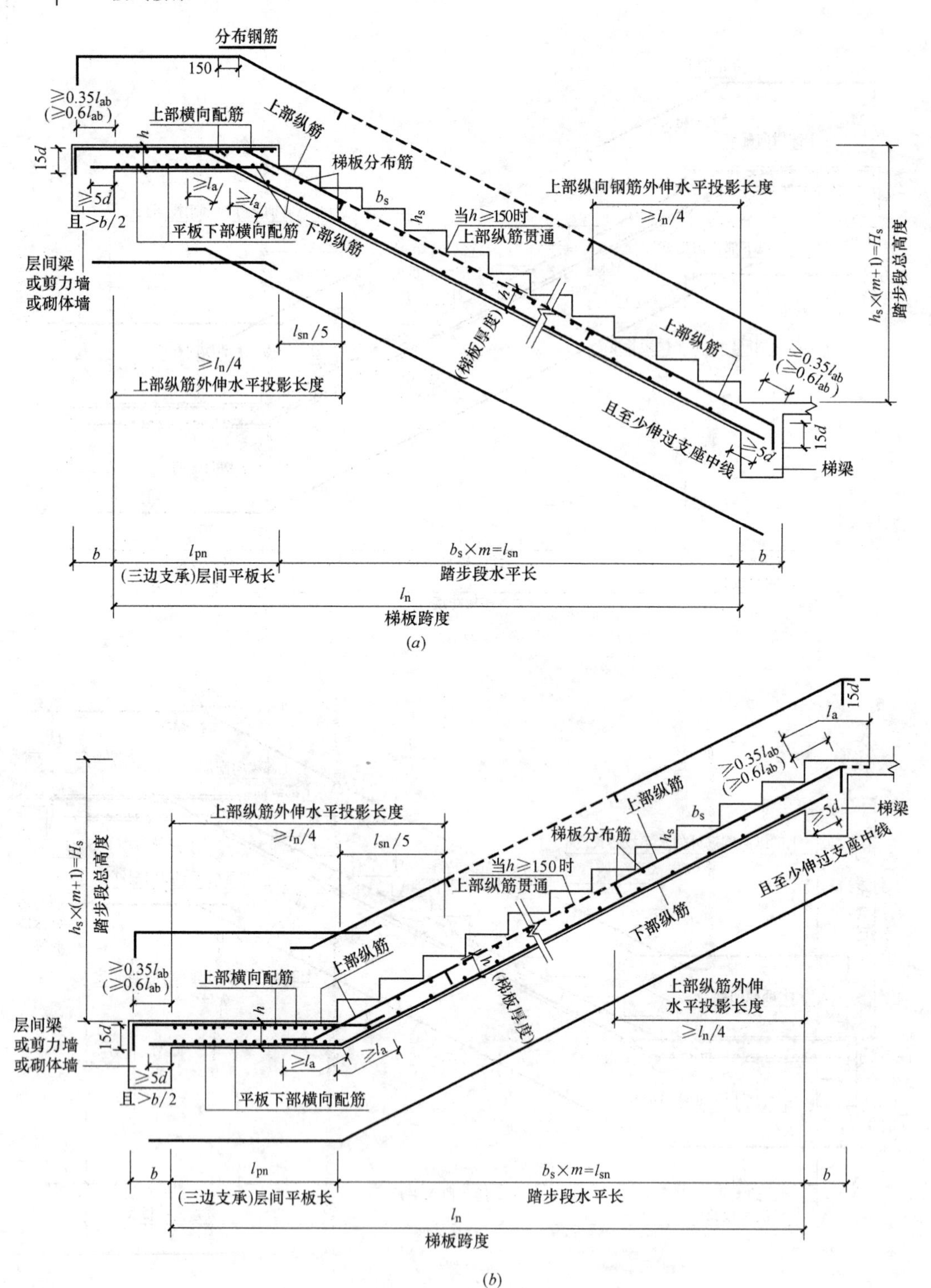

图 5-7 GT 型楼梯板配筋构造

(a) 1—1 剖面；(b) 2—2 剖面

(层间平板为三边支承，踏步段楼层端为单边支承)

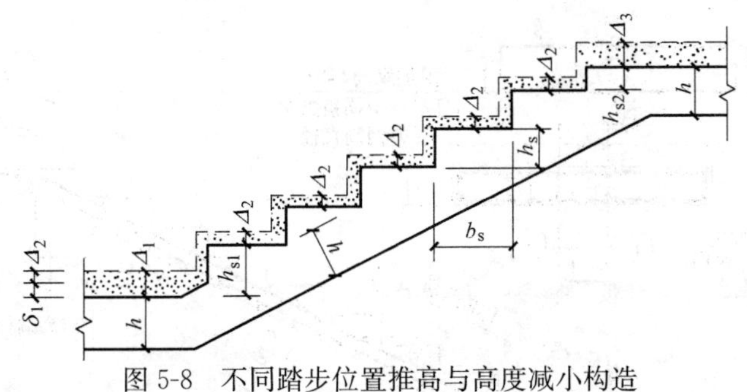

图 5-8 不同踏步位置推高与高度减小构造

δ_1—第一级与中间各级踏步整体竖向推高值；h_{s1}—第一级（推高后）踏步的结构高度；

h_{s2}—最上一级（减小后）踏步的结构高度；Δ_1—第一级踏步根部面层厚度；

Δ_2—中间各级踏步的面层厚度；Δ_3—最上一级踏步（板）面层厚度

注：由于踏步段上下两端板的建筑面层厚度不同，为使面层完工后各级踏步等高等宽，必须减小最上一级踏步的高度并将其余踏步整体斜向推高，整体推高的（垂直）高度值 $\delta_1=\Delta_1-\Delta_2$，高度减小后的最上一级踏步高度 $h_{s2}=h_s-(\Delta_3-\Delta_2)$。

5.1.2 ATa、ATb 型梯板配筋构造

ATa、ATb 型梯板配筋构造如图 5-9、图 5-10 所示。

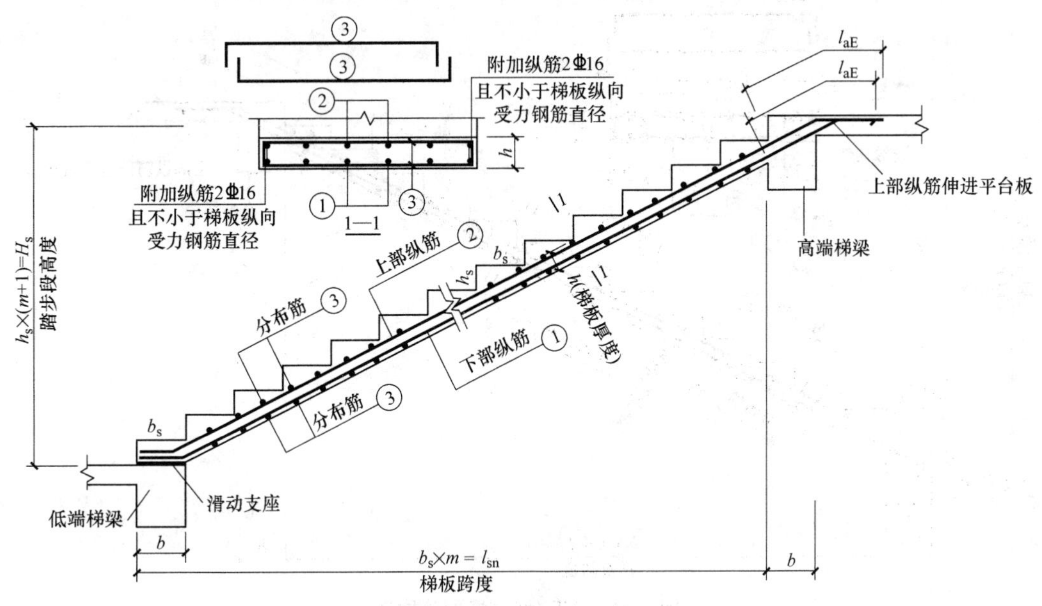

图 5-9 ATa 型梯板配筋构造

5.1.3 ATc 型梯板配筋构造

ATc 型梯板配筋构造如图 5-11 所示。

（1）钢筋均采用符合抗震性能要求的热轧钢筋（钢筋的抗拉强度实测值与屈服强度实测值的比值不应小于 1.25；钢筋的屈服强度实测值与屈服强度标准值的比值不应大于 1.3，且钢筋在最大拉力下的总伸长率实测值不应小于 9%）。

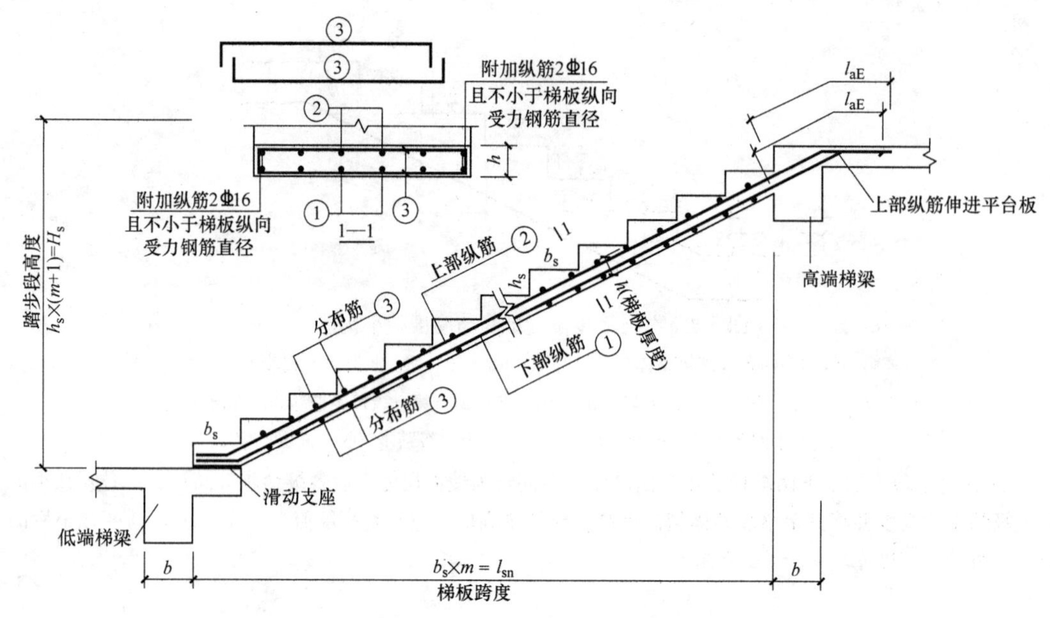

图 5-10 ATb 型梯板配筋构造

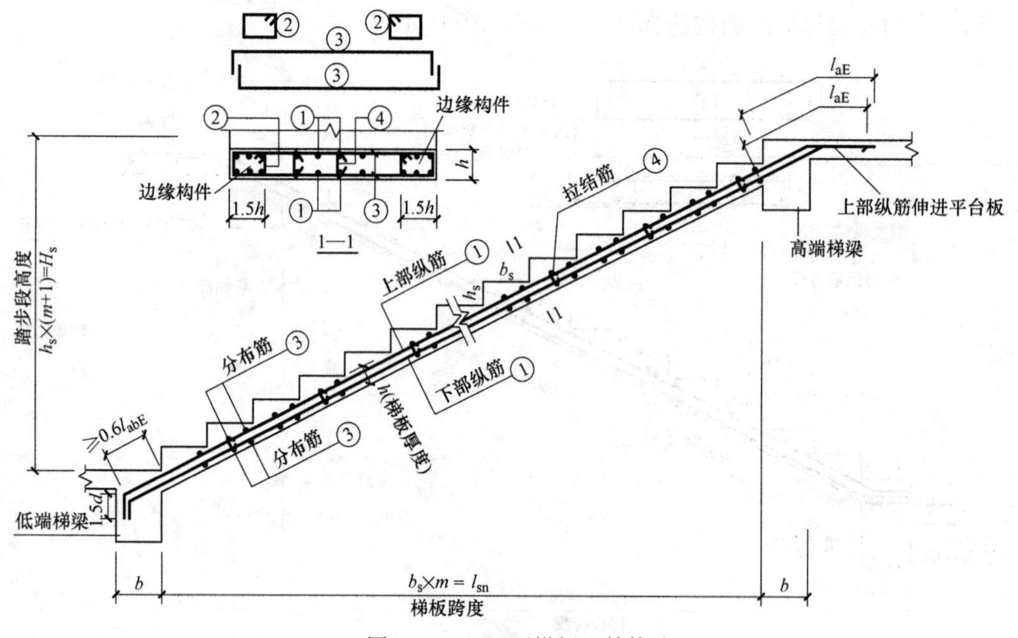

图 5-11 ATc 型梯板配筋构造

（2）上部纵筋需伸至支座对边再向下弯折。

（3）踏步两头高度调整如图 5-8 所示。

（4）梯板拉结筋 $\phi6$，拉结筋间距为 600mm。

5.1.4 CTa、CTb 型梯板配筋构造

CTa、CTb 型梯板配筋构造如图 5-12、图 5-13 所示。

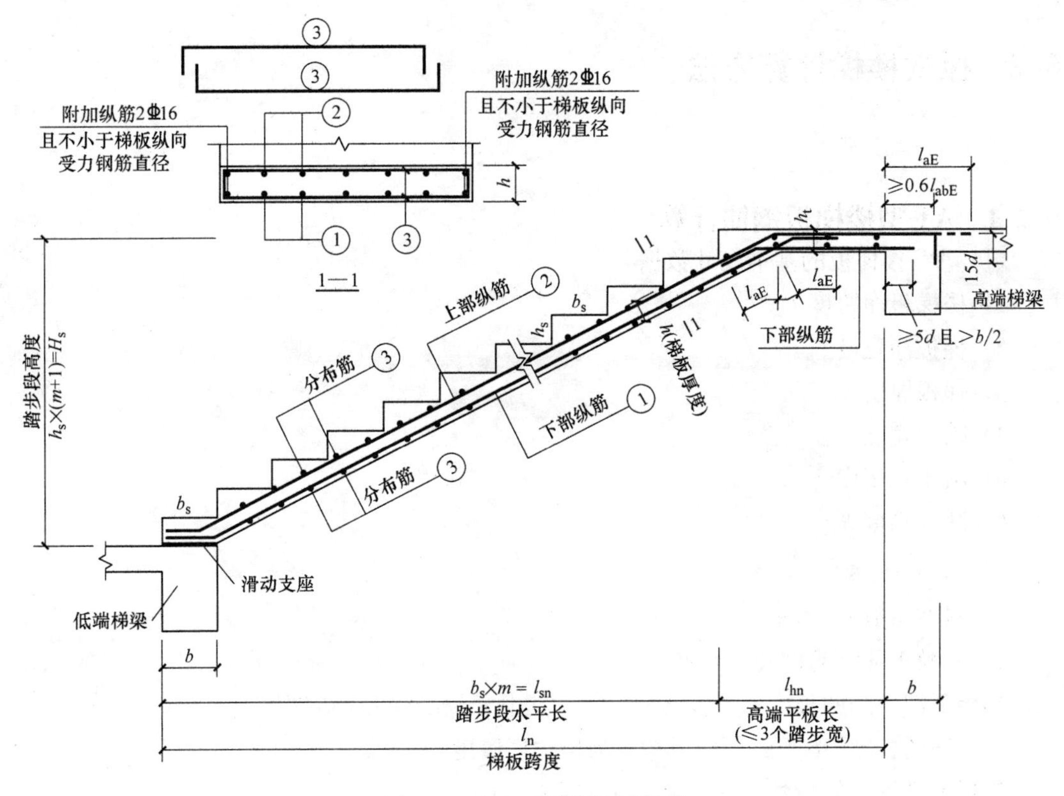

图 5-12　CTa 型梯板配筋构造

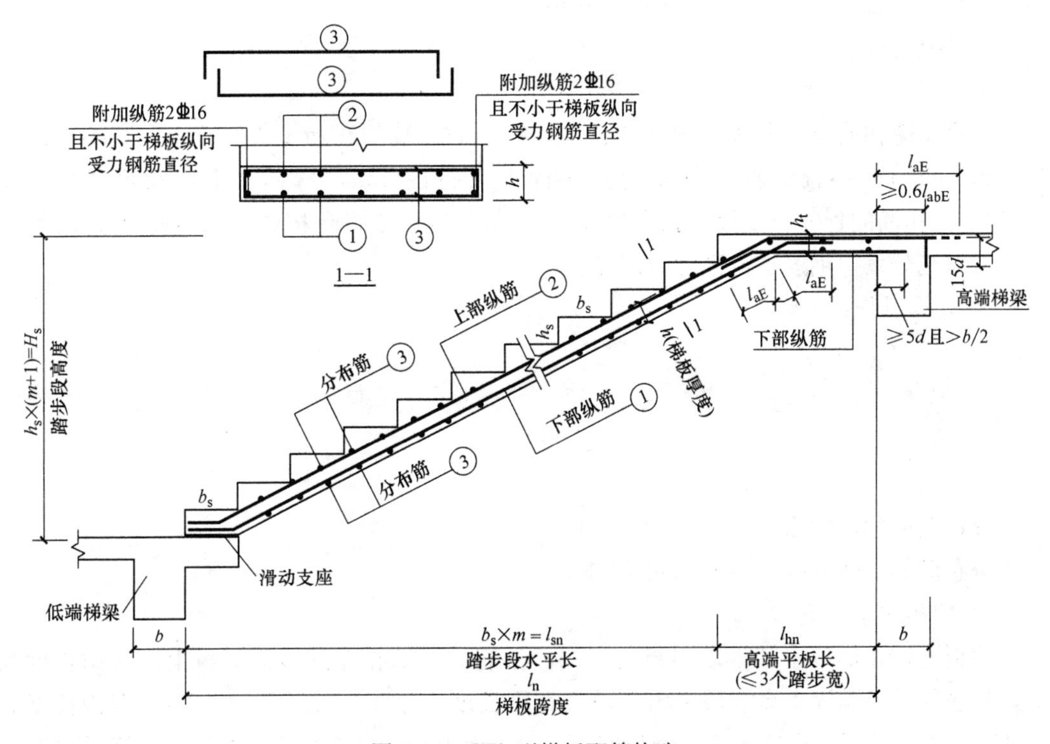

图 5-13　CTb 型梯板配筋构造

5.2 板式楼梯计算方法

5.2.1 AT 型楼梯板钢筋计算

(1) AT 楼梯板的基本尺寸数据

1) 楼梯板净跨度 l_n。

2) 梯板净宽度 b_n。

3) 梯板厚度 h。

4) 踏步宽度 b_s。

5) 踏步总高度 H_s。

6) 踏步高度 h_s。

(2) 计算步骤

1) 斜坡系数 $k=\sqrt{h_s^2+b_s^2}$

2) 梯板下部纵筋以及分布筋

梯板下部纵筋的长度 $l=l_n\times k+2\times a$，其中 $a=\max(5d, b/2)$

分布筋的长度 $=b_n-2\times c$，其中 c 为保护层厚度。

梯板下部纵筋的根数 $=(b_n-2\times c)$ /间距+1

分布筋的根数 $=(l_n\times k-50\times 2)$ /间距+1

3) 梯板低端扣筋

① 分析：

梯板低端扣筋位于踏步段斜板的低端，扣筋的一端扣在踏步段斜板上，直钩长度为 h_1。扣筋的另一端锚入低端梯梁对边再向下弯折内 $15d$，弯锚水平段长度 $\geqslant 0.35l_{ab}$ $(0.6l_{ab})$。扣筋的延伸长度投影长度为 $l_n/4$。($0.35l_{ab}$ 用于设计按铰接的情况，$0.6l_{ab}$ 用于设计考虑充分发挥钢筋抗拉强度的情况。)

② 计算过程：

$l_1=[l_n/4+(b-c)]\times k$

$l_2=15d$

$h_1=h-c$

分布筋 $=b_n-2\times c$

梯板低端扣筋的根数 $=(b_n-2\times c)$/间距+1

分布筋的根数 $=(l_n/4\times k)$/间距+1

4) 梯板高端扣筋

梯板高端扣筋位于踏步段斜板的高端，扣筋的一端扣在踏步段斜板上，直钩长度为 h_1，扣筋的另一端锚入高端梯梁内，锚入直段长度不小于 $0.35l_{ab}$ $(0.6l_{ab})$，直钩长度 l_2 为 $15d$。扣筋的延伸长度水平投影长度为 $l_n/4$。由上所述，梯板高端扣筋的计算过程为：

由上所述，梯板高端扣筋的计算过程为：

$h_1=h-$保护层

$l_1=[l_n/4+(b-c)]\times k$

$l_2=15d$

分布筋$=b_n-2\times c$

梯板高端扣筋的根数$=(b_n-2\times c)/$间距$+1$

分布筋的根数$=(l_n/4\times k)/$间距$+1$

5.2.2 ATc 型楼梯配筋计算

ATc 型楼梯梯板厚度应按计算确定，且不宜小于 140mm，梯板采用双层配筋。

1）踏步段纵向钢筋：（双层配筋）

踏步段下端：下部纵筋及上部纵筋均弯锚入低端梯梁，锚固平直段“$\geq l_{aE}$”，弯折段“$15d$”。上部纵筋需伸至支座对边再向下弯折。

踏步段上端：下部纵筋及上部纵筋均伸进平台板，锚入梁（板）l_{ab}。

2）分布筋：分布筋两端均弯直钩，长度$=h-2\times$保护层

下层分布筋设在下部纵筋的下面；上层分布筋设在上部纵筋的上面。

3）拉结筋：在上部纵筋和下部纵筋之间设置拉结筋 ϕ6，拉结筋间距为 600mm。

4）边缘构件（暗梁）：设置在踏步段的两侧，宽度为“$1.5h$”。

暗梁纵筋：直径为 ϕ12 且不小于梯板纵向受力钢筋的直径；一、二级抗震等级时不少于 6 根；三、四级抗震等级时不少于 4 根。

暗梁箍筋：ϕ6@200。

5.3 板式楼梯计算实例

【例 5-1】 AT3 的平面布置图如图 2-91 所示。混凝土强度为 C30，梯梁宽度 $b=$ 200mm。求 AT3 中各钢筋。

【解】

（1）AT 楼梯板的基本尺寸数据

1）楼梯板净跨度 $l_n=3080$mm

2）梯板净宽度 $b_n=1600$mm

3）梯板厚度 $h=120$mm

4）踏步宽度 $b_s=280$mm

5）踏步总高度 $H_s=1800$mm

6）踏步高度 $h_s=1800/12=150$mm

（2）计算步骤

1）斜坡系数 $k=\sqrt{h_s^2+b_s^2}=\sqrt{150^2+280^2}=1.134$

2）梯板下部纵筋以及分布筋

① 梯板下部纵筋

长度 $l=l_{n}\times k+2\times a$

$=3080\times1.134+2\times\max(5d, b/2)$

$=3080\times1.134+2\times\max(5\times12, 200/2)$

$=3693\text{mm}$

根数$=(b_{n}-2\times c)$/间距$+1$

$=(1600-2\times15)/150+1$

$=12$ 根

② 分布筋

长度$=b_{n}-2\times c$

$=1600-2\times15$

$=1570\text{mm}$

根数$=(l_{n}\times k-50\times2)$/间距$+1$

$=(3080\times1.134-50\times2)/250+1$

$=15$ 根

3）梯板低端扣筋

$l_{1}=[l_{n}/4+(b-c)]\times k$

$=(3080/4+200-15)\times1.134$

$=1083\text{mm}$

$l_{2}=15d$

$=15\times10$

$=150\text{mm}$

$h_{1}=h-c$

$=120-15$

$=105\text{mm}$

分布筋$=b_{n}-2\times c$

$=1600-2\times15$

$=1570\text{mm}$

梯板低端扣筋的根数$=(b_{n}-2\times c)$/间距$+1$

$=(1600-2\times15)/250+1$

$=5$ 根

分布筋的根数$=(l_{n}/4\times k)$/间距$+1$

$=(3080/4\times1.134)/250+1$

$=5$ 根

4）梯板高端扣筋

$h_1 = h-c$

$= 120-15$

$= 105mm$

$l_1 = [l_n/4+(b-c)]\times k$

$= (3080/4+200-15)\times 1.134$

$= 1083mm$

$l_2 = 15d$

$= 15\times 10$

$= 150mm$

$h_1 = h-c$

$= 120-15$

$= 105mm$

高端扣紧的每根长度＝105＋1083＋150

＝1338mm

分布筋＝$b_n-2\times c$

＝1600－2×15

＝1570mm

梯板高端扣筋的根数＝$(b_n-2\times c)$/间距＋1

＝(1600－2×15)/150＋1

＝12 根

分布筋的根数＝$(l_n/4\times k)$/间距＋1

＝(3080/4×1.134)/250＋1

＝5 根

上面只计算了一跑 AT3 的钢筋，一个楼梯间有两跑 AT3，因此，应将上述数据乘以 2。

【例 5-2】 ATc3 的平面布置图如图 5-14 所示。混凝土强度为 C30，抗震等级为一级，梯梁宽度 b＝200mm。求 ATc3 中各钢筋。

【解】

（1）ATc3 楼梯板的基本尺寸数据

1）楼梯板净跨度 l_n＝2800mm

2）梯板净宽度 b_n＝1600mm

3）梯板厚度 h＝120mm

4）踏步宽度 b_s＝280mm

5）踏步总高度 H_s＝1650mm

6）踏步高度 h_s＝1650/11＝150mm

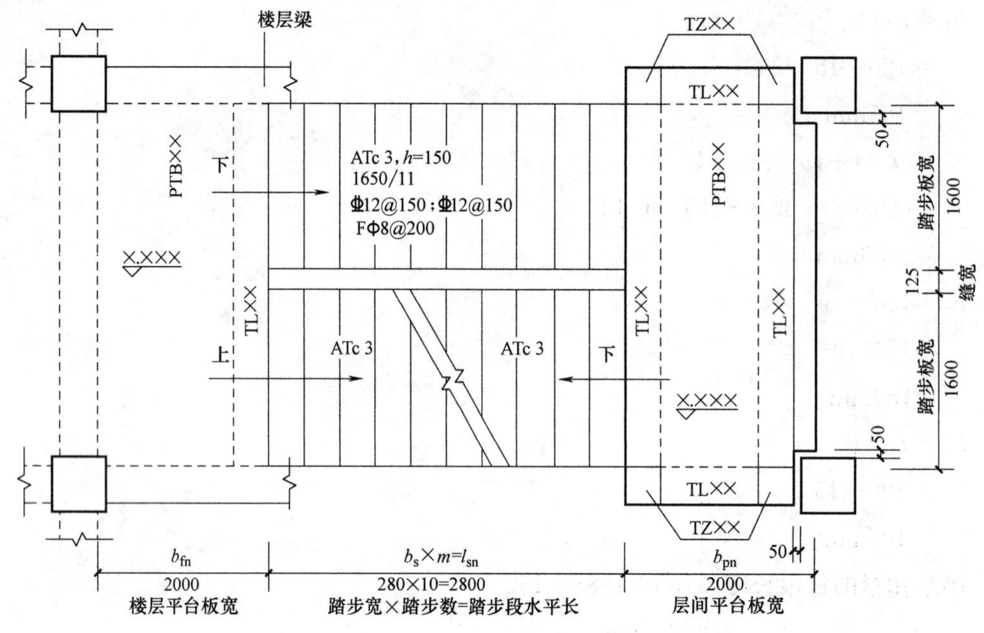

图 5-14　ATc3 型楼梯平面布置图

(2) 计算步骤

1) 斜坡系数$=\dfrac{\sqrt{b_s^2+h_s^2}}{b_s}$

$=\dfrac{\sqrt{280^2+150^2}}{280}$

$=1.134$

2) 梯板下部纵筋和上部纵筋

下部纵筋长度$=15d+(b-$保护层$+l_{sn})\times k+l_{aE}$

$=15\times12+(200-15+2800)\times1.134+40\times12$

$=4045$mm

下部纵筋范围$=b_n-2\times1.5h$

$=1600-3\times150$

$=1150$mm

下部纵筋根数$=1150/150$

$=8$ 根

本题的上部纵筋长度与下部纵筋相同，

上部纵筋长度$=4045$mm

上部纵筋范围与下部纵筋相同，

上部纵筋根数$=1150/150$

$=8$ 根

3) 梯板分布筋（③号钢筋）的计算：（"扣筋" 形状）

分布筋的水平段长度＝b_n－2×保护层

＝1600－2×15

＝1570mm

分布筋的直钩长度＝h－2×保护层

＝150－2×15

＝120mm

分布筋每根长度＝1570＋2×120

＝1790mm

分布筋根数的计算：

分布筋设置范围＝l_{sn}×k

＝2800×1.134

＝3175mm

分布筋根数＝3175/200

＝16(这仅是上部纵筋的分布筋根数)

上下纵筋的分布筋总数＝2×16

＝32 根

4）梯板拉结筋（④号钢筋）的计算：

根据相关规定，梯板拉结筋 ϕ6，间距 600mm

拉结筋长度＝h－2×保护层＋2×拉筋直径

＝150-2×15＋2×6

＝132mm

拉结筋根数＝3175/600

＝6 根（注：这是一对上下纵筋的拉结筋根数）

每一对上下纵筋都应该设置拉结筋（相邻上下纵筋错开设置），

拉结筋总根数＝8×6

＝48 根

5）梯板暗梁箍筋（②号钢筋）的计算：

梯板暗梁箍筋为 ϕ6@200

箍筋尺寸计算：(箍筋仍按内围尺寸计算)

箍筋宽度＝1.5h－保护层－2d

＝1.5×150－15－2×6

＝198mm

箍筋高度＝h－2×保护层-2d

＝150－2×15－2×6

＝108mm

箍筋每根长度＝(198＋108)×2＋26×6

=768mm

箍筋分布范围$=l_{sn}\times k$

=2800×1.134

=3175mm

箍筋根数=3175/200

=16（这是一道暗梁的箍筋根数）

两道暗梁的箍筋根数=2×16

=32 根

6）梯板暗梁纵筋的计算：

每道暗梁纵筋根数 6 根（一、二级抗震时），暗梁纵筋直径Φ12（不小于纵向受力钢筋直径）

两道暗梁的纵筋根数=2×6

=12 根

本题的暗梁纵筋长度同下部纵筋：

暗梁纵筋长度=4045mm

上面只计算了一跑 ATc 楼梯的钢筋，一个楼梯间有两跑 ATc 楼梯，两跑楼梯的钢筋要把上述钢筋数量乘以 2。

参 考 文 献

［1］ 中国建筑标准设计研究院．16G101-1 混凝土结构施工图平面整体表示方法制图规则和构造详图（现浇混凝土框架、剪力墙、梁、板）．北京：中国计划出版社，2016.

［2］ 中国建筑标准设计研究院．16G101-2 混凝土结构施工图平面整体表示方法制图规则和构造详图（现浇混凝土板式楼梯）．北京：中国计划出版社，2016.

［3］ 中国建筑标准设计研究院．16G101-3 混凝土结构施工图平面整体表示方法制图规则和构造详图（独立基础、条形基础、筏形基础、桩基础）［S］. 北京：中国计划出版社，2016.

［4］ 国家标准．中国地震动参数区划图　GB 18306—2015［S］. 北京：中国标准出版社，2016.

［5］ 国家标准．建筑地基基础设计规范　GB 50007—2011［S］. 北京：中国计划出版社，2012.

［6］ 国家标准．混凝土结构设计规范（2015 年版）GB 50010—2010［S］. 北京：中国建筑工业出版社，2015.

［7］ 国家标准．建筑抗震设计规范　GB 50011—2010［S］. 北京：中国建筑工业出版社，2010.

［8］ 国家标准．建筑结构制图标准　GB/T 50105—2010［S］. 北京：中国建筑工业出版社，2011.

［9］ 行业标准．高层建筑混凝土结构技术规程 JGJ 3—2010［S］. 北京：中国建筑工业出版社，2010.

［10］ 李守巨．11G101 图集应用问答系列——平法钢筋识图与算量［M］. 北京：中国电力出版社，2014.

［11］ 上官子昌．11G101 平法钢筋识图与算量［M］. 北京：化学工业出版社，2013.

［12］ 张军．平法钢筋识图与算量实例教程［M］. 江苏：江苏科学技术出版社，2013.

［13］ 黄梅．平法识图与钢筋翻样［M］. 北京：中国建筑工业出版社，2012.

［14］ 高竞．平法结构钢筋图解读［M］. 北京：中国建筑工业出版社，2009.